U0184237

现代水声技术与应用丛书
杨德森　主编

主动声呐空时自适应处理技术

郝程鹏　闫　晟　张宇轩　著

科学出版社
龍門書局
北　京

内 容 简 介

空时自适应处理（STAP）技术是近年来主动声呐领域的一个重要研究方向。本书是关于主动声呐STAP技术的一部专著，书中包含了作者十余年来从事STAP技术相关科研工作的研究成果，同时参考了散见于国内外各种文献的相关内容。全书共8章，系统地介绍了主动声呐STAP的基本理论、模型与方法。主要内容包括主动声呐STAP模型与方法、主动声呐降维STAP、主动声呐知识基STAP、多输入多输出声呐STAP、双基地声呐STAP、主动声呐空时自适应检测以及主动声呐知识基空时自适应检测等。

本书适合从事信号处理、水声学、声呐工程、雷达工程等领域工作的科研人员和工程技术人员阅读，也可作为高等院校相关专业研究生的参考用书。

图书在版编目（CIP）数据

主动声呐空时自适应处理技术 / 郝程鹏，闫晟，张宇轩著. —北京：龙门书局，2023.12

（现代水声技术与应用丛书/杨德森主编）

国家出版基金项目

ISBN 978-7-5088-6367-2

Ⅰ. ①主… Ⅱ. ①郝… ②闫… ③张… Ⅲ. ①声呐通信－自适应控制－信号处理 Ⅳ. ①TN929.3

中国国家版本馆CIP数据核字（2023）第245898号

责任编辑：王喜军 常友丽 张 震 / 责任校对：任苗苗
责任印制：徐晓晨 / 封面设计：无极书装

科学出版社
龍門書局 出版

北京东黄城根北街16号
邮政编码：100717
http://www.sciencep.com

三河市春园印刷有限公司印刷

科学出版社发行 各地新华书店经销

*

2023年12月第 一 版 开本：720 × 1000 1/16
2023年12月第一次印刷 印张：13 插页：2
字数：270 000

定价：128.00元

（如有印装质量问题，我社负责调换）

“现代水声技术与应用丛书”
编　委　会

丛 书 序

海洋面积约占地球表面积的三分之二，但人类已探索的海洋面积仅占海洋总面积的百分之五左右。由于缺乏水下获取信息的手段，海洋深处对我们来说几乎是黑暗、深邃和未知的。

新时代实施海洋强国战略、提高海洋资源开发能力、保护海洋生态环境、发展海洋科学技术、维护国家海洋权益，都离不开水声科学技术。同时，我国海岸线漫长，沿海大型城市和军事要地众多，这都对水声科学技术及其应用的快速发展提出了更高要求。

海洋强国，必兴水声。声波是迄今水下远程无线传递信息唯一有效的载体。水声技术利用声波实现水下探测、通信、定位等功能，相当于水下装备的眼睛、耳朵、嘴巴，是海洋资源勘探开发、海军舰船探测定位、水下兵器跟踪导引的必备技术，是关心海洋、认知海洋、经略海洋无可替代的手段，在各国海洋经济、军事发展中占有战略地位。

从 1953 年中国人民解放军军事工程学院（即“哈军工”）创建全国首个声呐专业开始，经过数十年的发展，我国已建成了由一大批高校、科研院所和企业构成的水声教学、科研和生产体系。然而，我国的水声基础研究、技术研发、水声装备等与海洋科技发达的国家相比还存在较大差距，需要国家持续投入更多的资源，需要更多的有志青年投入水声事业当中，实现水声技术从跟跑到并跑再到领跑，不断为海洋强国发展注入新动力。

水声之兴，关键在人。水声科学技术是融合了多学科的声机电信息一体化的高科技领域。目前，我国水声专业人才只有万余人，现有人员规模和培养规模远不能满足行业需求，水声专业人才严重短缺。

人才培养，著书为纲。书是人类进步的阶梯。推进水声领域高层次人才培养从而支撑学科的高质量发展是本丛书编撰的目的之一。本丛书由哈尔滨工程大学水声工程学院发起，与国内相关水声技术优势单位合作，汇聚教学科研方面的精英力量，共同撰写。丛书内容全面、叙述精准、深入浅出、图文并茂，基本涵盖了现代水声科学技术与应用的知识框架、技术体系、最新科研成果及未来发展方向，包括矢量声学、水声信号处理、目标识别、侦察、探测、通信、水下对抗、传感器及声系统、计量与测试技术、海洋水声环境、海洋噪声和混响、海洋生物声学、极地声学等。本丛书的出版可谓应运而生、恰逢其时，相信会对推动我国水声事业的发展发挥重要作用，为海洋强国战略的实施做出新的贡献。

在此，向60多年来为我国水声事业奋斗、耕耘的教育科研工作者表示深深的敬意！向参与本丛书编撰、出版的组织者和作者表示由衷的感谢！

中国工程院院士　杨德森

2018年11月

自　　序

主动声呐通过接收所发射声波的回波来判断海洋中物体的存在、位置及类型，是当前水下探测的主要设备。我国近海多属于浅海海域，对在此区域工作的主动声呐而言，混响是影响其性能的主要干扰。如何有效抑制混响、提高探测性能一直是声呐设计者关心的一个核心问题。

近年来，空时自适应处理（space-time adaptive processing, STAP）技术在机载雷达领域的应用研究取得了重大进展。针对地、海杂波的频谱扩展及所呈现的空时耦合特性，STAP 使用二维滤波器在角度域和多普勒域进行联合滤波，实现了空时二维自适应处理，可显著提高对地、海杂波的抑制效果，已成为机载雷达的一项关键技术。混响与地、海杂波在形成机理、统计特性等方面存在诸多的相似性，为 STAP 技术应用于主动声呐提供了重要的理论依据。

由于水下声波时变严重，且水中声速远低于电磁波在空气中的传播速度，现有主动声呐与机载雷达在信号体制、数据处理方式等方面存在着明显差别，这决定了机载雷达 STAP 技术并不能直接用于主动声呐。为解决这一问题，作者及所在课题组经过多年的潜心研究，在主动声呐 STAP 领域取得了一系列的研究成果：不但构建出适用于主动声呐的单脉冲 STAP 模型，还提出多种单脉冲 STAP 方法；进一步以单脉冲空时联合处理为框架，开展空时自适应检测（space-time adaptive detection, STAD）技术的研究，并提出适用于主动声呐目标检测的自适应方法。

全书共 8 章。第 1 章是绪论，介绍主动声呐混响抑制的研究现状和本书的主要研究内容。第 2 章介绍主动声呐 STAP 的基础知识和数学模型，给出 STAP 的工作流程与性能影响因素。第 3、4 章围绕辅助数据不足的核心问题，分别从降维和知识基的角度开展 STAP 方法介绍。第 5、6 章分别介绍多输入多输出（multiple-input multiple-output, MIMO）声呐与双基地声呐中的 STAP 模型及求解方法，随后将知识基与 MIMO 声呐、双基地声呐相结合以减少辅助数据的需求量。第 7、8 章针对 STAD 问题进行系统描述，第 7 章从假设检验问题出发，介绍各种常用的检测准则并引出 STAD 检测器的设计方法，第 8 章聚焦知识基 STAD 检测器，提升辅助数据受限时空时联合检测的稳健性。

作者在撰写本书过程中，得到了丛书主编杨德森院士的悉心指导，得到了执行主编殷敬伟教授、编委乔钢教授的大力支持和帮助，在此深表谢意。本书融入了课题组同事和研究生的部分研究成果，他们是施博、陈世进、王天琪、李娜、王莎、闫林杰、殷超然、孙梦茹和金禹希等，感谢他们对本书的付出。本书的部分研究成果得到了国家自然科学基金项目（编号：61971412、61571434）的资助，在此一并表示感谢。

限于作者的水平和经验，书中难免存在一些疏漏之处，恳请读者批评指正。

作　者

2023 年 7 月

目　录

第1章 绪　　论

1.1 主动声呐研究的背景与意义

我国是一个大陆海岸线长约18000公里、管辖海域面积约300万平方公里的海洋大国，拥有广泛的海洋战略利益和大量的海洋资源。目前，我国海洋事业发展已进入历史机遇期，为实现加快建设海洋强国这一国家战略，开展海洋信息获取与应用技术研究有着至关重要的意义[1-6]。

经过国内外学者的长年探索，发现声波是在水介质中传播损失最小的信息载体。声呐的定义为利用水下声波判断海洋中物体的存在、位置及类型的方法和设备[5-7]，可见声呐的作业介质是水，信息载体是以机械纵波形式传递的声波。相比电磁波，声波在水中传播时被水介质吸收的能量要小很多，可以在水下远距离传播，因此声呐是当前最主流的水下探测设备，已广泛应用于海洋观测、海底石油勘测、海洋灾害预报等领域。在国家安全领域，声呐也是不可或缺的关键装备之一，在水下目标探测、跟踪识别、水下导航定位等应用中发挥着不可或缺的作用。

早在第二次世界大战时期，科研人员就意识到利用信号处理技术可提升接收信号的信噪比，大幅增加了声呐系统的作用距离。但受当时水声物理和电子信息等领域的技术水平所限，早期的声呐接收机仅对回波信号进行放大和检波，声呐员依据显控平台的信号幅度来判定监控区域内是否存在可疑目标。这种人工判决方式对声呐员的个人专业经验要求高，且需要长时间监视显控平台，存在较大的漏检和错判风险。随着水声物理学的发展，科学家对声波在水下传播物理规律的认识逐渐加深，如可以更精确地对声波的传播过程进行定量描述，这些工作为从复杂的水下环境提取有用信息奠定了理论基础。另外，近年来信息技术发展迅猛，一系列高性能数字信号处理器不断出现，使得将现代信号处理算法应用于声呐系统成为可能，从而为其实现自动判决功能提供了技术基础。

目前已研制成功并应用的新型声呐种类繁多，按照工作方式可分为主动声呐和被动声呐[8]，按照功能用途可分为探测声呐、通信声呐、定位声呐和导航声呐等，按装备对象可分为水面舰艇声呐、潜艇声呐、航空声呐和岸基声呐等，按照发射机和接收机的布放位置可分为单基地声呐和双/多基地声呐。下面我们聚焦按工作方式的分类，其中被动声呐主要由换能器基阵、接收机、显控平台等几部分组成，如图 1.1 所示。被动声呐是最早出现的声呐系统，其捕捉的对象是目标自身辐射的声波信号，具有结构简单、隐蔽性高、成本较低等优点[5]。20 世纪后半叶，随着舰船声隐身技术的不断发展，舰船自身辐射噪声能量大幅降低，导致被动声呐往往工作在低信噪比环境，其探测性能受到严峻挑战。

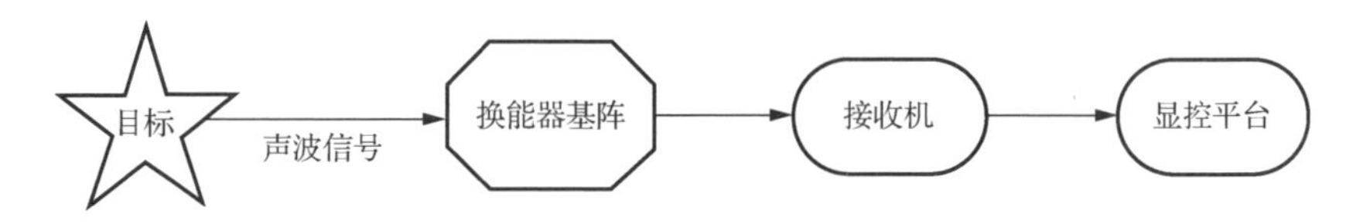

图 1.1　被动声呐组成框图

与被动声呐不同，主动声呐有目的地发射特定形式的声波信号照射监测区域，其捕捉对象是目标的反射回波。主动声呐具有设计灵活、对隐身目标探测能力强、参数测量精度高等优点，近年来受到声呐工作者的青睐。主动声呐主要由换能器基阵（包含发射基阵和接收基阵）、发射机、定时模块、接收机、显控平台等几部分组成，如图 1.2 所示。主动声呐不仅能够判定水下目标是否存在，还能通过对回波时延、目标多普勒频率等信息的测量实现对目标距离、径向速度（也称为多普勒速度）等参数的估计，所探测的对象包括水下航行器等运动目标以及沉船等固定目标。主动声呐通常采用相控阵工作方式，即通过对发射阵元和接收阵元的信号相位进行精确调节，使得在所期望的方向上分别形成发射波束和接收波束，从而提高目标回波的信混比并达到提升目标检测性能的目的。值得一提的是，单输入多输出（single-input multiple-output, SIMO）声呐可以看成是相控阵声呐的一个特例，其特点是在发射端使用单个阵元发射信号，而在接收端对回波信号进行相控接收[9]。由于 SIMO 声呐的发射端较为简单，其适合作为不同类型声呐性能对比的基准。

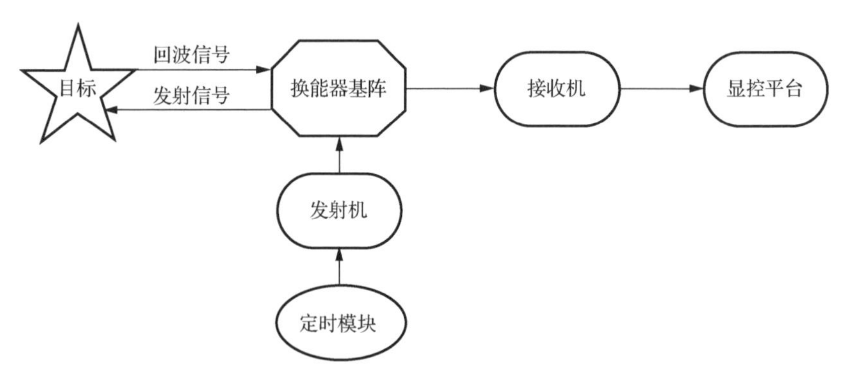

图 1.2　主动声呐组成框图

我国近海水域大部分属于典型的浅海区域。对于在该区域作业的主动声呐而言，除了船舶噪声、海洋背景噪声外，混响是影响其探测性能的主要干扰因素[1, 10-11]。混响可以看作是一种由主动发射引发的干扰，当发射信号被水中的不均匀介质或不规则边界散射时，就会产生大量散射波，它们在接收换能器基阵处叠加形成混响。主动声呐工作时需要对混响进行有效抑制，否则其性能将受到严重影响。

1.2 主动声呐混响抑制

如 1.1 节所述，对工作于浅海的主动声呐来说，抑制混响是其最主要的一个任务。从信号处理角度看，抑制混响的方法主要包括发射波形设计和接收信号后处理两部分。

主动声呐常用的发射波形包括连续波（continuous wave, CW）、线性调频（linear frequency modulated, LFM）波和双曲调频（hyperbolic frequency modulated, HFM）波等[8]，具体波形及对应的频谱如图 1.3 所示。CW 脉冲可视为加矩形窗的单频信号，属于窄带信号，由于其带宽和脉宽互为倒数，所以 CW 脉冲的距离分辨率和多普勒分辨率不可兼得。LFM 脉冲在整个可用频带范围内能量分布相对均匀，其带宽和脉宽可以单独设置，所以具备同时调节距离分辨率和多普勒分辨率的能力。对于低径向速度目标，LFM 脉冲受到混响的影响更小，但是随着目标多普勒频率的增大，CW 脉冲的抗混响能力将超越 LFM 脉冲。HFM 脉冲的特点是具有多普勒不变性，其抗混响能力不受目标多普勒频率大小的影响。具体来说，对于采用 HFM 脉冲的主动声呐，其匹配滤波后的输出幅度不会因为目标与声呐之间存在相对运动而发生明显变化，但是相对运动造成的目标多普勒频率将引入附加时延，会导致 HFM 脉冲的测距精度下降[12]。

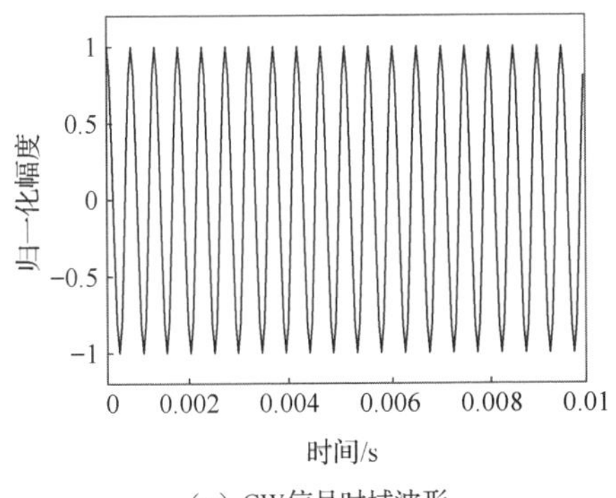

（a）CW信号时域波形

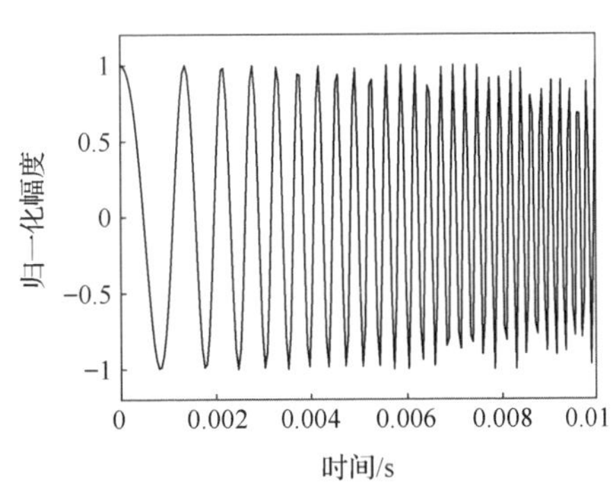

（b）LFM信号时域波形

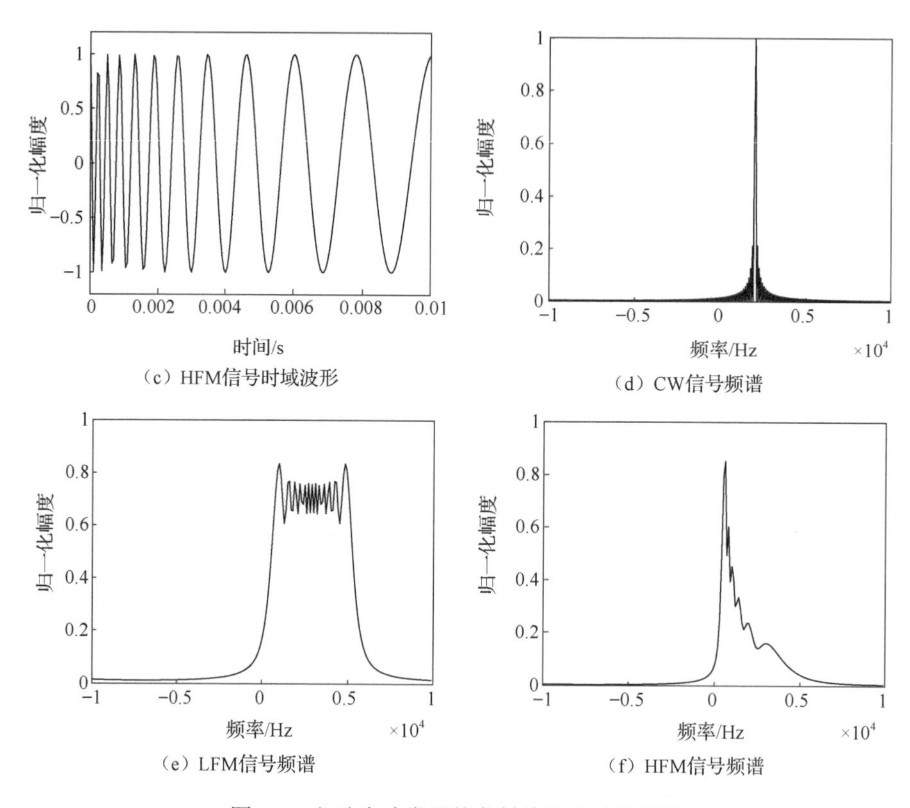

（c）HFM信号时域波形　（d）CW信号频谱

（e）LFM信号频谱　（f）HFM信号频谱

图 1.3　主动声呐常用的发射波形及对应频谱

近年来，正弦调频（sinusoidal frequency modulated, SFM）、调频脉冲串（pulse trains of frequency modulated, PTFM）等梳状谱波形的研究取得了一定进展，SFM 和 PTFM 的波形及对应频谱如图 1.4 所示。相比上述常用发射波形，梳状谱波形的频谱由许多独立的线谱或子谱组成，其能量如同宽带信号一样在频域广泛分布，

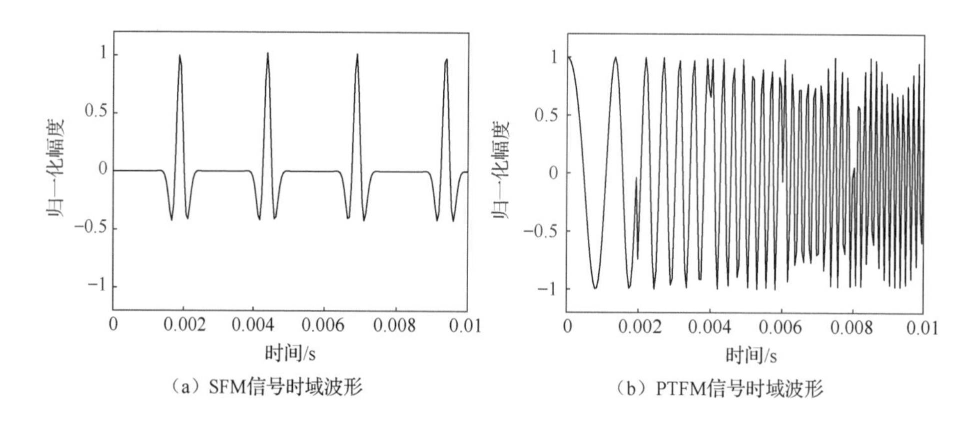

（a）SFM信号时域波形　（b）PTFM信号时域波形

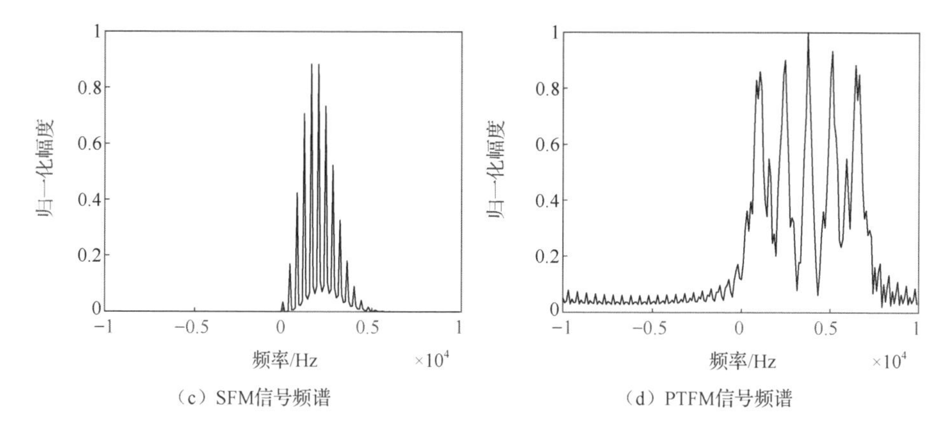

图 1.4 SFM 信号和 PTFM 信号波形及对应频谱

而较窄的线谱或子谱分量如同单频信号一样具有多普勒敏感性，因此梳状谱波形理论上同时具有较高的距离分辨率和多普勒分辨率[13-15]。实际上，SFM 和 PTSM 都可以看成是由一个单周期调频信号构成的子脉冲与一个周期冲击序列进行卷积形成的，其中 SFM 频率与时间的变化关系是一个低频正弦波，PTFM 则呈现出多个 LFM 脉冲频谱重复的特征。这两类信号虽然对单个目标的距离分辨率较高，但也存在较多旁瓣、测量模糊、多峰值及峰值混叠等问题。对于梳状谱波形感兴趣的读者，可进一步参阅文献[16]等相关资料。

接收信号后处理方法可分为空域滤波处理和时域滤波处理两种，二者往往采取级联方式实现对混响的抑制，级联顺序可以为先空后时，也可以先时后空。空域滤波处理利用的是阵列信号处理中的波束形成技术，它能让空间中某些方位或区域的信号通过，而抑制其他方位或区域的干扰[17-18]。对于时域滤波，最常用的手段是匹配滤波（matched filter, MF）技术，匹配滤波器是最佳线性滤波器的一种，其准则是最大化输出信号，具有天然的抑制混响能力[19-20]。如果是对非平稳、非高斯混响进行抑制，往往需要先对接收数据做预白化处理，再进行匹配滤波处理。

作为一种伴随发射信号产生的特殊干扰，混响在频域和空域所覆盖的区域与发射信号基本重合[21-22]。而当主动声呐载体具有一定的运动速度时，从不同空间锥角入射的散射回波将具有不同的多普勒频率，会使混响频谱呈现出大幅扩展现象，该现象称为混响的空时耦合特性。图 1.5 给出了典型阵面构型条件下运动声呐混响的空时分布示意图，可以看到，前视阵和正侧视阵的混响在由归一化空间频率和多普勒频率（具体定义见 2.1.3 小节）所组成的空时平面上分别表现为椭圆曲线和一条斜线。空时耦合特性会导致静止或低径向速度目标回波在频域上完全被混响所掩盖，此时前述级联滤波方法由于未考虑阵列运动所带来的影响，其混响抑制及目标检测性能将大幅下降。

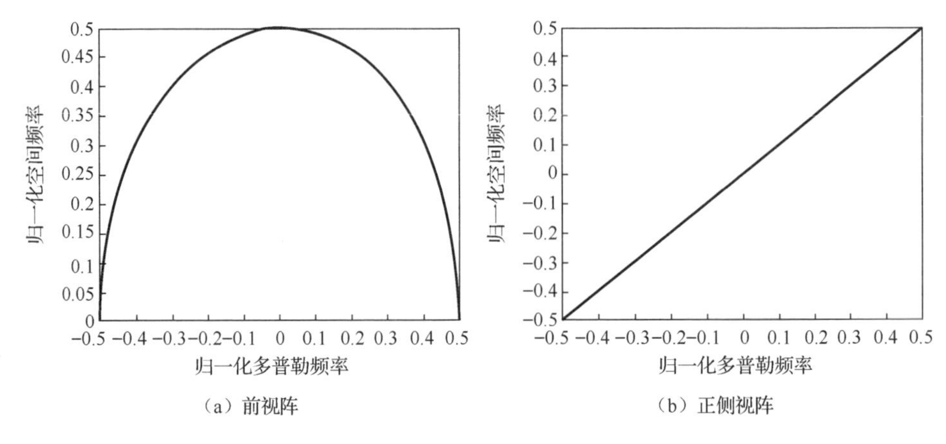

图 1.5　运动声呐混响的空时分布示意图

事实上，运动声呐混响的空时耦合特性与机载雷达杂波的空时扩展特性非常相似[23-27]。对于机载雷达而言，当目标相对于机载阵列具有非零的径向速度时，目标回波与杂波在角度-多普勒平面上是可分离的。STAP 技术正是利用这一特点，将单一的时域或空域滤波扩展为空时二维滤波，即使用二维滤波器在角度域和频率域（也称为多普勒域）进行联合滤波，从而达到实现隐式的平台运动补偿、滤除空时扩展杂波的目的[28-30]。近年来，国内外声呐工作者尝试将 STAP 技术用于抑制混响[25,31-38]，取得了可喜的研究进展。

1.3　空时自适应处理技术

1.3.1　主动声呐 STAP 技术的特点

根据散射体的不同可以将混响分为三类：第一类是散布于海水本身的众多杂乱散射体引起的体积混响，例如水流的不均匀性、海洋生物、沙粒、鱼群等散射体；第二类是海面混响，由波浪形成的气泡层及海面的不平整性所引起；第三类是海底沉积物或不平整海底引起的海底混响。第二类和第三类混响散射体的分布是二维的，这种混响被视为界面混响[39-41]。值得说明的是，在浅海环境中，界面混响相比体积混响对主动声呐的影响要大很多。从产生机理来看，主动声呐的界面混响与机载雷达对地、对海探测时所面临的地海杂波具有高度的相似性，这种相似性为 STAP 技术应用于主动声呐提供了重要依据[25,39]。

机载雷达通常采用脉冲多普勒体制，也称为机载脉冲多普勒雷达，它在一个相干处理间隔（coherent processing interval, CPI）内发射并接收由多个相干脉冲组成的脉冲串，如图 1.6 所示。两个相邻脉冲之间的间隔称为脉冲重复周期，所以一个 CPI 包含多个脉冲重复周期，具体数量由所包含的相干脉冲个数决定。由于电磁波在空气中的传输速度约为 3×10^8m/s，毫秒级的脉冲重复周期即可使雷达信号覆盖上百公里的探测范围，因此机载雷达的 CPI 一般很短，例如美国多通道机载雷达测量（multichannel airborne radar measurements, MCARM）的 CPI 仅为 64ms[42]。在一个 CPI 内，目标回波的相邻脉冲之间保持严格的相位关系[43]，这个相位差可根据载波频率、重复周期和目标径向速度计算得出。机载雷达 STAP 是利用目标回波脉冲间相干性（时域）及接收阵列阵元间相干性（空域）进行的二维自适应滤波[30]，通过空域维和时域维的联合相干积累，有效抑制杂波并提升对目标回波的处理增益。

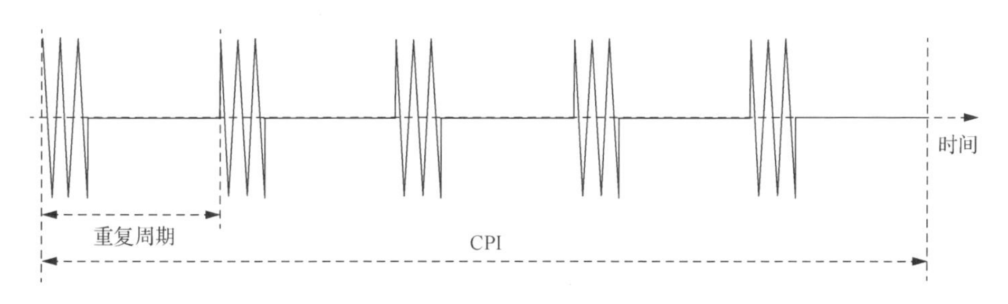

图 1.6　机载雷达发射的相干脉冲串

水中声速主要在 1450～1540m/s 范围内变化，远小于电磁波在空气中的传输速度，即使对于 1000m 的探测距离，声脉冲的双程传播时间也将超过 1s，是机载雷达脉冲重复周期的千倍量级以上。所以主动声呐的发射波形如果沿用多脉冲信号形式，秒级以上的探测周期会导致回波脉冲之间失去相干性，即不同脉冲回波之间难以维持固定的相位关系，致使相干累积性能难以保证[36-37]，尤其是在多普勒效应与多径效应严重的浅海环境。鉴于这种情况，单脉冲信号通常是主动声呐发射波形更好的选择，相应地，主动声呐 STAP 需要围绕单脉冲这一特点量身定做，待解决的问题包括：如何在单脉冲回波基础上构建水下 STAP 所需的时域维度，如何根据水下声波传播特点对空时导向向量进行修正，以及如何针对声呐技术指标设计 STAP 中各项参数等。

1.3.2　STAP 技术的研究历史及现状

早在 1973 年，Brennan 等[43]在机载雷达领域首次阐述了最优 STAP 概念，将阵列处理扩展到阵元域和脉冲域相结合的空时联合域，获得了较好的杂波抑制性能，由此开启了 STAP 技术研究的热潮。Reed 等[44]于 1974 年提出利用样本协方差矩阵（sample covariance matrix, SCM）来代替真实的杂波空时协方差矩阵，使 STAP 方法具有了自适应能力，称为采样矩阵求逆 STAP（sample matrix inversion STAP, SMI-STAP）。他们同时指出，当辅助数据满足独立同分布（independent and identically distributed, IID）条件且长度不少于系统空时维度①的两倍时，利用 SMI 方法得到的输出信噪比相较于理想情况损失不超过 3dB，这一准则称为 RMB（Reed, Mallett and Brennan）准则。文献[45]将 STAP 技术与硬件系统相结合，从工程角度提供了多种 STAP 方法的实现方案，并给出了 STAP 杂波抑制能力的工程评价指标。文献[46]则从运算量和非平稳杂波抑制等角度总结了 STAP 技术最新的研究进展，并展望了两种新体制 STAP，即多输入多输出 STAP（MIMO-STAP）和双基地 STAP，详见 1.3.3 小节。

在水声领域，文献[47]最早尝试将 STAP 应用于主动声呐，利用空时二维滤波器实现对混响的有效抑制，以提升水下低径向速度目标的检测性能。文献[48]研究了带有约束的部分 STAP 混响抑制问题，给出了两种空时自适应滤波器结构。文献[49]采用声呐实验数据证明了 STAP 在主动声呐混响抑制中的可行性，文献[50]则利用 STAP 来抑制船舶噪声。近年来，主动声呐 STAP 技术在国内的研究也日渐活跃，文献[37]、[38]对 STAP 在声自导中的应用进行了探讨，文献[24]给出了浅海混响空时耦合关系的统计模型，文献[51]通过分析雷达与声呐回波模型之间的差异，对主动声呐 STAP 的空时导向向量进行了修正。在以上工作基础上，本书作者结合主动声呐自身的特点，提出水下单脉冲 STAP 的系统模型[22,36]，对主动声呐 STAP 理论与方法进行了修正与完善。

在雷达和声呐的实际应用中，会面临空中存在局部云雨或噪声干扰区、水中生物活动、海底表面不平整等情况，这时杂波或混响环境往往是非均匀的，称为非均匀环境。非均匀环境给 STAP 带来的主要影响是满足 IID 条件的辅助数据长度严重不足，不能满足 RMB 准则的要求，致使杂波或混响空时协方差矩阵的估计精度难以保证，相应地，杂波或混响的抑制性能大幅下降[34]。目前大多数 STAP 的研究集中于如何缓解环境非均匀性造成的负面影响，最常见的两种解决办法是：①减少系统空时维度，降低系统本身对辅助数据的需求，该方法本质上是对辅助数据需求量和滤波性能进行权衡和折中；②对雷达或声呐的阵列结构、空时滤波器稀疏性等先验知识进行利用，补充空时协方差矩阵估计时所缺失的相关信息，从而提高 STAP 滤波的稳健性[52-57]。以上方法分别称为降维 STAP 和知识基 STAP，下面分别予以介绍。

① 空时维度是雷达或声呐系统空域维度和时域维度的乘积。对于机载雷达，空域维度是传感器阵列的阵元数，时域维度是一个 CPI 所包含的脉冲个数。对于主动声呐，本书将在 2.1.1 小节进行详细介绍。

1. 降维 STAP

降维 STAP 的主要思想是将高维的自适应处理问题分解为多个规模稍小的自适应问题，予以分别处理，并使降维后的混响抑制性能上限尽可能接近 SMI-STAP。为了便于对比，书中有时将 SMI-STAP 称为全维 STAP。相对于全维 STAP，降维 STAP 的辅助数据需求量和计算量都得到了减少[58]，而降维后的维数则取决于所采用的实现算法，其通用结构如图 1.7 所示。

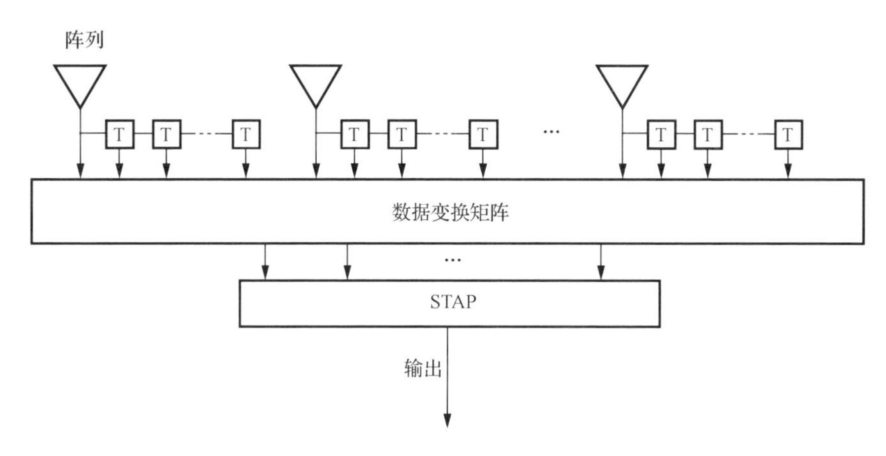

图 1.7 降维 STAP 的通用结构

根据降维过程是否依赖于接收数据，降维 STAP 可分为固定结构降维 STAP 和自适应降维 STAP 两种，后者也称为基于空时协方差统计特性的降维法。固定结构降维 STAP 包括扩展因子 STAP[58]（extended factored STAP, EFA-STAP）、滑窗 STAP（staggered-STAP）[59]和局域联合 STAP（joint domain localized STAP, JDL-STAP）[60]等方法，其特点是需要已知混响分布的特征进而构建降维矩阵，并根据系统和混响分布的先验知识选择降维方式。固定结构降维 STAP 需要人为预设目标方位等信息，当设置值与实际情况不符时，其混响抑制性能将大打折扣。自适应降维 STAP 是一种统计意义上与数据有关的方法，常用方法包括互谱 STAP（cross spectral STAP, CS-STAP）法[61-62]、基于广义旁瓣相消器（generalized sidelobe canceller , GSC）结构的互谱 STAP（GSC based CS-STAP, GSCCS-STAP）法[62]和基于最小功率特征对消的 STAP（minimum power eigencanceler STAP, MPE-STAP）法[63]。自适应降维 STAP 利用的对象是空时协方差矩阵特征值分布曲线的截止特性，其特点是无须对方法进行人为调整，且不需要混响位置的先验信息，缺点是性能上限不如固定结构降维法。

2. 知识基 STAP

知识基 STAP 通过对先验知识的合理利用来提高空时协方差矩阵估计精度，以降低对辅助数据的需求量。常用的先验知识有三种，分别是阵列的斜对称特性、空时功率谱的稀疏性和空时滤波器的稀疏性。①阵列的斜对称特性是指对于等间距线阵等特殊阵列，其杂波或混响的空时协方差矩阵关于主对角线共轭对称，且关于副对角线对称，利用该特性可将辅助数据长度扩充为原来的两倍[54,56]。②空时功率谱稀疏性是指“杂波或混响的空时功率谱是稀疏的”这一先验知识，相关的 STAP 方法包括基于多快拍自适应迭代 STAP（multi-snapshots iterative adaptive approach based STAP, MIAA-STAP）、基于稀疏迭代协方差估计的 STAP（sparse iterative covariance estimation based STAP, SPICE-STAP）[31,64]等。该类 STAP 方法通过对空时协方差矩阵进行参数化，并利用稀疏性作为约束来限制参数空间，达到提升空时协方差矩阵估计精度的目的。③空时滤波器稀疏性是指“空时滤波器的权值是稀疏的”这一先验知识，相关 STAP 方法包括基于 l_1 范数的递归最小二乘 STAP（l_1 based recursive least square STAP, l_1-RLS-STAP）[65]、基于 l_1 范数的采样矩阵求逆 STAP（l_1 based sample matrix inversion STAP, l_1-SMI-STAP）[55]等。该类 STAP 方法直接将稀疏约束施加于空时滤波器以限制滤波器权值的自由度，从而提升滤波器权向量的估计性能。

1.3.3 主动声呐 STAP 技术发展趋势

主动声呐探测技术正由以往的“能检出目标”向低速、隐身目标探测及多目标分类识别等复杂化、精细化方向发展[66-69]，其中两种新体制声呐——MIMO 声呐和双基地声呐近年来引起了国内外学者的重点关注[70-75]。

1. MIMO 声呐 STAP

MIMO 技术源于无线通信领域，用于提升通信系统的吞吐量和对抗信道衰落。该技术利用发射端的多个天线各自独立发送信号，同时在接收端用多个天线接收并恢复原信息[76-78]。受 MIMO 技术在无线通信领域中获得成功应用的鼓舞，研究人员将该技术引入了雷达和声呐领域[79-82]。

MIMO 技术的核心思想是分集[71]，其基本原理是利用多个信道接收承载相同信息的多个副本，并从中恢复出原发射信号[72]。按照分集技术实现方式的不同，MIMO 声呐可分为分布式 MIMO 声呐和密集式 MIMO 声呐两类，如图 1.8 所示。分布式 MIMO 声呐采用的是大范围布阵方式，允许发射基阵从不同方向照射目标，以获得空间分集增益。密集式 MIMO 声呐仍采用传统单基地布阵方式，利用正交发射信号来获得波形分集增益。相比于传统主动声呐，MIMO 声呐具有更灵活的发射波形设计、更大的发射自由度以及更高的空域维度，因此具有提升系统空间分辨率的能力。MIMO 声呐的出现给 STAP 技术发展带来了机遇[83-84]，目前 MIMO-STAP 的相关研究主要集中解决两方面问题：①STAP 模型的构建，一旦取得突破，原先应用于传统声呐的 STAP 方法经修正后，即可移植于 MIMO 声呐；②相较于传统 STAP 方法，MIMO-STAP 的空时维度更高，会带来更大的计算量和辅助数据需求量。只有解决好以上两个问题，MIMO-STAP 才有望在主动声呐中得到应用。

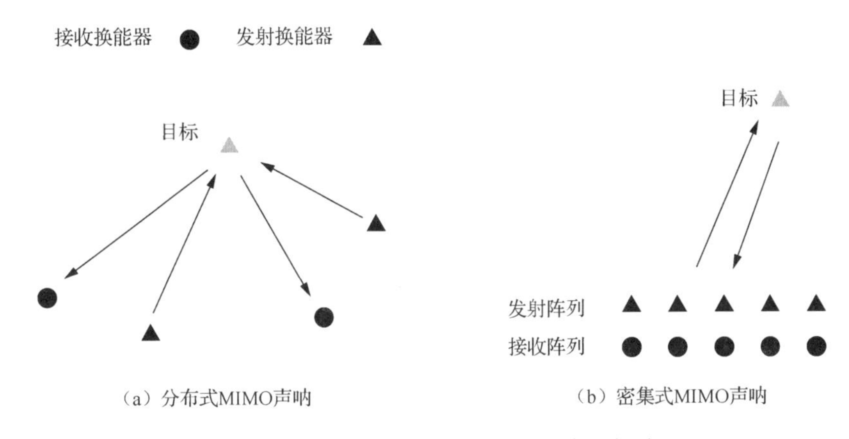

图 1.8 分布式和密集式 MIMO 声呐示意图

2. 双基地声呐 STAP

主动声呐通常采用单基地工作方式，其特点是收发装置共址，不足之处是在探测目标的同时容易暴露自己，隐蔽性能较差。为解决这一问题，采用收发分离模式的双基地声呐应运而生，其工作原理如图 1.9 所示。双基地声呐的接收阵列处于无源工作状态，而发射阵列部署在安全位置，所以具有天然的高隐蔽性及机动灵活的优势[85-86]。

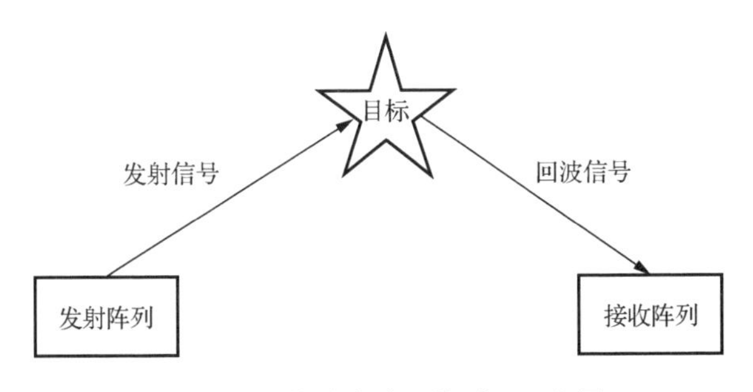

图 1.9 双基地声呐工作原理示意图

在双基地声呐逐渐走向成熟并进入工程化的同时，人们很自然地把目光投向了双基地声呐 STAP 技术的研究。双基地声呐的工作模式决定了其工作环境的复杂性，接收机和发射机的不同运动轨迹使得混响表现出多普勒频率和距离相关性，导致不同距离单元的混响分布出现差异，最终造成混响空时协方差矩阵估计值的偏差。能否对混响分布的差异进行有效补偿，是双基地声呐 STAP 具有可行性的关键。目前存在两种主要解决手段，分别是基于阵列信息的非平稳补偿方法[87-88]和自适应混响非平稳性补偿方法[89-90]。前者通过收发装置的几何位置关系、速度等信息对混响分布做出预测，进一步根据预测信息补偿不同距离单元的混响分布差异。后者无须任何阵列参数等先验知识，由两种不同的自适应策略来实现：①对 STAP 模型进行修正，将其扩展为可跟踪混响空时相关特性的模型；②将不同距离单元的混响数据参数化，通过估计这些参数来构造混响模型，并依照模型补偿混响分布差异。

1.4 空时自适应检测技术

混响抑制的最终目的是要完成目标检测，传统做法是采用先滤波后检测判决的级联处理方式，检测判决通常具有恒虚警率（constant false alarm rate, CFAR，一般简称为恒虚警）性能[91]，该方式也称为级联 CFAR 检测。当采用 STAP 技术来抑制混响时，级联 CFAR 检测的原理框图如图 1.10 所示，即先 STAP 后 CFAR 检测。CFAR 检测可以采用经典的检测器来完成，如单元平均（cell averaging, CA）[92]、单元平均选大（cell averaging greatest of, CAGO）[93]及单元平均选小（cell averaging smallest of, CASO）[94]等[95-96]；也可考虑具有抗非均匀干扰能力的自适应 CFAR 检测器，如可变索引 CFAR（variable index CFAR, VI-CFAR）[97]、switch-CFAR[98]等自动判断背景起伏情况的环境适应性方法，或自动删除单元平均 CFAR（automatic censoring cell averaging CFAR, ACCA-CFAR）[99]等假定某种非均匀环境成立并自适应估计环境参数的方法。级联 CFAR 检测的结构相对简单，易于实现，但对接收数据的利用尚不够充分，其性能有一定的提升空间[100-103]。

近年来以空时数据组织为框架、以检测器设计为核心的水下 STAD 技术得到了较快发展[47,103]，其原理框图如图 1.11 所示。STAD 技术可根据不同的检验准则、利用接收数据自适应地构造检验统计量，并将其与门限阈值比较来判断目标有无。与级联 CFAR 检测相比，STAD 具有三方面优点[22]：①实现了混响抑制与目标检测的一体化，能够更为高效地利用观测数据，检测性能更优；②检测器自身具有 CFAR 特性，无须做额外的 CFAR 处理，检测流程更简单；③检测器设计更灵活，可根据实际需求基于不同的检验准则进行设计。上述优点使得 STAD 技术成为水下探测领域的一个研究热点。

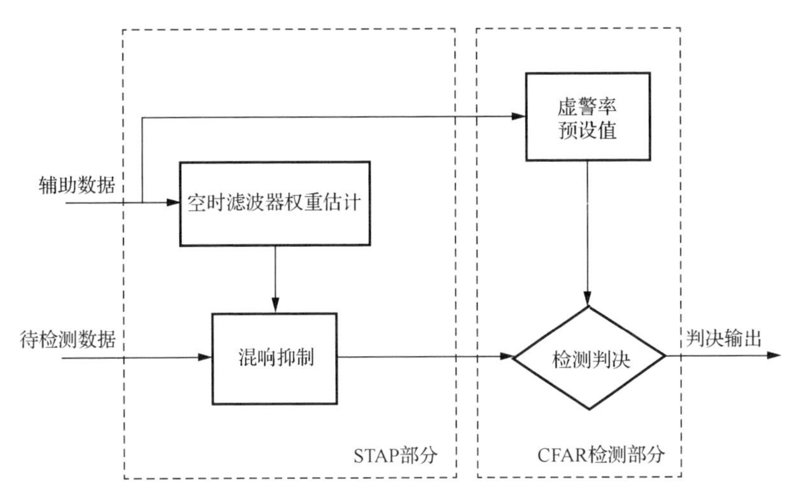

图 1.10 级联 CFAR 检测原理框图

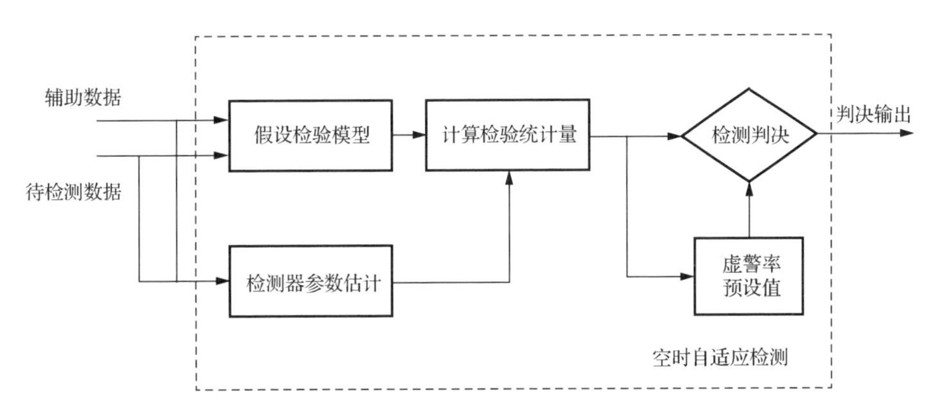

图 1.11 STAD 原理框图

如1.3.2小节所述，早在1974年，Reed等[44]便提出了使阵列输出信噪比最大的SMI方法。当噪声近似为高斯分布时，最大化输出信噪比等价于最大化目标检测概率，因此应用SMI方法可实现一种最优检测准则，得到的检测器称为RMB检测器。RMB检测器的缺点是其门限阈值与噪声的空时协方差矩阵相关，所以不具有CFAR特性。为改进这一不足，Kelly[104]对RMB检验统计量进行了归一化，提出了著名的广义似然比检验（generalized likelihood ratio test, GLRT）检测器，从而开启了STAD技术研究的先河。1992年，Robey等[105]基于两步GLRT准则提出了自适应匹配滤波器（adaptive matched filter, AMF），进一步降低了STAD的运算复杂度。随后，de Maio[106-107]基于沃尔德（Wald）准则和拉奥（Rao）准则分别得到了Wald检测器和Rao检测器。以上经典STAD检测器各有特点，适用于不同的应用场景。其中GLRT检测器在目标导向向量匹配情况下具有准最优的检测性能和较强的干扰抑制能力，但计算复杂度偏高；AMF对目标导向向量失配的宽容性较好，计算量也比GLRT检测器要小；在高斯噪声背景下，Wald检测器与AMF具有等价性[106]，Rao检测器则具有优异的旁瓣信号抑制能力。

在设计以上 STAD 检测器时，一个重要的前提假设是辅助数据与待检测单元数据（以下称为主数据）满足 IID 条件，且辅助数据长度充足，即满足 RMB 准则。当该假设不成立时，这些检测器将失去 CFAR 特性，检测性能也大受影响。该问题可以从以下三个方面寻求解决办法。

（1）通过对某些先验知识的合理利用，例如前述的阵列斜对称特性、混响功率谱所具有的谱对称特性等，扩充辅助数据的数量。将斜对称特性与常用检验准则相结合，可以得到斜对称 GLRT（persymmetric GLRT, Per-GLRT）[54]、斜对称 Rao（persymmetric Rao, Per-Rao）和斜对称 Wald（persymmetric Wald, Per-Wald）等检测器[108]。将谱对称特性与常用检验准则相结合，可以得到谱对称迭代 GLRT（symmetric spectrum-iterative GLRT, SS-IGLRT）、谱对称 AMF（symmetric spectrum AMF, SS-AMF）等检测器[109]。如果将这两种对称特性联合利用，可以得到双知识 AMF（double knowledge AMF, DK-AMF）、双知识 Rao（double knowledge Rao, DK-Rao）等检测器[110]。

（2）将杂波或混响空时协方差矩阵视为随机变量，基于贝叶斯框架设计 STAD 检测器，以降低对辅助数据的需求量。该方法的基本原理是根据应用场景的物理模型等信息获取空时协方差矩阵的先验分布，结合观测数据完成对空时协方差矩阵的自适应估计，进而构造检验统计量。例如，Bidon 等[111-112]在主数据和辅助数据的杂波空时协方差矩阵均为随机且满足适当的联合分布条件下，基于贝叶斯框架设计了 GLRT 和 AMF 检测器；de Maio 等[113]在杂波空时协方差矩阵服从逆复威沙特（Wishart）分布假设下，提出了贝叶斯 GLRT 和两步 GLRT 检测器，并利用真实数据验证了两种检测器的有效性。

（3）当辅助数据与主数据不满足 IID 条件时，可以对非均匀环境进行建模，并借此设计非均匀 STAD 检测器。部分均匀环境（partially homogeneous environment, PHE）是一种典型的非均匀环境，它假设辅助数据和主数据的空时协方差矩阵结构相同且仅相差一个未知的比例因子[114]。1996 年，Scharf 等[115]基于 GLRT 准则设计出首个适用于 PHE 的 STAD 检测器，称为自适应相干估计器（adaptive coherence estimation, ACE），它具有对未知比例因子的不变特性[116]。de Maio 等[117]基于 Rao 准则、Wald 准则推导出 PHE 下的两种 STAD 检测器，并证明这两种检测器均与 ACE 等价。其他非均匀环境还包括多目标干扰环境、杂波或混响边缘等，感兴趣的读者可查阅相关文献[118]、[119]等。

参考文献

[1] 刘伯胜, 雷家煜. 水声学原理[M]. 哈尔滨: 哈尔滨工程大学出版社, 2010.

[2] Winder A A. II. Sonar system technology[J]. IEEE Transactions on Sonics and Ultrasonics, 1975, 22(5): 291-332.

[3] 李启虎. 声呐信号处理引论[M]. 北京: 科学出版社, 2012.

[4] Vaccaro R J. The past, present, and future of underwater acoustic signal processing[J]. IEEE Signal Processing Magazine, 1998, 15(4): 21-51.

[5] Horton J W. 声呐原理[M]. 冯秉铨, 译. 北京: 国防工业出版社, 1965.

[6] Li Q H. Digital sonar design in underwater acoustics: principles and applications[M]. Berlin, Heidelberg: Springer Science & Business Media, 2012.

[7] 张仁和. 中国海洋声学研究进展[J]. 物理, 1994, 23(9): 513-518.

[8] 田坦. 声呐技术[M]. 哈尔滨: 哈尔滨工程大学出版社, 2010.

[9] Friedlander B. On the relationship between MIMO and SIMO radars[J]. IEEE Transactions on Signal Processing, 2008, 57(1): 394-398.

[10] Urick R J. 水声原理[M]. 洪申, 译. 哈尔滨: 哈尔滨船舶工程学院出版社, 1990.

[11] 李启虎. 水声学研究进展[J]. 声学学报, 2001, 26(4): 295-301.

[12] 宋洋, 李颂文. 主动声纳广义正弦调频信号设计[C]//中国声学学会水声学分会 2019 年学术会议论文集. 北京: 《声学技术》编辑部, 2019.

[13] 彭勃. 正弦调频傅里叶变换方法及雷达目标微动特性反演技术研究[D]. 长沙: 国防科学技术大学, 2014.

[14] 杜越. 雷达调制信号的分析与识别[D]. 成都: 电子科技大学, 2018.

[15] 姚东明, 蔡志明. 主动声纳梳状谱信号研究[J]. 信号处理, 2006(2): 256-259.

[16] 鄢社锋, 马远良. 传感器阵列波束优化设计及应用[M]. 北京: 科学出版社, 2009.

[17] Cox H, Zeskind R M, Owen M M. Robust adaptive beamforming[J]. IEEE Transactions on Acoustics Speech, and Signal Processing, 1987, 35(10): 1365-1376.

[18] 郝程鹏, 闫晟, 徐达, 等. 主动声呐恒虚警处理技术[M]. 北京: 人民邮电出版社, 2021.

[19] Turin G L. An introduction to matched filters[J]. IRE Transactions on Information Theory, 1960, 6(3): 311-329.

[20] Collins T, Atkins P. Doppler-sensitive active sonar pulse designs for reverberation processing[J]. Radar, Sonar and Navigation, 1998, 145(6): 347-353.

[21] Li W, Ma X C, Zhu Y, et al. Detection in reverberation using space time adaptive prewhiteners[J]. Journal of the Acoustical Society of America, 2008, 124(4): 236-242.

[22] 郝程鹏, 施博, 闫晟, 等. 主动声纳混响抑制与目标检测技术[J]. 科技导报, 2017, 35(20): 102-108.

[23] 刘建国, 朱凌霄, 严胜刚. 运动平台混响的时空耦合统计模型[J]. 声学学报, 2018, 43(4): 481-494.

[24] 施博. 水下目标空时自适应检测算法研究[D]. 北京: 中国科学院大学, 2015.

[25] 王莎. 水下单脉冲降维空时自适应处理[D]. 北京: 中国科学院大学, 2019.

[26] Mio K, Chocheyras Y, Doisy Y. Space time adaptive processing for low frequency sonar[C]//OCEANS, 2000: 1315-1319.

[27] Melvin W L. A stap overview[J]. IEEE Aerospace and Electronic Systems Magazine, 2004, 19(1): 19-35.

[28] Addabbo P, Orlando D, Ricci G. Adaptive radar detection of dim moving targets in presence of range migration[J]. IEEE Signal Processing Letters, 2019, 26(10): 1461-1465.

[29] Ward J. Space-time adaptive processing for airborne radar[R]. Lexington: Lincoln Laboratory, 1994.

[30] Sasi N M, Sathidevi P S, Pradeepa R, et al. A low complexity STAP for reverberation cancellation in active sonar detection[C]//2010 IEEE Sensor Array and Multichannel Signal Processing Workshop, 2010: 245-248.

[31] Zhang Y X, Chen S J, Hao C P. A novel adaptive reverberation suppression method for moving active sonar[C]//2021 OES China Ocean Acoustics (COA), 2021: 831-835.

[32] Gopika P, Supriya S. Implementation of space time adaptive processing in active sonar detection[J]. IOSR Journal of Electronics and Communication Engineering (IOSR-JECE), 2014, 9(3): 73-76.

[33] 黄晓燕. 浅海混响环境中主动自导的空时自适应处理技术研究[D]. 西安: 西北工业大学, 2014.

[34] 李玉伟, 周敏佳. 主动声呐空时自适应处理算法研究[J]. 舰船电子工程, 2017, 37(5): 127-130.

[35] 王莎, 施博, 郝程鹏. 基于斜对称阵列的水下单脉冲降维空时自适应处理[J]. 水下无人系统学报, 2020, 28(2): 168-173.

[36] 李娜, 郝程鹏, 施博, 等. 水下修正空时自适应检测的性能分析[J]. 水下无人系统学报, 2018, 26(2): 133-139.

[37] 赵申东, 唐劲松, 蔡志明. 声自导鱼雷空时自适应处理[J]. 鱼雷技术, 2008, 16(2): 25-30.

[38] 詹昊可, 蔡志明, 苑秉成. 鱼雷声呐空时自适应混响抑制方法[J]. 武汉理工大学学报(交通科学与工程版), 2007, 31(6): 946-950.

[39] Etter P C. Underwater acoustic modeling and simulation[M]. Boca Raton: CRC Press, 2018.

[40] 高博. 浅海远程海底混响的建模与特性研究[D]. 哈尔滨: 哈尔滨工程大学, 2013.

[41] Klmm R. Applications of space-time adaptive processing[M]. London: The Institution of Electrical Engineers, 2004.

[42] Hao C P, Orlando D, Liu J, et al. Advances in adaptive radar detection and range estimation[M]. Berlin, Heidelberg: Springer Science & Business Media, 2021.

[43] Brennan L E, Reed L S. Theory of adaptive radar[J]. IEEE transactions on Aerospace and Electronic Systems, 1973(2): 237-252.

[44] Reed I S, Mallett J D, Brennan L E. Rapid convergence rate in adaptive arrays[J]. IEEE Transactions on Aerospace Electronic Systems, 1974, 10(6): 853-863.

[45] Guerci J R. Space-time adaptive processing for radar[M]. Boston, London: Artech House, 2003.

[46] 闫晟, 孙梦茹, 施博, 等. 2019 年空时自适应处理技术研究热点回眸[J]. 科技导报, 2020, 38(3): 192-199.

[47] Klemm R. Detection of slow targets by a moving active sonar[J]. Acoustic Signal Processing for Ocean Exploration, 1993: 165-170.

[48] Jaffer A G. Constrained partially adaptive space-time processing for clutter suppression[C]//Proceedings of 1994 28th Asilomar Conference on Signals, Systems and Computers, 1994: 671-676.

[49] Maiwald D, Benen S, Schmidtschierhorn H. Space-time signal processing for surface ship towed active sonar[M]. London: IET Digital Library, 2004.

[50] Pillai S U, Guerci J R, Pillai S R. Wideband STAP (WB-STAP) for passive sonar[C]//OCEANS, 2003: 2814-2818.

[51] 吕维, 王志杰, 李建辰, 等. 修正空时自适应处理在水下自导系统中的应用[J]. 兵工学报, 2012, 33(8): 944-950.

[52] Ginolhac G, Forster P, Pascal F, et al. Exploiting persymmetry for low-rank space time adaptive processing[J]. Signal Processing, 2014, 97: 242-251.

[53] Goldstein J S, Reed I S. Reduced-rank adaptive filtering[J]. IEEE Transactions on Signal Processing, 1997, 45(2): 492-496.

[54] Cai L, Wang H. A persymmetric multiband GLR algorithm[J]. IEEE Transactions on Aerospace and Electronic Systems, 1992, 28(3): 806-816.

[55] 阳召成. 基于稀疏性的空时自适应处理理论和方法[D]. 长沙: 国防科学技术大学, 2013.

[56] Nitzberg R. Application of maximum likelihood estimation of persymmetric covariance matrices to adaptive processing[J]. IEEE Transactions on Aerospace Electronic Systems, 1980, 16(1): 124-127.

[57] Peckham C D, Haimovich A M, Ayoub T F, et al. Reduced-rank STAP performance analysis[J]. IEEE Transactions on Aerospace and Electronic Systems, 2000, 36(2): 664-676.

[58] Tong Y L, Wang T, Wu J X. Improving EFA-STAP performance using persymmetric covariance matrix estimation[J]. IEEE Transactions on Aerospace and Electronic Systems, 2015, 51(2): 924-936.

[59] Yang X P, Liu Y X, Sun Y Z, et al. Improved PRI-staggered space-time adaptive processing algorithm based on projection approximation subspace tracking subspace technique[J]. IET Radar, Sonar & Navigation, 2014, 8(5): 449-456.

[60] Michels J H, Himed B, Rangaswamy M. Robust STAP detection in a dense signal airborne radar environment[J]. Signal Processing, 2004, 84(9): 1625-1636.

[61] Fa R, de Lamare R C. Reduced-rank STAP algorithms using joint iterative optimization of filters[J]. IEEE Transactions on Aerospace and Electronic Systems, 2011, 47(3): 1668-1684.

[62] 张良. 机载相控阵雷达降维 STAP 研究[D]. 西安: 西安电子科技大学, 1999.

[63] 张良, 保铮, 廖桂生. 基于特征空间的降维 STAP 方法比较研究[J]. 电子学报, 2000, 28(9): 27-30.

[64] Yang Z C, Li X, Wang H Q, et al. Adaptive clutter suppression based on iterative adaptive approach for airborne radar[J]. Signal Processing, 2013, 93(12): 3567-3577.

[65] Angelosante D, Bazerque J, Giannakis G. Online adaptive estimation of sparse signals: where RLS meets the l_1 norm[J]. IEEE Transactions on Signal Processing, 2010, 58 (7): 3436-3447.

[66] Yin J W, Men W, Han X. Integrated waveform for continuous active sonar detection and communication[J]. IET Radar, Sonar & Navigation, 2020, 14(9): 1382-1390.

[67] Kong W Z, Hong J C, Jia M Y, et al. YOLOv3-DPFIN: a dual-path feature fusion neural network for robust real-time sonar target detection[J]. IEEE Sensors Journal, 2019, 20(7): 3745-3756.

[68] Yu Y C, Zhao J H, Gong Q H. Real-time underwater maritime object detection in side-scan sonar images based on transformer-YOLOv5[J]. Remote Sensing, 2021, 13(18): 3555.

[69] 张瑶. 浅海条件下主动声呐目标探测若干方法研究[D]. 哈尔滨: 哈尔滨工程大学, 2013.

[70] 刘建涛, 任岁玲, 姜永兴, 等. 基于数据协方差矩阵重构的 MIMO 声纳 DOA 估计[J]. 应用声学, 2017, 36(2): 162-167.

[71] 孙超, 刘雄厚. MIMO 声纳: 概念与技术特点探讨[J]. 声学技术, 2012, 31(2): 117-124.

[72] Bekkerman I, Tabrikian J. Target detection and localization using MIMO radars and sonars[J]. IEEE Transactions on Signal Processing, 2006, 54(10): 3873-3883.

[73] Jiang J N, Pan X, Zheng Z. Applying MIMO concept to time reversal method on target resolving in shallow water[C]//OCEANS, 2015: 1-6.

[74] 张德, 李保卫, 范茂军. 利用定位估计的克拉美罗下界进行双基地声呐系统最优化配置[J]. 声学学报, 2021, 46(3): 387-393.

[75] 朱广平, 顾鑫, 韩笑, 等. 双基地冰-水界面混响强度的理论预报[J]. 声学学报, 2020, 45(3): 325-333.

[76] Biglieri E, Calderbank R, Constantinides A, et al. MIMO wireless communications[M]. Cambridge: Cambridge University Press, 2007.

[77] Palomar D P, Barbarossa S. Designing MIMO communication systems: constellation choice and linear transceiver design[J]. IEEE Transactions on Signal Processing, 2005, 53(10): 3804-3818.

[78] Kaye A, George D. Transmission of multiplexed PAM signals over multiple channel and diversity systems[J]. IEEE Transactions on Communication Technology, 1970, 18(5): 520-526.

[79] Zhang L J, Huang J G, Jin Y, et al. Waveform diversity based sonar system for target localization[J]. Journal of Systems Engineering and Electronics, 2010, 21(2): 186-190.

[80] Bekkerman I, Tabrikian J. Target detection and localization using MIMO radars and sonars[J]. IEEE Transactions on Signal Processing, 2006, 54(10): 3873-3883.

[81] Pan X, Ding Z, Jiang J. Robust time-reversal is combined with distributed multiple-input multiple-output sonar for detection of small targets in shallow water environments[J]. Applied Acoustics, 2018, 133: 157-167.

[82] Rugminidevi G. MIMO sonar and SIMO sonar: a comparison[J]. International Scientific Journal on Science Engineering & Technology, 2014, 17 (9): 873-881.

[83] Yan S F, Hao C P, Liu M G, et al. Bistatic MIMO sonar space-time adaptive processing based on knowledge-aided transform[C]//OCEANS, 2018: 1-5.

[84] 陈世进, 闫晟, 郝程鹏, 等. 一种适用于多输入多输出声呐的稳健空时自适应检测方法[J]. 声学学报, 2022, 47(6): 777-788.

[85] 赵宝庆. 双基地声呐混响特性研究[D]. 西安: 西北工业大学, 2006.

[86] 张小凤. 双/多基地声呐定位及目标特性研究[D]. 西安: 西北工业大学, 2003.

[87] Borsari G K. Mitigating effects on STAP processing caused by an inclined array[C]//IEEE Radar Conference, 1998: 135-140.

[88] Melvin W L, Davis M E. Adaptive cancellation method for geometry-induced nonstationary bistatic clutter environments[J]. IEEE Transactions on Aerospace and Electronic Systems, 2007, 43(2): 651-672.

[89] 段锐. 机载双基地雷达杂波仿真与抑制技术研究[D]. 成都: 电子科技大学, 2009.

[90] Kreyenkamp O, Klemm R. Doppler compensation in forward-looking STAP radar[J]. Radar, Sonar and Navigation, 2001, 148(5): 253-258.

[91] 郝程鹏, 张立军, 蔡龙, 等. 分布式模糊自动删除单元平均恒虚警检测[J]. 兵工学报, 2010, 31(9): 1274-1278.

[92] Finn H M, Johnson R S. Adaptive detection mode with threshold control as a function spatially sampled clutter-level estimates[J]. RCA Review, 1968, 29: 414-464.

[93] Hansen V G. Constant false alarm rate processing in search radars[C]//International Radar Conference, 1973: 325-332.

[94] Trunk G V. Range resolution of targets using automatic detectors[J]. IEEE Transactions on Aerospace and Electronic Systems, 1978, 14(5): 750-755.

[95] Rohling H. Radar CFAR thresholding in clutter and multiple target situations[J]. IEEE Transactions on Aerospace and Electronic Systems, 1983, 19(4): 608-621.

[96] Elias A R, Demercad M G, Davo E R. Analysis of some modified order statistic CFRA: OSGO and OSSO CFAR[J]. IEEE Transactions on Aerospace and Electronic Systems, 1990, 26(1): 197-202.

[97] Smith M E, Varshney P K. Intelligent CFAR processor based on data variability[J]. IEEE Transactions on Aerospace and Electronic Systems, 2000, 36(3): 837-847.

[98] Cao T V. Constant false-alarm rate algorithm based on test cell information[J]. Radar, Sonar and Navigation, 2008, 2(3): 200-213.

[99] Farrouki A, Barket M. Automatic censoring CFAR detector based on ordered data variability for nonhomogeneous environments[J]. Radar, Sonar and Navigation, 2005, 152 (1): 43-51.

[100] Kim K M, Lee C, Youn D H. Adaptive processing technique for enhanced CFAR detecting performance in active sonar systems[J]. IEEE Transactions on Aerospace Electronic Systems, 2000, 36(2): 693-700.

[101] Carotenuto G, de Maio A, Orlando D, et al. Radar detection architecture based on interference covariance structure classification[J]. IEEE Transactions on Aerospace and Electronic Systems, 2019, 55(2): 607-618.

[102] Yan L J, Hao C P, Orlando D, et al. Parametric space-time detection and range estimation of point-like targets in partially homogeneous environment[J]. IEEE Transactions on Aerospace and Electronic Systems, 2019, 52(2): 1228-1242.

[103] 闫林杰. 多通道声呐抗水声干扰自适应检测方法研究[D]. 北京: 中国科学院大学, 2021.

[104] Kelly E J. An adaptive detection algorithm[J]. IEEE Transactions on Aerospace and Electronic Systems, 1986, 22(1): 115-127.

[105] Robey F C, Fuhrmann D R, Kelly E J, et al. A CFAR adaptive matched filter detector[J]. IEEE Transactions on Aerospace and Electronic Systems, 1992, 28(1): 208-216.

[106] de Maio A. A new derivation of the adaptive matched filter[J]. IEEE Signal Processing Letters, 2004, 11(10): 792-793.

[107] de Maio A. Rao test for adaptive detection in Gaussian interference with unknown covariance matrix[J]. IEEE Transactions on Signal Processing, 2007, 55(7): 3577-3584.

[108] Hao C P, Orlando D, Ma X C, et al. Persymmetric Rao and Wald tests for partially homogeneous environment[J]. IEEE Signal Processing Letters, 2012, 19(9): 587-590.

[109] de Maio A, Orlando D, Hao C P, et al. Adaptive detection of point-like targets in spectrally symmetric interference[J]. IEEE Transactions on Aerospace and Electronic Systems, 2016, 64(12): 3207-3220.

[110] Hao C P, Orlando D, Foglia G, et al. Knowledge-based adaptive detection: joint exploitation of clutter and system symmetry properties[J]. IEEE Signal Processing Letters, 2016, 23(10): 1489-1493.

[111] Besson O, Tourneret J, Bidon S. Knowledge-aided bayesian detection in heterogeneous environments[J]. IEEE Signal Processing Letters, 2007, 14(5): 355-358.

[112] Bidon S, Besson O, Tourneret J. A Bayesian approach to adaptive detection in nonhomogeneous environments[J]. IEEE Transactions on Signal Processing, 2008, 56(1): 205-217.

[113] de Maio A, Farina A, Foglia G. Knowledge-aided bayesian radar detectors & their application to live data[J]. IEEE Transactions on Aerospace and Electronic Systems, 2010, 46(1): 170-183.

[114] Casillo M, de Maio A, Iommelli S, et al. A persymmetric GLRT for adaptive detection in partially-homogeneous environment[J]. IEEE Signal Processing Letters, 2007, 14(12): 1016-1019.

[115] Scharf L L, McWhorter L T. Adaptive matched subspace detectors and adaptive coherence estimators[C]//Thirtieth Asilomar Conference on Signals, Systems and Computers, 1996: 1114-1117.

[116] Conte E, Lops M, Ricci G. Adaptive matched filter detection in spherically invariant noise[J]. IEEE Signal Processing Letters, 1996, 3(8): 248-250.

[117] de Maio A, Iommelli S. Coincidence of the Rao test, Wald test, and GLRT in partially homogeneous environment[J]. IEEE Signal Processing Letters, 2008, 15: 385-388.

[118] 徐达, 多通道声呐混响边缘检测及目标检测方法研究[D]. 北京: 中国科学院大学, 2021.

[119] Wang T Q, Xu D, Hao C P, et al. Clutter edges detection algorithms for structured clutter covariance matrices[J]. IEEE Signal Processing Letters, 2022, 29: 642-646.

第 2 章　主动声呐 STAP 模型与方法

如 1.3 节所述，机载雷达中常用的多脉冲信号模型无法与声速传播慢、信号时间相干半径小的水下环境相匹配，不能满足主动声呐的实际应用需求[1-3]。因此，主动声呐通常发射单脉冲信号来探测目标，相应的信号处理方式需要围绕单脉冲这一特点进行专门设计。本书作者所在课题组经过多年的潜心研究，在单脉冲 STAP 方面取得了一系列研究成果[4-9]，不但构建出单脉冲 STAP 的系统模型，还提出多种适用于主动声呐的 STAP 方法，本章对这些成果予以介绍。

2.1　主动声呐 STAP 模型

主动声呐单脉冲 STAP 的建模工作需要明确两部分内容，即数据的组织形式和干扰信号的空时模型。

2.1.1　机载雷达数据结构

为便于后文描述，首先对机载雷达的数据组织结构进行简要介绍。如 1.3.1 小节所述，机载雷达通常采用脉冲多普勒形式，即在一个 CPI 内发射并接收由 M 个相干脉冲组成的脉冲串。接收机对回波信号进行解调、滤波和采样等处理后，由单个脉冲得到的 L 个采样数据称为快时间样本或距离单元，如图 2.1（a）所示[10]。注意到图中的采样间隔为接收机的采样周期，该间隔对应的电磁波传播距离称为距离单元间距。对于给定的距离单元，由不同的发射脉冲得到的数据样本称为慢时间样本，如图 2.1（b）所示，其采样间隔为脉冲重复周期。若脉冲多普勒雷达包含 N 个接收天线，这些天线共同接收的快时间样本与慢时间样本可以组成一组三维数据块，用以进行 STAP，如图 2.2 所示。图中主数据表示当前雷达系统感兴趣的距离单元，辅助单元为主数据附近的距离单元，一般用来估计主数据中干扰信号的统计特性[10-12]。

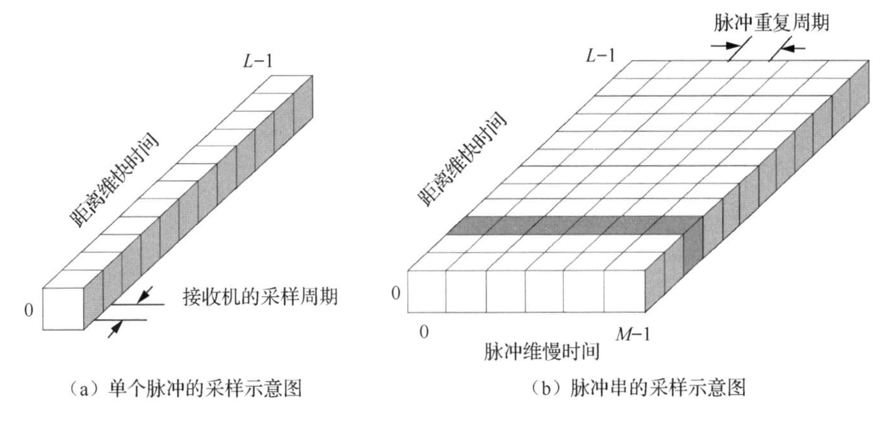

（a）单个脉冲的采样示意图　（b）脉冲串的采样示意图

图 2.1　单 CPI 脉冲多普勒雷达采样示意图

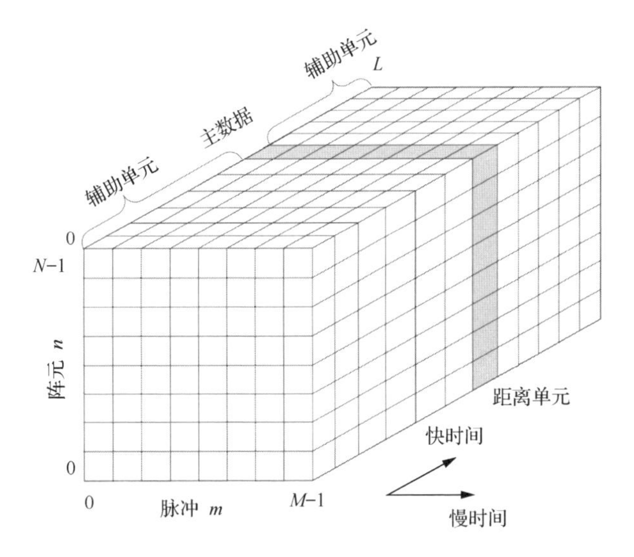

图 2.2　脉冲多普勒雷达三维数据块示意图

2.1.2　单脉冲数据组织

1. 接收采样信号过程

主动声呐的接收机前端一般由电声换能器构成，多个换能器可组成阵列，阵列中每个换能器（也称阵元）的接收信号需经过抗混叠滤波、放大、解调至基带等调理处理后，再输入到模/数（analogue-to-digital，A/D）转换器进行采样。单个阵元的接收机结构如图 2.3 所示。

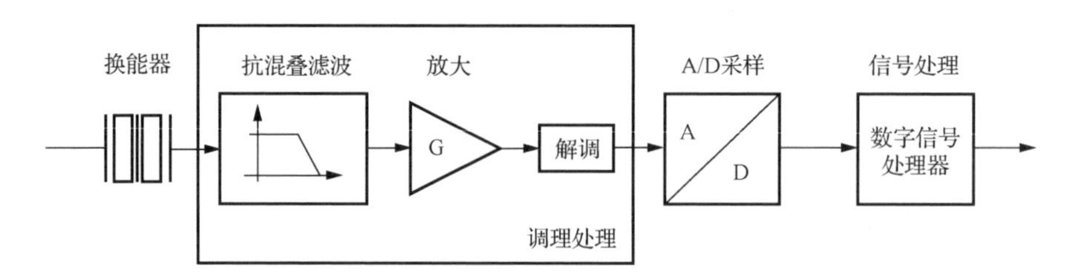

图 2.3　主动声呐单个阵元的接收机结构

假设主动声呐的接收阵列是由 N 个各向同性阵元组成的等间距线阵，阵元间距 $d=\lambda/2$，其中 λ 为工作波长。声呐阵列的坐标系如图 2.4 所示，其中，θ_i 和 ϕ_k 分别是散射体的俯仰角和方位角，第 n 个阵元位置可以表示为 $p_n=(x_n, y_n, z_n), n=0,1,\cdots,N-1$，由线阵位置可知，$y_n=0$，$z_n=0$。若接收阵列的轴线方向（$x$ 轴方向）与载体运动方向之间存在一定夹角，称之为偏航角，用 ϕ_p 来表示。值得说明的是：当接收阵列轴线与声呐载体运动方向一致时，称为正侧视工作方式；当接收阵列轴线与载体运动方向垂直时，称为前视工作方式。

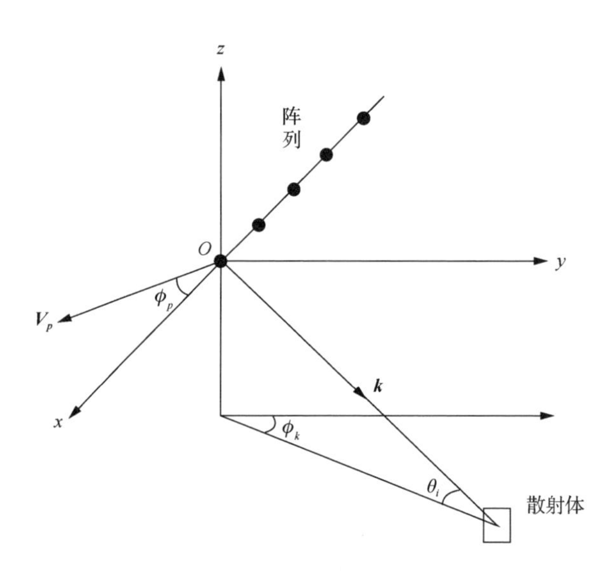

图 2.4　主动声呐与散射体的几何关系示意图

选择第 0 个阵元作为系统的参考阵元，并假设其位于坐标系原点，则 $p_n=(-nd, 0, 0), n=0,1,\cdots,N-1$。考虑主动声呐在某一探测周期内发射时宽为 T_t 的脉冲信号 $s(t)$，即

$$s(t)=\alpha_t\tilde{s}(t)\mathrm{e}^{\mathrm{j}(2\pi f_0 t+\psi)} \tag{2.1}$$

式中，初始相位 ψ 在 $[0,2\pi)$ 上均匀分布；$\tilde{s}(t)$ 为调制前的信号；α_t 为发射信号幅度；f_0 为载波频率。散射体与各阵元之间的距离不同，导致回波信号到达各阵元的时延也不同，该时延差是散射体球面角 (ϕ_k,θ_i) 的函数。

将从坐标系原点指向散射体的单位向量 $\boldsymbol{k}$ 表示为

$$\boldsymbol{k}=\left[\cos\theta_i\sin\phi_k \quad \cos\theta_i\cos\phi_k \quad \sin\theta_i\right]^{\mathrm{T}} \tag{2.2}$$

则相对于参考阵元，回波信号到达第 n 个阵元的时延差为

$$\tau_n=\frac{\boldsymbol{k}^{\mathrm{T}}\left[-nd \quad 0 \quad 0\right]^{\mathrm{T}}}{c}=\frac{nd\cos\theta_i\sin\phi_k}{c}, \quad n=0,1,\cdots,N-1 \tag{2.3}$$

式中，c 为水中声速。进一步考虑参考阵元发射信号的往返时间 $\tau_{n'}=\dfrac{2R}{c}$，其中 R 为参考阵元与目标之间的距离，此时第 n 个阵元的总时延为 $\tau_r=\tau_{n'}+\tau_n$。若将目标相对于声呐的径向速度用 V 表示，并假设相向运动时 V 的符号为正[13-14]，则接收到的目标回波信号为

$$s_n(t)=\alpha_r s\left[\varpi(t-\tau_r)\right]=\alpha_r\tilde{s}\left[\varpi(t-\tau_r)\right]\mathrm{e}^{\mathrm{j}\left[2\pi f_0\varpi(t-\tau_r)+\psi\right]} \tag{2.4}$$

式中，α_r 是由传播损失、目标散射系数等因素决定的幅度参数；ϖ 是由 V 产生的多普勒伸缩因子，即

$$\varpi=\frac{c+V}{c-V}=1+\frac{2V}{c-V}=1+\beta \tag{2.5}$$

其中，$\beta=\dfrac{2V}{c-V}$，则目标回波的多普勒频率 $f_d=\beta f_0$，时宽 $T_p=\left(1-\dfrac{2V}{c}\right)T_t$。

对于水下目标，由于 $V\ll c$，所以 T_t 与 T_p 相差无几。假设发射信号为 CW，回波信号包络可近似认为是一个常数，若记为 $\tilde{\alpha}$，则式（2.4）可改写为

$$\begin{aligned} s_n(t)&=a_r\tilde{\alpha}\mathrm{e}^{\mathrm{j}\psi}\mathrm{e}^{\mathrm{j}[2\pi(f_0+f_d)(t-\tau_r)]} \\ &=\alpha\mathrm{e}^{\mathrm{j}2\pi f_0 t}\mathrm{e}^{-\mathrm{j}2\pi(f_0+f_d)\tau_n}\mathrm{e}^{\mathrm{j}2\pi f_d t} \end{aligned} \tag{2.6}$$

式中，$\alpha=\alpha_r\tilde{\alpha}\mathrm{e}^{\mathrm{j}\psi}\mathrm{e}^{-\mathrm{j}2\pi(f_0+f_d)\tau_{n'}}$ 称为目标回波幅度。将 $s_n(t)$ 搬移至基带后，可得

$$x_n(t)=\alpha\mathrm{e}^{-\mathrm{j}2\pi(f_0+f_d)\tau_n}\mathrm{e}^{\mathrm{j}2\pi f_d t} \tag{2.7}$$

为便于后续处理，对 $x_n(t)$ 进行采样并按 T_t 长度截取，将其视为一个距离单元，如图 2.5 所示，图中第 n 个阵元、第 m 个采样点对应的信号表达式为

$$x_n^m=\alpha\mathrm{e}^{-\mathrm{j}2\pi(f_0+f_d)\tau_n}\mathrm{e}^{\mathrm{j}2\pi f_d\frac{m}{f_s}}, \quad n=0,1,\cdots,N-1, \quad m=1,2,\cdots,M \tag{2.8}$$

式中，$M = f_s T_t$ 为距离单元中的样本个数；f_s 为采样频率。值得说明的是，M 和 N 分别称为系统的时域维度和空域维度，MN 为系统空时维度。

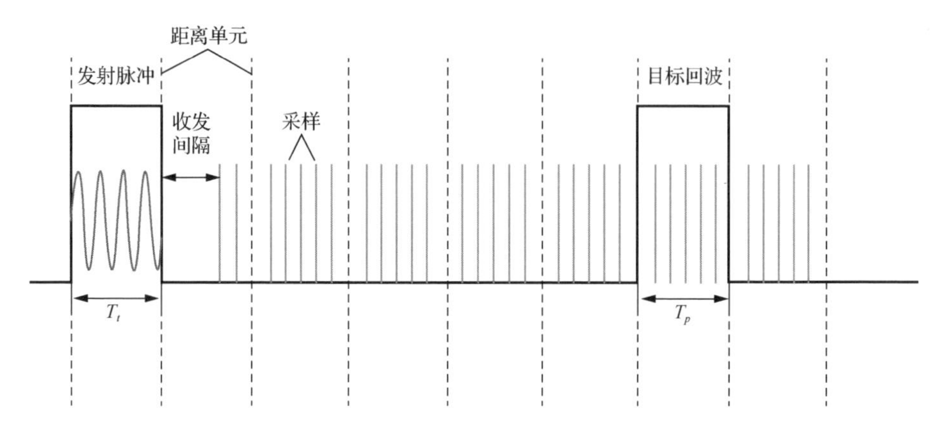

图 2.5　主动声呐单脉冲发射与接收采样过程

2. 数据重排

对所有距离单元数据完成采样后，可以得到 $KM \times N$ 的数据块，其中 K 为距离单元个数，此时接收数据的组织结构如图 2.6（a）所示。为了进行 STAP，需要将图 2.6（a）的二维数据以距离单元为单位重新排列成图 2.1 所示的三维数据块，排列结果如图 2.6（b）所示，数据重排后的维度变为 $K \times N \times M$ 。

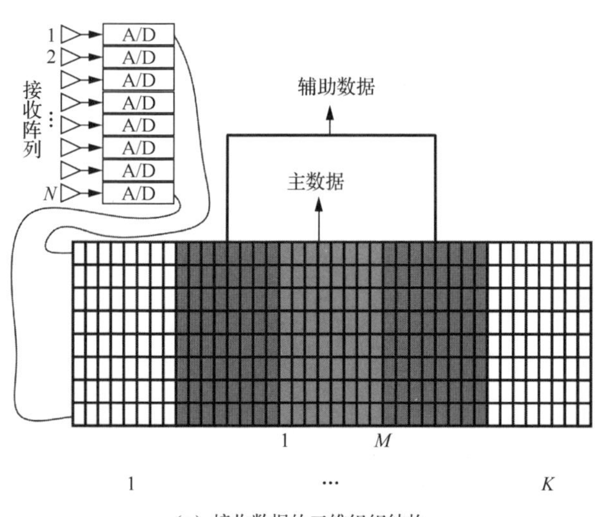

（a）接收数据的二维组织结构

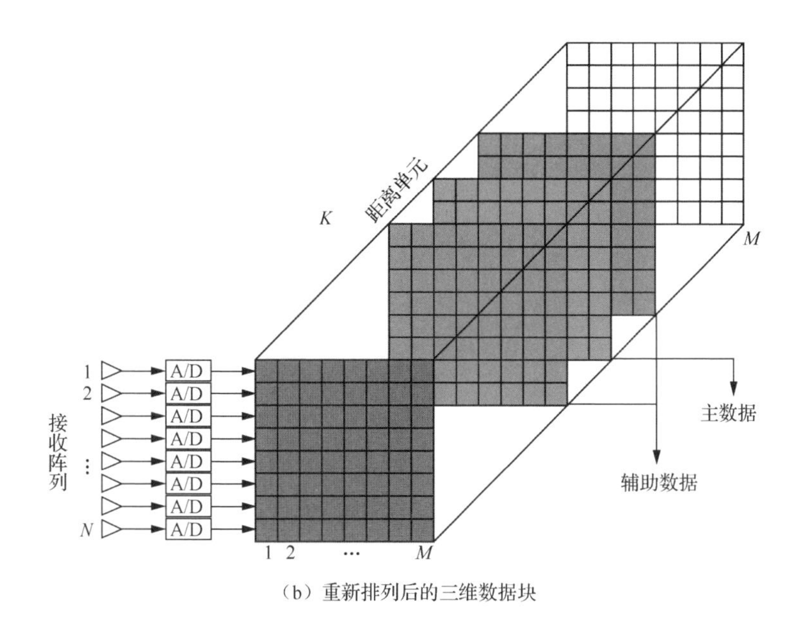

（b）重新排列后的三维数据块

图 2.6　数据组织结构

与机载雷达的数据组织结构类似，重新排列后的距离单元可以分为两类：①待检测单元，也称为主数据，由目标回波和干扰信号组成，或仅含有干扰信号；②辅助单元，一般从与主数据相邻的距离单元中选取，这些单元中的数据称为辅助数据，通常仅含有干扰信号，用以估计主数据中干扰信号的空时协方差矩阵，实现自适应处理。

数据完成重排后，就可以借鉴机载雷达 STAP 的操作流程来构造空时快拍。用 $x_{n,k}^{m}$ 表示图 2.6（b）中第 n 个阵元、第 k 个距离单元对应的第 m 个时域数据，可将第 k 个距离单元中的数据表示成 $\boldsymbol{X}_k=\left[\boldsymbol{x}_{k,0}\quad \boldsymbol{x}_{k,1}\quad \cdots\quad \boldsymbol{x}_{k,M-1}\right]\in\mathbb{C}^{N\times M}$，式中 $\boldsymbol{x}_{k,m}=\left[x_{0,k}^{m}\quad x_{1,k}^{m}\quad \cdots\quad x_{N-1,k}^{m}\right]^{\mathrm{T}}\in\mathbb{C}^{N\times 1},m=0,\cdots,M-1$。将 $\boldsymbol{X}_k$ 按列重排，可以得到一个 $NM\times 1$ 的空时快拍，即

$$\boldsymbol{\gamma}_k=\operatorname{vec}\left(\boldsymbol{X}_k\right)=\left[\boldsymbol{x}_{k,0}^{\mathrm{T}}\quad \boldsymbol{x}_{k,1}^{\mathrm{T}}\quad \cdots\quad \boldsymbol{x}_{k,M-1}^{\mathrm{T}}\right]^{\mathrm{T}} \tag{2.9}$$

为了加以区别，下文使用 $\boldsymbol{\gamma}$ 来表示主数据，用 $\boldsymbol{\gamma}_k$ 来表示辅助数据。

3. 目标空时导向向量

不失一般性，假设 f_D 为正值，将 $f_s=2f_D$ 代入式（2.8）可得

$$x_n^m=\alpha \mathrm{e}^{-\mathrm{j}2\pi\left(f_0+f_d\right)\tau_n}\mathrm{e}^{\mathrm{j}2\pi\frac{f_d}{2f_D}m} \tag{2.10}$$

定义目标归一化多普勒频率 $v_d = \dfrac{f_d}{2f_D}$，目标归一化空间频率 $v_s = \dfrac{d}{\lambda}\cos\theta_i \sin\phi_k$，式（2.10）可表示为

$$x_n^m = \alpha \mathrm{e}^{-\mathrm{j}2\pi n(f_0+f_d)\frac{v_s}{f_0}} \mathrm{e}^{\mathrm{j}2\pi m v_d} = \alpha \mathrm{e}^{-\mathrm{j}2\pi n \varpi v_s} \mathrm{e}^{\mathrm{j}2\pi m v_d} \tag{2.11}$$

因此，将 x_n^m 按照上文所述方式进行重排并构造空时快拍，则主数据中的目标信号可以表示为 $\alpha \boldsymbol{v}_t$，其中 $\boldsymbol{v}_t \in \mathbb{C}^{MN\times 1}$ 称为目标空时导向向量，具体表达式为

$$\boldsymbol{v}_t = \boldsymbol{b}(v_d) \otimes \boldsymbol{a}(v_s) \triangleq \boldsymbol{v}(v_s, v_d) \tag{2.12}$$

式中，$\otimes$ 表示克罗内克（Kronecker）积，且

$$\boldsymbol{b}(v_d) = \begin{bmatrix} 1 & \mathrm{e}^{\mathrm{j}2\pi v_d} & \cdots & \mathrm{e}^{\mathrm{j}2\pi(M-1)v_d} \end{bmatrix}^{\mathrm{T}} \in \mathbb{C}^{M\times 1} \tag{2.13}$$

$$\boldsymbol{a}(v_s) = \begin{bmatrix} 1 & \mathrm{e}^{-\mathrm{j}2\pi\varpi v_s} & \cdots & \mathrm{e}^{-\mathrm{j}2\pi(N-1)\varpi v_s} \end{bmatrix}^{\mathrm{T}} \in \mathbb{C}^{N\times 1} \tag{2.14}$$

分别称为目标时域导向向量和空域导向向量。与机载雷达相比，$\boldsymbol{b}(v_d)$ 在形式上是相同的，$\boldsymbol{a}(v_s)$ 则有明显的区别。具体来说，$\boldsymbol{a}(v_s)$ 可进一步写为

$$\boldsymbol{a}(v_s) = \boldsymbol{a}_s(v_s) \odot \boldsymbol{v} \tag{2.15}$$

式中，$\odot$ 表示阿达马（Hadamard）积；$\boldsymbol{a}_s(v_s)$ 为机载雷达的目标空时导向向量，其表达式[15-17]为

$$\boldsymbol{a}_s(v_s) = \begin{bmatrix} 1 & \mathrm{e}^{-\mathrm{j}2\pi v_s} & \cdots & \mathrm{e}^{-\mathrm{j}2\pi(N-1)v_s} \end{bmatrix}^{\mathrm{T}} \tag{2.16}$$

$\boldsymbol{v} = \begin{bmatrix} 1 & \mathrm{e}^{-\mathrm{j}2\pi\beta v_s} & \cdots & \mathrm{e}^{-\mathrm{j}2\pi(N-1)\beta v_s} \end{bmatrix}^{\mathrm{T}}$ 称为空时交叉向量，该向量由目标信号的多普勒频率决定。对于机载雷达，由于 $V \ll c$，$2\pi\beta v_s = \dfrac{4\pi V}{c(c-V)}\cos\theta_t \sin\phi_t \approx 0$，即 $\boldsymbol{v}$ 近似为全 1 向量，所以一般情况下予以忽略。对于主动声呐，水中声速远小于空气中电磁波速度，造成目标的多普勒频率明显，使 $\boldsymbol{v}$ 不能视为全 1 向量，需要予以保留[8,18]。

主数据中不仅含有目标信号，也包含由混响、噪声及有源干扰等组成的干扰信号，而辅助数据中一般假设仅包含干扰信号，且这些干扰信号与主数据中的干扰信号独立同分布。若用 $\boldsymbol{n}, \boldsymbol{n}_k \in \mathbb{C}^{MN\times 1}, k = 1,2,\cdots,K$ 分别表示主数据中的干扰信号与辅助数据中的干扰信号，则 $\boldsymbol{\gamma}$ 和 $\boldsymbol{\gamma}_k$ 可分别表示为

$$\begin{cases} \boldsymbol{\gamma} = \alpha \boldsymbol{v}_t + \boldsymbol{n} \\ \boldsymbol{\gamma}_k = \boldsymbol{n}_k, \quad k = 1,2,\cdots,K \end{cases} \tag{2.17}$$

2.1.3　干扰空时模型

如 2.1.2 小节所述，干扰信号通常包含混响、噪声和有源干扰三部分[19]，可表示为

$$\boldsymbol{n}=\boldsymbol{n}_c+\boldsymbol{n}_n+\boldsymbol{n}_j \tag{2.18}$$

式中，$\boldsymbol{n}_c$、$\boldsymbol{n}_n$ 和 $\boldsymbol{n}_j$ 分别表示混响分量、噪声分量和有源干扰分量。假设三者互不相关，则 $\boldsymbol{n}$ 的空时协方差矩阵可以写为

$$\boldsymbol{R}=E\left[\boldsymbol{n}\boldsymbol{n}^{\mathrm{H}}\right]=\boldsymbol{R}_c+\boldsymbol{R}_n+\boldsymbol{R}_j \tag{2.19}$$

式中，$E[\cdot]$ 表示数学期望运算；H 表示共轭转置运算；$\boldsymbol{R}_c$、$\boldsymbol{R}_n$ 和 $\boldsymbol{R}_j$ 分别表示混响、噪声和有源干扰的空时协方差矩阵。

1. 混响

海洋中存在着大量散布的不规则散射体，主动声呐的发射信号受这些散射体作用后，散射回波在接收端叠加形成混响。在浅海环境下，混响是一种重要的背景干扰，它伴随声呐发射信号产生，且与水下传播信道特性有着密切关系。图 2.7 给出了常用的混响单元散射模型，该模型将距离单元按波达角分为多个混响块，单个混响块回波的表达式[20-21]为

$$\boldsymbol{n}_{n_c}=\left(\boldsymbol{\alpha}_{n_c}\odot\boldsymbol{b}_{n_c}\right)\otimes\boldsymbol{a}_{n_c}\in\mathbb{C}^{MN\times 1} \tag{2.20}$$

式中，$n_c=1,2,\cdots,N_c$，N_c 为混响块的个数；$\boldsymbol{b}_{n_c}=\left[1\quad \mathrm{e}^{\mathrm{j}2\pi v_{d,n_c}}\quad\cdots\quad \mathrm{e}^{\mathrm{j}2\pi(M-1)v_{d,n_c}}\right]^{\mathrm{T}}\in\mathbb{C}^{M\times 1}$ 和 $\boldsymbol{a}_{n_c}=\left[1\quad \mathrm{e}^{\mathrm{j}2\pi\varpi v_{s,n_c}}\quad\cdots\quad \mathrm{e}^{\mathrm{j}2\pi(N-1)\varpi v_{s,n_c}}\right]^{\mathrm{T}}\in\mathbb{C}^{N\times 1}$ 分别为第 n_c 个混响块回波的时域导向向量和空域导向向量，v_{d,n_c} 与 v_{s,n_c} 分别为第 n_c 个混响块回波的归一化多普勒频率与空间频率。如果每个混响块中都存在足够多的散射体，它们随机均匀分布，则根据大数定律可知 $\boldsymbol{n}_{n_c}$ 服从高斯分布。

式（2.20）中 $\boldsymbol{\alpha}_{n_c}$ 为随机振幅向量，其表达式为

$$\boldsymbol{\alpha}_{n_c}=\left[\alpha_{n_c,0}\quad \alpha_{n_c,1}\quad\cdots\quad \alpha_{n_c,M-1}\right]^{\mathrm{T}}\in\mathbb{C}^{M\times 1} \tag{2.21}$$

式中，$\alpha_{n_c,m}, m=0,1,\cdots,M-1$ 表示第 n_c 个混响块回波的随机振幅，通常建模为一个宽平稳随机过程，其自相关函数为高斯分布函数[20-21]，即

$$r_{n_c}(l)=E\left[\alpha_{n_c,m+l}\alpha^{*}_{n_c,m}\right]=\sigma_R^2\mathrm{e}^{-\kappa^2 l^2},\quad l=0,1,\cdots,M-1 \tag{2.22}$$

式中，σ_R^2 为混响能量；κ 为衰减系数。获得 $\boldsymbol{n}_{n_c}$ 后，第 n_c 个混响块回波的空时协方差矩阵为

$$\boldsymbol{R}_{c,n_c}=E\left[\boldsymbol{n}_{n_c}\boldsymbol{n}_{n_c}^{\mathrm{H}}\right]=\sigma_R^2\left(\boldsymbol{\Gamma}_{n_c}\odot\boldsymbol{b}_{n_c}\boldsymbol{b}_{n_c}^{\mathrm{H}}\right)\otimes\left(\boldsymbol{a}_{n_c}\boldsymbol{a}_{n_c}^{\mathrm{H}}\right) \tag{2.23}$$

且

$$\boldsymbol{\Gamma}_{n_c}=E\left[\boldsymbol{a}_{n_c}\boldsymbol{a}_{n_c}^{\mathrm{H}}\right]=\mathrm{Toeplitz}\left(r_{n_c}(0),r_{n_c}(1),\cdots,r_{n_c}(M-1)\right) \tag{2.24}$$

式中，Toeplitz(·)表示特普利茨矩阵，其特点是主对角线上的元素相等。

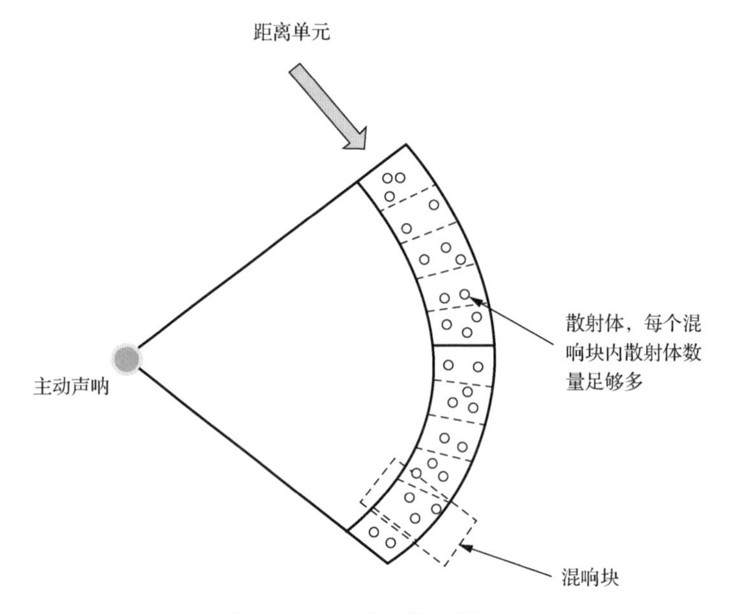

图 2.7　混响单元散射模型

综上，某一距离单元混响的空时协方差矩阵可以写为

$$\boldsymbol{R}_c=\sum_{n_c=1}^{N_c}E\left[\boldsymbol{n}_{n_c}\boldsymbol{n}_{n_c}^{\mathrm{H}}\right]=\sum_{n_c=1}^{N_c}\sigma_R^2\left(\boldsymbol{\Gamma}_{n_c}\odot\boldsymbol{b}_{n_c}\boldsymbol{b}_{n_c}^{\mathrm{H}}\right)\otimes\left(\boldsymbol{a}_{n_c}\boldsymbol{a}_{n_c}^{\mathrm{H}}\right) \tag{2.25}$$

基于 $\boldsymbol{R}_c$ 表达式，可以对混响的空时分布、特征谱和空时功率谱等重要特性进行深入分析。

1）混响空时分布特性

混响空时分布是指混响块回波能量在归一化空时平面上的几何分布。图 2.8 给出了主动声呐与混响块的几何关系示意图。

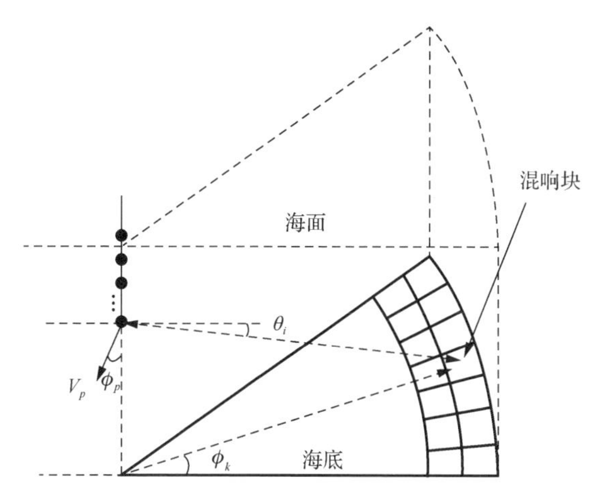

图 2.8　主动声呐与混响块的几何关系示意图

根据该图并结合前述混响模型，单个混响块回波的多普勒频率可表示为

$$f_d = f_D \cos\theta_i \sin\left(\phi_k + \phi_p\right) \tag{2.26}$$

式中，ϕ_k 和 θ_i 分别为混响块的方位角和俯仰角[22-24]。根据几何关系，可将该混响块回波的归一化空间频率和多普勒频率分别表示为 $v_{s,r} = \dfrac{d}{\lambda}\sin\phi_k$ 和 $v_{d,r} = \dfrac{f_d}{2f_D}$。注意当 $d = \dfrac{\lambda}{2}$ 时，$v_{s,r} = \dfrac{\sin\phi_k}{2}$。

为分析 θ_i 和 ϕ_k 对混响空时分布的影响，对式（2.26）等号两边求平方并展开有

$$\cos^2\theta_i \sin^2\phi_k - \frac{2f_d}{f_D}\cos\theta_i \sin\phi_k \cos\phi_p + \left(\frac{f_d}{f_D}\right)^2 = \cos^2\theta_i \sin^2\phi_p \tag{2.27}$$

进一步整理可得

$$\left(\frac{f_d}{f_D}\right)^2 - 2\frac{f_d}{f_D}\frac{\cos\phi_p}{\cos\theta_i}\sin\phi_k + \sin^2\phi_k = \sin^2\phi_p \tag{2.28}$$

由式（2.28）可知，当 ϕ_p 不为零时混响块回波的多普勒频率会产生变化，将导致混响的空时分布也随之改变。为简单起见，主要考虑$\cos\theta_i = 1$和 ϕ_k 介于 0° 和 180° 的典型情况。当接收阵列轴线与声呐载体运动方向平行，即 $\phi_p = 0°$ 时，主动声呐为正侧视工作方式，此时式（2.28）可改写为

$$v_{s,r} = v_{d,r} \tag{2.29}$$

式（2.29）表明由 $v_{s,r}$ 和 $v_{d,r}$ 组成的归一化空时平面上，混响的空时分布是一条直线。

当接收阵列轴线与声呐载体运动方向垂直时，即 $\phi_p = 90°$ 时，主动声呐为前视工作方式，此时式（2.28）变为

$$v_{s,r}^2 + v_{d,r}^2 = \frac{1}{4} \tag{2.30}$$

式（2.30）表明混响的空时分布在归一化空时平面上是一个半圆。

当接收阵列的轴线与声呐载体运动方向不满足平行或垂直关系，即 ϕ_p 处于 0° 至 90° 之间时，混响的空时分布呈半椭圆形状，其表达式为

$$v_{s,r}^2 - 2\cos\phi_p v_{s,r} v_{d,r} + v_{d,r}^2 = \frac{1}{4}\sin\phi_p \tag{2.31}$$

根据以上结果，可绘制出 ϕ_p 取不同值时混响的空时分布曲线，如图 2.9 所示。

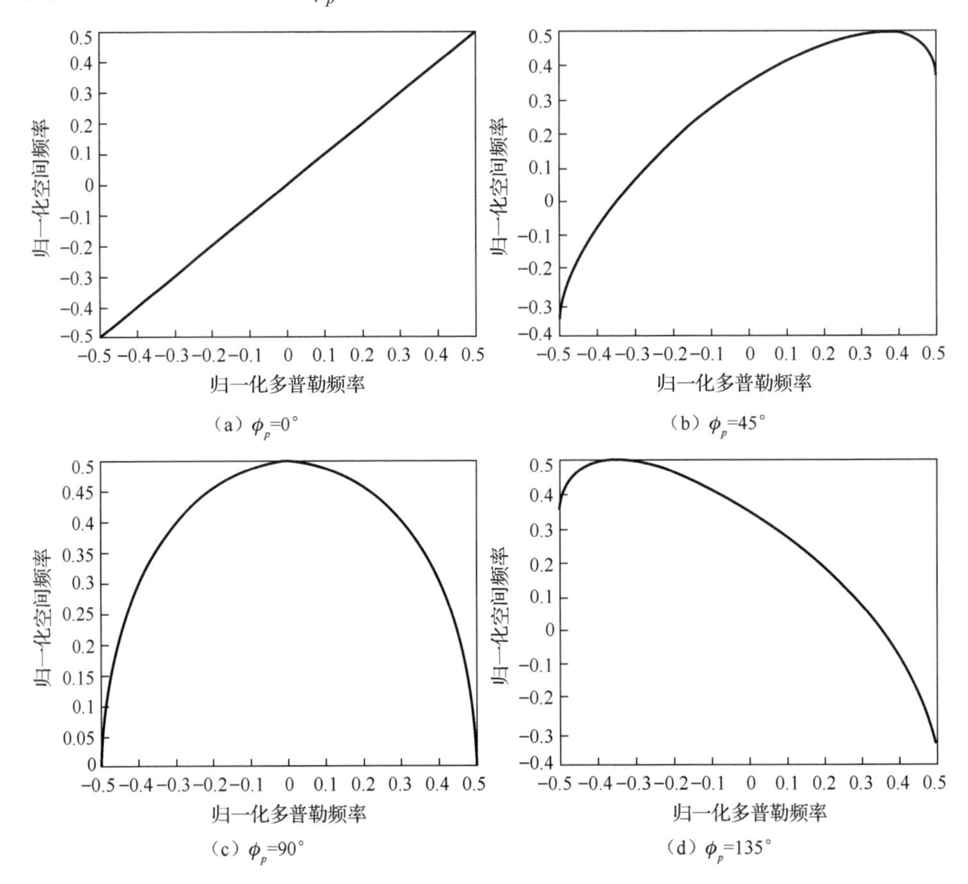

图 2.9　不同偏航角时混响的空时分布曲线

2）混响特征谱

本小节以正侧视工作方式为例，对混响特征谱进行分析。根据布伦南（Brennan）准则[11]，正侧视工作方式下 $\boldsymbol{R}_c$ 的秩与 N 、M 具有以下关系：

$$\operatorname{Rank}\left(\boldsymbol{R}_c\right)=\left\lfloor N+\eta\left(M-1\right)\right\rfloor \tag{2.32}$$

式中，符号“$\lfloor\ \rfloor$”表示向下取整；$\eta=v_d/v_s$ 称为空时耦合系数。

考虑一个声呐实例，具体参数设置为：$M=8$，$N=9$，目标径向速度最大值 $v_{\max}=10\text{m/s}$，声呐载体运动速度 $v_{rs}=v_{\max}$ ，$\text{RNR}=20\text{dB}$，其中，$\text{RNR}=\sigma_R^2/\sigma_n^2$ 表示混响噪声比，简称为混噪比，σ_n^2 表示噪声能量。不同 η 值时的混响特征谱由图2.10给出，由图可以看出，$\operatorname{Rank}\left(\boldsymbol{R}_c\right)$ 随着 η 的减小而减小。当 $\eta=1$ 时，$N+\eta\left(M-1\right)=16$，表明 $\boldsymbol{R}_c$ 中仅包含16个较大的特征值，远低于系统空时维度 $MN=72$，这一结果与Brennan准则相吻合。该现象为自适应降维STAP方法的提出提供了理论基础，具体内容详见第3章。

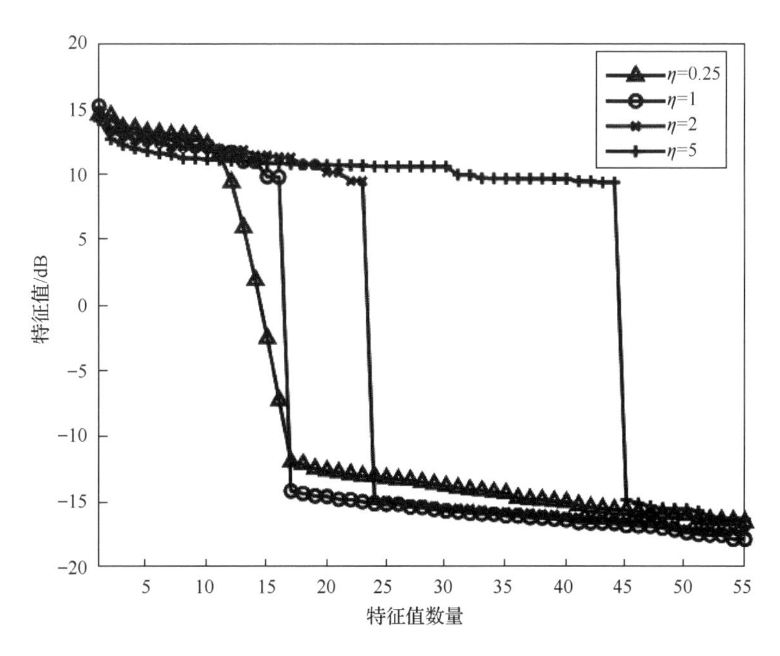

图2.10 不同 η 值时的混响特征谱

3）混响空时功率谱

通常使用傅里叶谱和最小方差功率谱对混响的空时功率谱进行估计。傅里叶谱的定义为

$$P_{f,\text{Fourier}} = \boldsymbol{v}^{\text{H}}\left(v_s, v_d\right)\boldsymbol{R}_c\boldsymbol{v}\left(v_s, v_d\right) \tag{2.33}$$

最小方差功率谱的定义为

$$P_{f,\text{MVP}} = \left[\boldsymbol{v}^{\text{H}}\left(v_s, v_d\right)\boldsymbol{R}_c^{-1}\boldsymbol{v}\left(v_s, v_d\right)\right]^{-1} \tag{2.34}$$

以上两种混响空时功率谱各有优点，举例来说，选择与图 2.10 相同的仿真参数，并假设$\eta = 1$，得到的傅里叶谱和最小方差功率谱分别如图 2.11 和图 2.12 所示。由图可以看出，相比前者，最小方差功率谱的高分辨率特性非常明显，有助于分析干扰的基本特性以及 STAP 的性能。傅里叶谱的优点是不需要对空时协方差矩阵求逆，计算量更小，通常用于对计算量要求苛刻的场合。另外，这两个功率谱中混响的能量分布均呈直线形，形状与图 2.9（a）保持一致，符合正侧视声呐的特点。

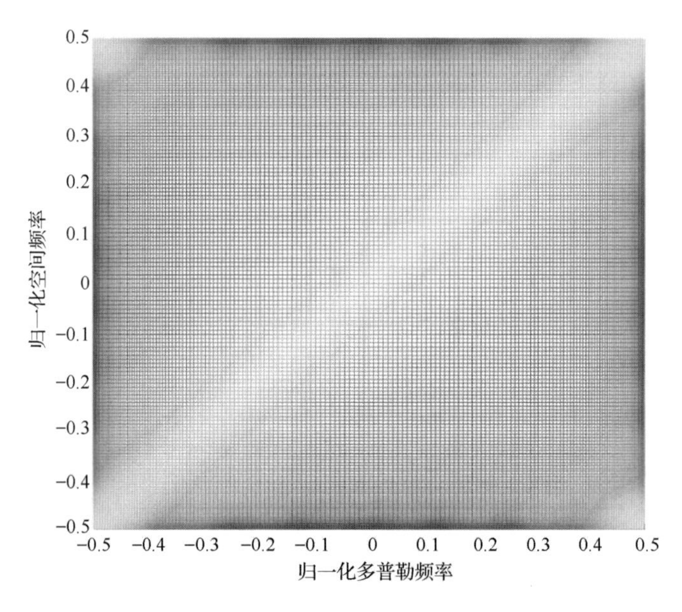

图 2.11　傅里叶谱

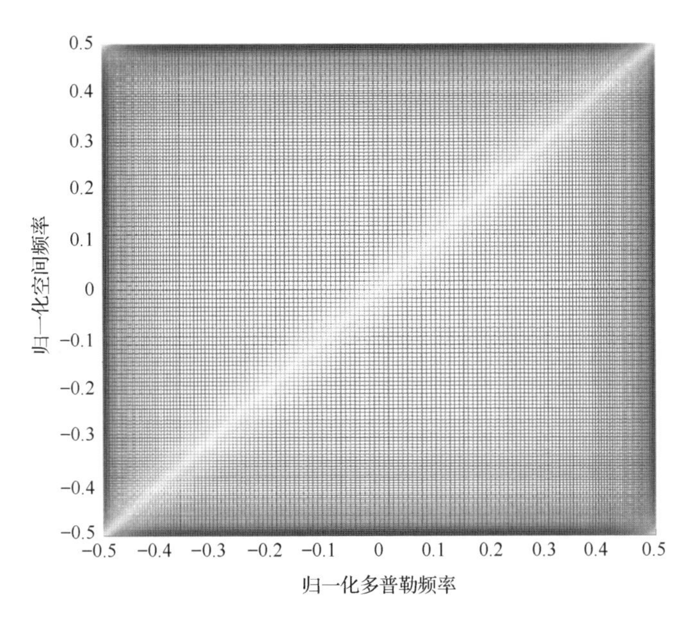

图 2.12　最小方差功率谱

2. 噪声

$\boldsymbol{n}_n$ 一般被假设为零均值的高斯白噪声，在时间上和空间上均呈现不相关性，可以表示为 $\boldsymbol{n}_n = \boldsymbol{b}_n \otimes \boldsymbol{a}_n$，其中

$$E\left[\boldsymbol{b}_n \boldsymbol{b}_n^{\mathrm{H}}\right] = \sigma_n^2 \boldsymbol{I}_M \tag{2.35}$$

和

$$E\left[\boldsymbol{a}_n \boldsymbol{a}_n^{\mathrm{H}}\right] = \sigma_n^2 \boldsymbol{I}_N \tag{2.36}$$

式中，$\boldsymbol{I}_M \in \mathbb{C}^{M \times M}$ 和 $\boldsymbol{I}_N \in \mathbb{C}^{N \times N}$ 分别表示 $M \times M$ 与 $N \times N$ 的单位矩阵。则 $\boldsymbol{R}_n$ 可表示为

$$\boldsymbol{R}_n = E\left[\boldsymbol{n}_n \boldsymbol{n}_n^{\mathrm{H}}\right] = \sigma_n^2 \boldsymbol{I}_{MN} \tag{2.37}$$

3. 有源干扰

有源干扰是水声对抗应用的重要组成部分，通常由干扰设备主动释放，主要包括欺骗类与压制类两种。这些干扰混入主动声呐接收机中，会使接收灵敏度下降，可达到掩盖目标信号、误报虚假目标和增大虚警概率的目的。

欺骗类干扰是与发射信号强相关的相干干扰，在空时功率谱上通常表现为与目标具有不同多普勒频率、方位或距离信息的虚假目标。由于欺骗类干扰的信号表达式与目标信号类似，这里不再给出。

压制类干扰是由某一方向入射的宽带噪声信号，其能量会充满声呐的瞬时带宽，因而在整个接收机频带内近似为白色，在时间上可用白噪声过程来建模。$\boldsymbol{n}_j$ 具体可以表示为

$$\boldsymbol{n}_j = \boldsymbol{b}_j \otimes \boldsymbol{a}_j \tag{2.38}$$

式中，$\boldsymbol{a}_j = \begin{bmatrix} 1 & \mathrm{e}^{\mathrm{j}2\pi\varpi v_j} & \cdots & \mathrm{e}^{\mathrm{j}2\pi(N-1)\varpi v_j} \end{bmatrix}^{\mathrm{T}}$ 为干扰信号的空域导向向量，其中 v_j 为干扰信号的归一化空间频率；$\boldsymbol{b}_j \in \mathbb{C}^{M\times 1}$ 为干扰信号的时域导向向量，满足

$$E\left[\boldsymbol{b}_j \boldsymbol{b}_j^{\mathrm{H}}\right] = \sigma_j^2 \boldsymbol{I}_M \tag{2.39}$$

在式（2.39）中，σ_j^2 表示干扰能量[25]。$\boldsymbol{n}_j$ 的空时协方差矩阵为

$$\boldsymbol{R}_j = E\left[\boldsymbol{n}_j \boldsymbol{n}_j^{\mathrm{H}}\right] = \sigma_j^2 \boldsymbol{I}_M \otimes \left(\boldsymbol{a}_j \boldsymbol{a}_j^{\mathrm{H}}\right) \tag{2.40}$$

在以上三种干扰信号中，混响通常是影响主动声呐探测性能的最主要因素，尤其是在浅海环境。在本书随后的章节中，不失一般性，我们考虑一个混响为主的干扰环境，即 $\boldsymbol{n} = \boldsymbol{n}_c, \boldsymbol{R} = \boldsymbol{R}_c$。

2.2 主动声呐 STAP 方法

本节首先介绍最优 STAP 方法，在此基础上给出 STAP 抗混响的工作流程及性能评价指标。

2.2.1 最优 STAP

STAP 的核心思想是将一维的时域滤波和空域滤波推广至空时二维域，即空时二维联合滤波。具体而言，对于图 2.6 所示的三维数据块，首先求解主数据中每一个样本的加权系数，然后对所有的样本加权求和得到滤波输出 y，即

$$y = \boldsymbol{w}^{\mathrm{H}} \boldsymbol{\gamma} \tag{2.41}$$

式中，$\boldsymbol{w}$ 是由加权系数组成的权向量，可由线性约束最小方差（linearly constrained minimum variance, LCMV）准则来获得。LCMV 准则是将滤波增益限制在所期望的信号方向上，同时将混响输出功率最小化，即使用以下优化约束[26]：

$$\begin{cases} \min\limits_{\boldsymbol{w}} \boldsymbol{w}^{\mathrm{H}} \boldsymbol{R} \boldsymbol{w} \\ \text{s.t.}\ \ \boldsymbol{w}^{\mathrm{H}} \boldsymbol{v}_t = 1 \end{cases} \tag{2.42}$$

使用拉格朗日乘子法求解该优化问题，可得

$$\boldsymbol{w} = \frac{\boldsymbol{R}^{-1}\boldsymbol{v}_t}{\boldsymbol{v}_t^{\mathrm{H}}\boldsymbol{R}^{-1}\boldsymbol{v}_t} \tag{2.43}$$

式（2.43）给出的 $\boldsymbol{w}$ 可保证 y 具有最大的输出信混比（output of signal reverberation ratio, $\mathrm{SRR}_{\mathrm{out}}$），因此将其称为最优权向量，相应的处理方法称为最优 STAP。

2.2.2　STAP 工作流程

在实际应用中，$\boldsymbol{R}$ 通常是未知的，需要利用辅助数据 $\boldsymbol{\gamma}_k$ 进行估计。最常用的估计方法是最大似然估计（maximum likelihood estimation, MLE），得到的估计值称为样本协方差矩阵，用 $\hat{\boldsymbol{R}}$ 表示，即

$$\hat{\boldsymbol{R}} = \frac{1}{k}\sum_{k=1}^{K} \boldsymbol{\gamma}_k \boldsymbol{\gamma}_k^{\mathrm{H}} \tag{2.44}$$

将 $\hat{\boldsymbol{R}}$ 代入式（2.43），可得权向量的估计值为

$$\hat{\boldsymbol{w}} = \frac{\hat{\boldsymbol{R}}^{-1}\boldsymbol{v}_t}{\boldsymbol{v}_t^{\mathrm{H}}\hat{\boldsymbol{R}}^{-1}\boldsymbol{v}_t} \tag{2.45}$$

将 $\hat{\boldsymbol{w}}$ 代入式（2.41），即可完成 STAP 滤波。

该方法简称为 SMI-STAP，其工作流程见图 2.13，具体如下。

（1）对主动声呐的接收回波进行抗混叠滤波、放大和解调等调理处理。

（2）对经调理处理后的回波数据进行 A/D 采样。

（3）重排采样样本，获取图 2.6 所示的主数据 $\boldsymbol{\gamma}$ 与辅助数据 $\boldsymbol{\gamma}_k$。

（4）利用辅助数据 $\boldsymbol{\gamma}_k$ 估计主数据 $\boldsymbol{\gamma}$ 的混响空时协方差矩阵，得到 $\hat{\boldsymbol{R}}$。

（5）根据式（2.45），计算 STAP 滤波权向量 $\hat{\boldsymbol{w}}$。

（6）根据式（2.41），对主数据 $\boldsymbol{\gamma}$ 加权求和得到滤波输出 y。

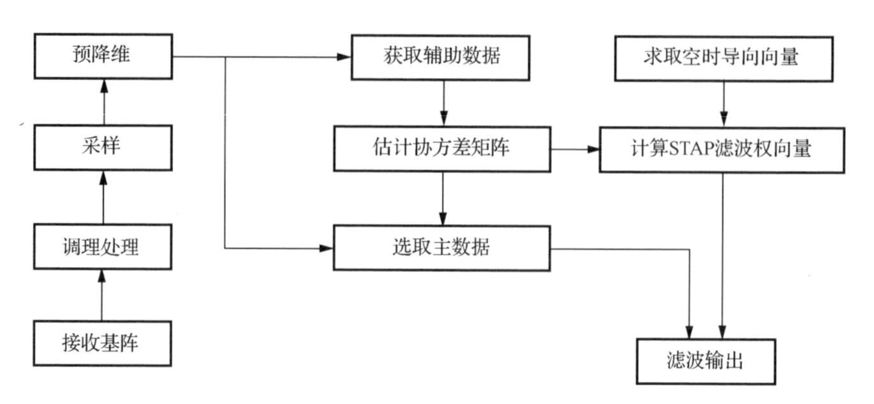

图 2.13　主动声呐 STAP 抗混响工作流程图

2.2.3　性能评价指标

衡量 STAP 滤波性能的主要指标有四个，分别是输出信混比（$\mathrm{SRR}_{\mathrm{out}}$）、输出信混比损失（$L_{\mathrm{SRR}}$）、改善因子（improvement factor, IF）和自适应空时二维谱[11]。

1）输出信混比

将式（2.17）代入式（2.41），可得

$$y = \boldsymbol{w}^{\mathrm{H}} \alpha \boldsymbol{v}_t + \boldsymbol{w}^{\mathrm{H}} \boldsymbol{n} = y_t + y_d \tag{2.46}$$

式中，y_t 为滤波输出的目标信号；y_d 为滤波输出的混响信号。根据式（2.46），$\mathrm{SRR}_{\mathrm{out}}$ 的表达式可以写为

$$\mathrm{SRR}_{\mathrm{out}} = \frac{E\left[\left|y_t\right|^2\right]}{E\left[\left|y_d\right|^2\right]} = \frac{\sigma_s^2 \left|\boldsymbol{w}^{\mathrm{H}} \boldsymbol{v}_t\right|^2}{\boldsymbol{w}^{\mathrm{H}} \boldsymbol{R} \boldsymbol{w}} \tag{2.47}$$

式中，$\sigma_s^2 = E\left[\left|\alpha\right|^2\right]$ 为目标信号功率。将式（2.43）代入式（2.47），可得

$$\mathrm{SRR}_{\mathrm{out}} = \sigma_s^2 \boldsymbol{v}_t^{\mathrm{H}} \boldsymbol{R}^{-1} \boldsymbol{v}_t \tag{2.48}$$

式（2.48）定义了当 $\boldsymbol{R}$ 已知时，STAP 滤波能够获得的最大 $\mathrm{SRR}_{\mathrm{out}}$ 值。

假设主动声呐采用正侧视方式工作，令 $v_s = 0.3$，其余参数与图 2.10 相同。对 v_d 进行扫描，可得如图 2.14 所示的 $\mathrm{SRR}_{\mathrm{out}}$ 曲线。由图可以看出，$\mathrm{SRR}_{\mathrm{out}}$ 在 $v_d = 0.3$ 时出现凹口，该频点为混响的中心频率，正是 STAP 滤波的对象。

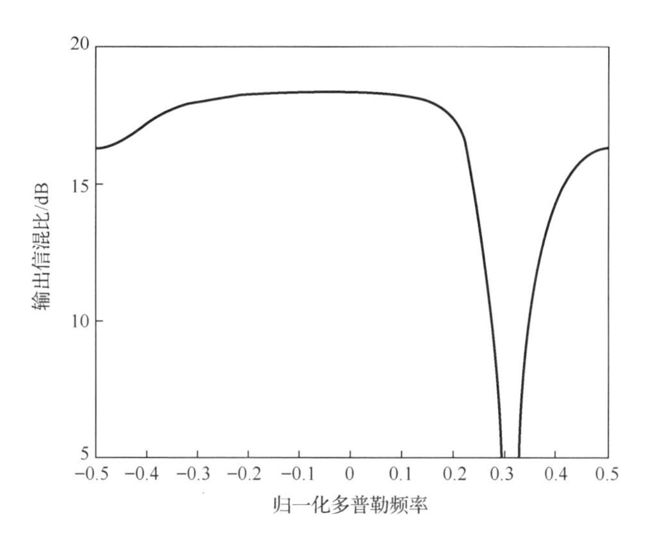

图 2.14　输出信混比曲线

2）输出信混比损失

L_{SRR} 定义为 $\mathrm{SRR}_{\mathrm{out}}$ 与理论最优值 $\mathrm{SRR}_{\mathrm{opt}}$ 的比值，其表达式为

$$L_{\mathrm{SRR}}=\frac{\mathrm{SRR}_{\mathrm{out}}}{\mathrm{SRR}_{\mathrm{opt}}}=\frac{\sigma_s^2\left|\boldsymbol{w}^{\mathrm{H}}\boldsymbol{v}_t\right|^2}{MN\boldsymbol{w}^{\mathrm{H}}\boldsymbol{R}\boldsymbol{w}} \tag{2.49}$$

式中，$\mathrm{SRR}_{\mathrm{opt}}=10\log(MN)$（dB），它是空时维度为 MN 的声呐系统所能获得的最高相干累加增益[20]。

3）改善因子

IF 定义为 $\mathrm{SRR}_{\mathrm{out}}$ 与输入信混比 $\mathrm{SRR}_{\mathrm{in}}$ 的比值，即

$$\mathrm{IF}=\frac{\mathrm{SRR}_{\mathrm{out}}}{\mathrm{SRR}_{\mathrm{in}}}=\frac{\sigma_R^2\left|\boldsymbol{w}^{\mathrm{H}}\boldsymbol{v}_t\right|^2}{\boldsymbol{w}^{\mathrm{H}}\boldsymbol{R}\boldsymbol{w}} \tag{2.50}$$

式中，$\mathrm{SRR}_{\mathrm{in}}=\sigma_s^2/\sigma_R^2$。由于 IF、$L_{\mathrm{SRR}}$ 的定义同 $\mathrm{SRR}_{\mathrm{out}}$ 类似，这里不再给出二者的仿真曲线。

4）自适应空时二维谱

自适应空时二维谱是 STAP 的方位-多普勒二维响应，它是 v_d 和 v_s 的函数，可以直观地反映混响抑制性能，具体定义为

$$P(v_s,v_d)=20\log\left|\boldsymbol{w}^{\mathrm{H}}\boldsymbol{v}(v_s,v_d)\right| \tag{2.51}$$

理论上，自适应空时二维谱在干扰位置形成匹配凹口，在目标位置处获得最

大增益。对于正侧视声呐，采用图 2.10 的仿真参数，并设 $v_s = 0.3$ 和 $v_d = -0.2$，且 $\boldsymbol{R}$ 精确已知，对应的自适应空时二维谱如图 2.15 所示。由图可以看到，深度凹槽出现在空时平面的对角线位置，将对混响进行有效抑制。

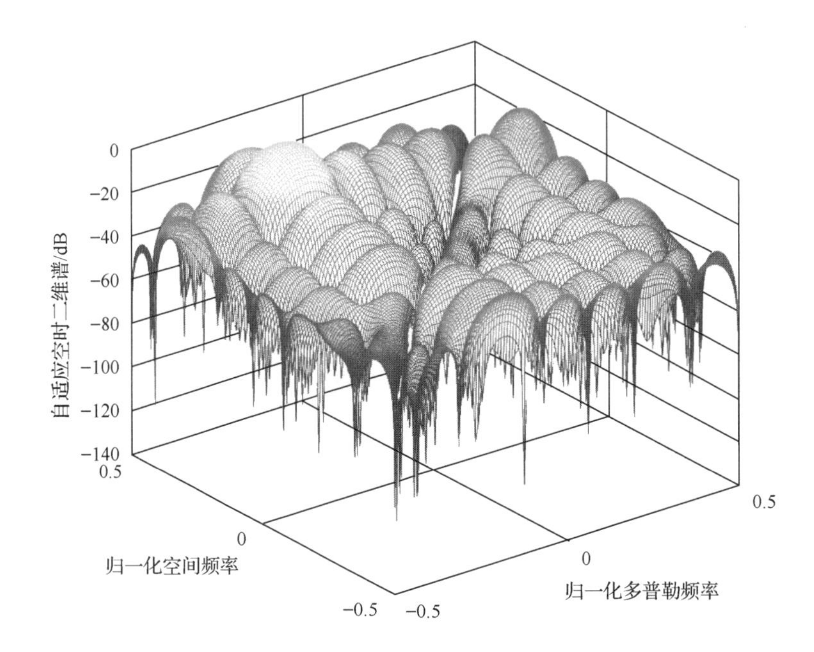

图 2.15　自适应空时二维谱（彩图附书后）

2.3　性能影响因素

辅助数据长度和计算复杂度是影响 STAP 性能的两个重要因素。

2.3.1　辅助数据长度

如 2.2 节所述，辅助数据的作用是获得样本协方差矩阵 $\hat{\boldsymbol{R}}$，进而计算权向量，完成 STAP 滤波。相比于 $\boldsymbol{R}$ 精确已知的理想情况，估计值会造成输出信混比上的损失，具体定义[27]为

$$\rho = \frac{\mathrm{SRR_{out}} \mid \hat{\boldsymbol{R}}}{\mathrm{SRR_{out}} \mid \boldsymbol{R}} = \frac{\left(\boldsymbol{v}_t^{\mathrm{H}} \hat{\boldsymbol{R}}^{-1} \boldsymbol{v}_t\right)^2}{\boldsymbol{v}_t^{\mathrm{H}} \hat{\boldsymbol{R}}^{-1} \boldsymbol{R} \hat{\boldsymbol{R}}^{-1} \boldsymbol{v}_t} \times \frac{1}{\boldsymbol{v}_t^{\mathrm{H}} \boldsymbol{R}^{-1} \boldsymbol{v}_t} \tag{2.52}$$

式中，$\mathrm{SRR_{out}} \mid \hat{\boldsymbol{R}}$ 表示使用 $\hat{\boldsymbol{R}}$ 时的 $\mathrm{SRR_{out}}$；$\mathrm{SRR_{out}} \mid \boldsymbol{R}$ 表示 $\boldsymbol{R}$ 精确已知时的 $\mathrm{SRR_{out}}$。

文献[28]通过分析高斯分布条件下 ρ 的统计特性，指出 ρ 服从 β 分布，且只与系统空时维度和辅助数据长度有关，具体如下：

$$f(\rho)=\frac{K!}{(K-NM+1)!(NM-2)!}\rho^{K-MN+1}(1-\rho)^{MN-2} \tag{2.53}$$

平均损耗为

$$E(\rho)=\int_0^1 f(\rho)\mathrm{d}\rho=\frac{K+2-MN}{K+1} \tag{2.54}$$

由式（2.54）可以得出推论：要使 $\mathrm{SRR}_{\mathrm{out}}$ 损失不超出 3dB，需 $E(\rho)\leqslant 0.5$，即要求 $K\geqslant 2MN-3$，意味着辅助数据长度不少于系统空时维度的两倍。注意到这一结果与 RMB 准则相吻合。

下面来看一个实例，对于正侧视工作的主动声呐，采用图 2.10 的仿真参数，计算得到 $K=100, 200$ 时的自适应空时二维谱，分别如图 2.16 与图 2.17 所示。由图可以看出，随着辅助数据长度的增加，自适应空时二维谱逐渐趋近于图 2.15。图 2.18 给出的是两种 K 值条件下的 $\mathrm{SRR}_{\mathrm{out}}$ 曲线，可以看到随着 K 值的增大，$\mathrm{SRR}_{\mathrm{out}}$ 也增大。

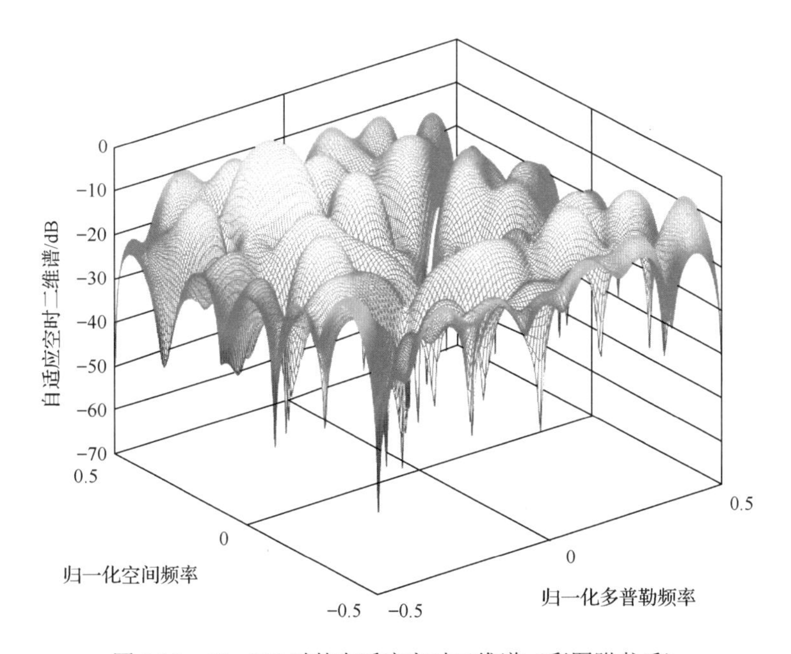

图 2.16　$K=100$ 时的自适应空时二维谱（彩图附书后）

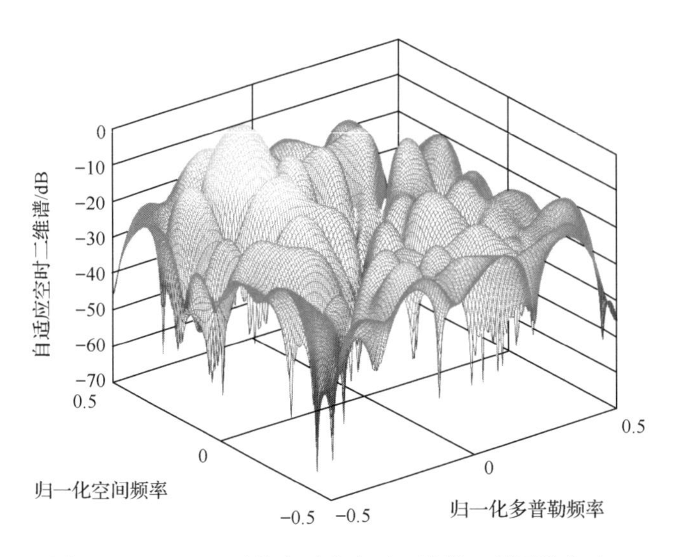

图 2.17　$K=200$ 时的自适应空时二维谱（彩图附书后）

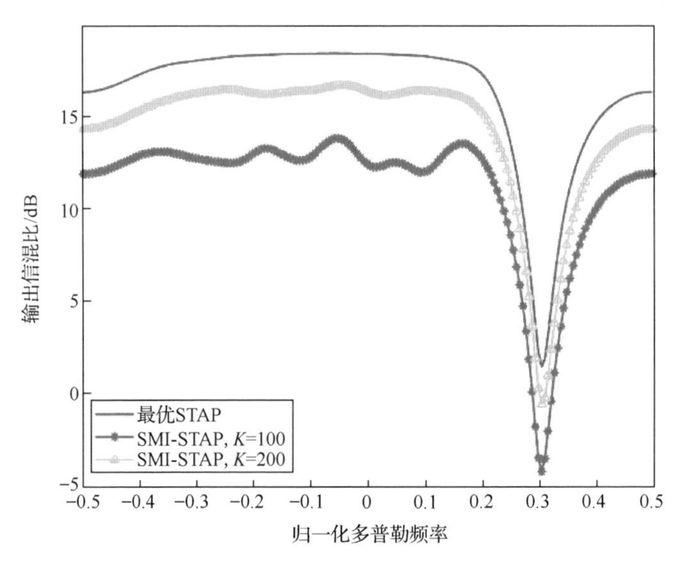

图 2.18　不同 K 值时的输出信混比曲线

2.3.2　计算复杂度

图 2.13 所示的 STAP 工作流程中，(1) 到 (3) 步完成三维数据块的组织，(4) 到 (6) 步是具体的滤波操作，因此衡量计算量时重点关注后三步即可，具体如下：

(1) 基于 K 个 IID 辅助数据计算 $\hat{\boldsymbol{R}}$，其计算量为 $K\times(MN)^2$ 次复数乘加运算。

（2）根据式（2.45）计算 $\hat{\boldsymbol{w}}$ ，计算量为 $(MN)^3+(MN)^2\times M$ 次复数乘加运算。

（3）根据式（2.41）计算 y，计算量为 $K\times MN^2$ 次复数乘加运算。

综合来说，单脉冲 STAP 的总计算量为 $(MN)^3+(MN)^2\times(M+K)+K\times MN^2$ 次复数乘加运算。一般情况下 K 与 MN 量级相同，因此计算复杂度可以简化表示为 $O\left(M^3N^3\right)$。以计算图 2.15 的自适应空时二维谱为例，如果采用型号为 INTEL 6700HQ、频率为 2.6GHz 的 CPU，单次 STAP 耗时约 0.92ms。

参考文献

[1] Winder A A. II. Sonar system technology[J]. IEEE Transactions on Sonics and Ultrasonics, 1975, 22(5): 291-332.

[2] 刘伯胜, 雷家煜. 水声学原理[M]. 哈尔滨: 哈尔滨工程大学出版社, 2010.

[3] 朱埜. 主动声呐检测信息原理[M]. 北京: 科学出版社, 2014.

[4] Zhang Y X, Chen S J, Hao C P. A novel adaptive reverberation suppression method for moving active sonar[C]//2021 OES China Ocean Acoustics(COA), 2021: 831-835.

[5] 陈世进, 闫晟, 郝程鹏, 等. 一种适用于多输入多输出声呐的稳健空时自适应检测方法[J]. 声学学报, 2022, 47(6): 777-788.

[6] 郝程鹏, 施博, 闫晟, 等. 主动声纳混响抑制与目标检测技术[J]. 科技导报, 2017, 35(20): 102-108.

[7] 王莎, 施博, 郝程鹏. 基于斜对称阵列的水下单脉冲降维空时自适应处理[J]. 水下无人系统学报, 2020, 28(2): 168-173.

[8] 李娜, 郝程鹏, 施博, 等. 水下修正空时自适应检测的性能分析[J]. 水下无人系统学报, 2018, 26(2): 133-139.

[9] Chen S J, Zhang Y X, Yan S, et al. A novel reverberation mitigation method based on MIMO sonar space-time adaptive processing[C]//2021 OES China Ocean Acoustics(COA), 2021: 836-840.

[10] Richards M. Fundamentals of radar signal processing[M]. Los Angeles: McGraw-Hill Education, 2014.

[11] Brennan L E, Reed L S. Theory of adaptive radar[J]. IEEE Transactions on Aerospace Electronic Systems, 1973, 9(2): 237-252.

[12] Guerci J R. Space-time adaptive processing for radar[M]. Boston, London: Artech House, 2003.

[13] 田坦. 声呐技术[M]. 哈尔滨: 哈尔滨工程大学出版社, 2010.

[14] 李启虎. 声呐信号处理引论[M]. 北京: 科学出版社, 2012.

[15] 王永良, 彭应宁. 空时自适应信号处理[M]. 北京: 清华大学出版社, 2000.

[16] 施博. 水下目标空时自适应检测算法研究[D]. 北京: 中国科学院大学, 2015.

[17] 黄晓燕. 浅海混响环境中主动自导的空时自适应处理技术研究[D]. 西安: 西北工业大学, 2014.

[18] 吕维, 王志杰, 李建辰, 等. 空时耦合项对空时自适应处理的影响[J]. 西安电子科技大学学报, 2012, 39(2): 207-212.

[19] Klemm R. Principles of space-time adaptive processing[M]. London: Institution of Engineering and Technology, 2006.

[20] Ward J. Space-time adaptive processing for airborne radar[R]. Lexington: Lincoln Laboratory, 1994.

[21] 张宇轩, 金禹希, 陈世进, 等. 一种利用双先验知识的稳健 STAP 算法[J]. 信号处理, 2022, 38(7): 1367-1379.

[22] 李玉伟, 周敏佳. 主动声呐空时自适应处理算法研究[J]. 舰船电子工程, 2017, 37(5): 127-130.

[23] 王莎. 水下单脉冲降维空时自适应处理[D]. 北京: 中国科学院大学, 2019.

[24] 闫林杰. 多通道声呐抗水声干扰自适应检测方法研究[D]. 北京: 中国科学院大学, 2021.

[25] Fertig L B. Analytical expressions for space-time adaptive processing(STAP) performance[J]. IEEE Transactions on Aerospace and Electronic Systems, 2015, 51(1): 42-53.

[26] Breed B R, Strauss J. A short proof of the equivalence of LCMV and GSC beamforming[J]. IEEE Signal Processing Letters, 2002, 9(6): 168-169.

[27] Cox H, Zeskind R M, Owen M M. Robust adaptive beamforming[J]. IEEE Transactions on Acoustics, Speech, and Signal Processing, 1987, 35(10): 1365-1376.

[28] van Trees H L. Optimum array processing: part IV of detection, estimation, and modulation theory[M]. New York: John Wiley & Sons, 2002.

第3章 主动声呐降维 STAP

降维 STAP 是将最优 STAP 问题投影成低维的部分自适应处理问题，在降低计算复杂度的同时，可实现接近最优 STAP 的滤波性能[1-4]。本章首先分析降维 STAP 的基本原理，随后对固定结构降维和自适应降维两类 STAP 方法进行介绍。固定结构降维方法需要已知目标大致的方位及多普勒频率信息，进而构建降维矩阵，并根据系统和混响分布的先验知识来选择降维方式[5-7]；自适应降维方法则根据混响的特征结构来构建降维矩阵，是一种统计意义上与数据有关的降维方法[8-10]。

3.1 降维 STAP 基本原理

降维 STAP 可以采用统一的线性模型进行描述，即无论是对空域、时域，还是对空时联合域进行降维，都可以使用降维矩阵 $\boldsymbol{T}\in\mathbb{C}^{MN\times r}$ 对主数据 $\boldsymbol{\gamma}\in\mathbb{C}^{MN\times 1}$ 进行加权处理[3,11-12]。降维后的空时快拍 $\boldsymbol{\gamma}_r$ 可以表示为

$$\boldsymbol{\gamma}_r=\boldsymbol{T}^{\mathrm{H}}\boldsymbol{\gamma}=\boldsymbol{T}^{\mathrm{H}}\left(\alpha\boldsymbol{v}_t+\boldsymbol{n}\right)=\alpha\boldsymbol{v}_{t,r}+\boldsymbol{n}_r \tag{3.1}$$

式中，$\boldsymbol{v}_{t,r}=\boldsymbol{T}^{\mathrm{H}}\boldsymbol{v}_t$ 是降维后的目标空时导向向量；$\boldsymbol{n}_r=\boldsymbol{T}^{\mathrm{H}}\boldsymbol{n}$ 是降维后的混响数据；r 是降维后的维度，通常远小于系统空时维度 MN 。降维后的混响空时协方差矩阵为

$$\boldsymbol{R}_r=E\left[\boldsymbol{n}_r\boldsymbol{n}_r^{\mathrm{H}}\right]=\boldsymbol{T}^{\mathrm{H}}\boldsymbol{R}\boldsymbol{T} \tag{3.2}$$

获得 $\boldsymbol{\gamma}_r$ 、$\boldsymbol{v}_{t,r}$ 和 $\boldsymbol{R}_r$ 后，降维 STAP 的实现过程与最优 STAP 相同，即利用 LCMV 准则来获得权向量 $\boldsymbol{w}_r$ ，需求解的优化问题为

$$\begin{cases}\min\limits_{\boldsymbol{w}_r}\boldsymbol{w}_r^{\mathrm{H}}\boldsymbol{R}_r\boldsymbol{w}_r\\ \text{s.t. }\ \boldsymbol{w}_r^{\mathrm{H}}\boldsymbol{v}_{t,r}=1\end{cases} \tag{3.3}$$

使用拉格朗日乘子法求解式（3.3），可得

$$\boldsymbol{w}_r=\frac{\boldsymbol{R}_r^{-1}\boldsymbol{v}_{t,r}}{\boldsymbol{v}_{t,r}^{\mathrm{H}}\boldsymbol{R}_r^{-1}\boldsymbol{v}_{t,r}}=\boldsymbol{T}^{-1}\boldsymbol{w} \tag{3.4}$$

相应地，降维 STAP 的滤波输出为

$$y_r = \boldsymbol{w}_r^{\mathrm{H}} \boldsymbol{\gamma}_r \tag{3.5}$$

输出信混比为

$$\mathrm{SRR}_{\mathrm{out},r} = \sigma_s^2 \boldsymbol{v}_{t,r}^{\mathrm{H}} \boldsymbol{R}_r^{-1} \boldsymbol{v}_{t,r} \tag{3.6}$$

采用不同的降维矩阵 $\boldsymbol{T}$，就会得到不同的降维 STAP 方法，因此 $\boldsymbol{T}$ 的设计是降维 STAP 的核心工作。当 $\boldsymbol{T}$ 与输入数据的统计特征无关时，降维 STAP 的结构是固定的，这类方法称为固定结构降维 STAP。自适应降维 STAP 则通过引入互谱概念，结合混响空时协方差矩阵的特征子空间来构建 $\boldsymbol{T}$ [13]。

3.2　固定结构降维 STAP

固定结构降维 STAP 的基本思想是：采用多普勒滤波器或空域滤波器对接收数据的频域通道（也称多普勒通道）或空域通道进行预滤波，将混响的空时分布限制在特定的空时区域。这些滤波器起到了“带通”作用，仅输出特定空时区域的混响信号，从而降低了对空时维度的要求。该类降维方法具有结构简单、易于实现的优点。下面介绍三种常用的固定结构降维 STAP 方法，分别是 EFA-STAP[14-16]、staggered-STAP[17-18]和 JDL-STAP[19-21]。

3.2.1　EFA-STAP

EFA-STAP 的处理过程包括以下两个步骤：

（1）使用多普勒滤波器对接收数据进行预滤波，将混响限制在窄带范围内，使得降维后的系统空时维度大幅减小。

（2）选取其中的若干个多普勒通道进行 STAP。

在步骤（2）中，如果只选取目标所在的多普勒通道，虽然多普勒滤波器利用超低旁瓣可以抑制大部分混响，但是仍避免不了从滤波器组主瓣进入的混响。为解决这一问题，除目标所在的多普勒通道外，通常还选取与其相邻的 M_D 个多普勒通道参与滤波。需要注意的是：M_D 值过大会导致降维效果下降，如果太小又会限制 STAP 的滤波性能，所以该值需要根据实际情况折中选取。$M_D = 2$ 时 EFA-STAP 的原理框图如图 3.1 所示。

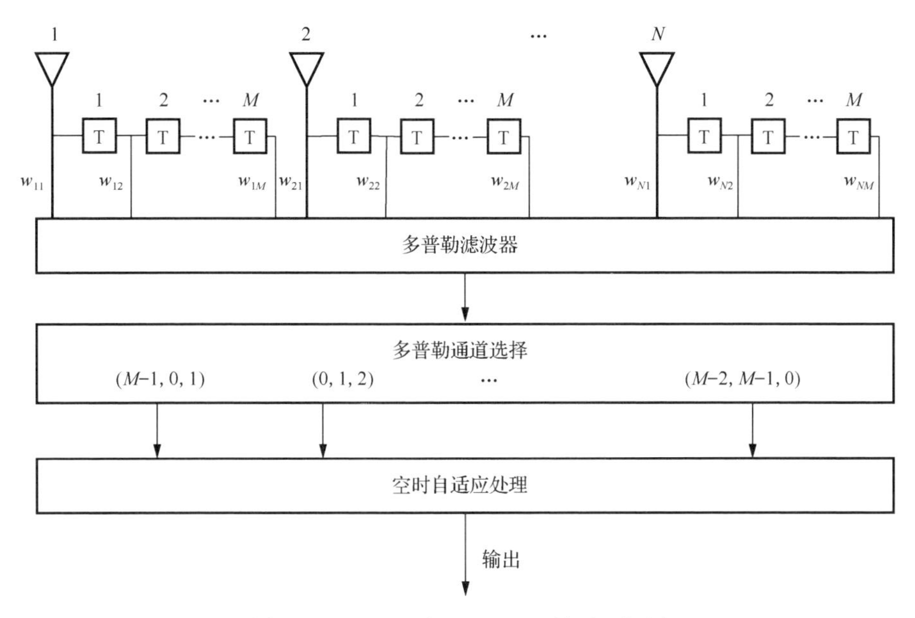

图 3.1　$M_D = 2$ 时 EFA-STAP 的原理框图

每个阵元对应的多普勒滤波器组可以构成一个 $M \times M$ 矩阵 $\boldsymbol{F} = \left[\boldsymbol{f}_0 \quad \boldsymbol{f}_1 \quad \cdots \quad \boldsymbol{f}_{M-1}\right]$，其中 $\boldsymbol{f}_m$ 表示第 $m\left(m = 0,1,\cdots,M-1\right)$ 个多普勒滤波器的加权值。该滤波器组利用超低旁瓣来抑制混响，具体定义为

$$\boldsymbol{F} = \operatorname{diag}\left(\boldsymbol{t}_d\right)\boldsymbol{F}_f \tag{3.7}$$

式中，$\operatorname{diag}(\cdot)$ 表示对角矩阵；对角向量 $\boldsymbol{t}_d = \left[t_{d,1} \quad t_{d,2} \quad \cdots \quad t_{d,M}\right]^{\mathrm{T}}$ 用于降低旁瓣能量级，可采用数字信号处理中常用的汉宁窗、布莱克曼窗等窗函数来实现[22]。

对于汉宁窗，

$$t_{d,m} = \cos^2\left[\pi \frac{m - (M+1)/2}{M}\right], \quad m = 1,2,\cdots,M \tag{3.8}$$

对于布莱克曼窗，

$$t_{d,m} = \frac{1-\beta_0}{2} - \beta_1 \cos\left(\frac{2\pi m}{M}\right) + \beta_2 \cos\left(\frac{4\pi m}{M}\right), \quad m = 1,2,\cdots,M \tag{3.9}$$

式中，β_0 和 β_1 可作为主瓣宽度与旁瓣宽度的权衡因子，通常取 $\beta_0 = 0.16$、$\beta_1 = 0.5$ [22]，且

$$\beta_2 = \frac{\beta_0}{2} \tag{3.10}$$

式（3.7）中，$\boldsymbol{F}_f \in \mathbb{C}^{M\times M}$ 称为 $M\times M$ 的离散傅里叶变换（discrete Fourier transform, DFT）矩阵，其表达式为

$$\boldsymbol{F}_f = \frac{1}{\sqrt{M}}\begin{bmatrix} 1 & 1 & 1 & 1 & 1 & 1 \\ 1 & \omega_M & \omega_M^2 & \omega_M^3 & \cdots & \omega_M^{M-1} \\ 1 & \omega_M^2 & \omega_M^4 & \omega_M^6 & \cdots & \omega_M^{2(M-1)} \\ 1 & \omega_M^3 & \omega_M^6 & \omega_M^9 & \cdots & \omega_M^{3(M-1)} \\ \vdots & \vdots & \vdots & \vdots & & \vdots \\ 1 & \omega_M^{M-1} & \omega_M^{2(M-1)} & \omega_M^{3(M-1)} & \cdots & \omega_M^{(M-1)^2} \end{bmatrix} \tag{3.11}$$

式中，$\omega_M = \mathrm{e}^{-2\mathrm{j}\pi/M}$。

下面以 $M_D = 2$ 为例阐述如何构造多普勒滤波器。假设目标位于第 m 个多普勒通道，则多普勒滤波器的表达式 $\bar{\boldsymbol{F}}_f = \begin{bmatrix} \boldsymbol{f}_{m-1} & \boldsymbol{f}_m & \boldsymbol{f}_{m+1} \end{bmatrix}$，降维转换矩阵 $\boldsymbol{T}_m = \bar{\boldsymbol{F}}_f \otimes \boldsymbol{I}_N$。相应地，降维后第 m 个多普勒通道的空时快拍为

$$\boldsymbol{\gamma}_{r,m} = \boldsymbol{T}_m^{\mathrm{H}}\boldsymbol{\gamma} = \left(\bar{\boldsymbol{F}}_f \otimes \boldsymbol{I}_N\right)^{\mathrm{H}}\boldsymbol{\gamma} \tag{3.12}$$

降维后的目标空时导向向量和混响信号分别为

$$\boldsymbol{v}_{t,r,m} = \boldsymbol{T}_m^{\mathrm{H}}\boldsymbol{v}_t = \left(\bar{\boldsymbol{F}}_f \otimes \boldsymbol{I}_N\right)^{\mathrm{H}}\boldsymbol{v}_t \tag{3.13}$$

$$\boldsymbol{n}_{r,m} = \boldsymbol{T}_m^{\mathrm{H}}\boldsymbol{n} \tag{3.14}$$

混响空时协方差矩阵为

$$\boldsymbol{R}_{r,m} = E\left[\boldsymbol{n}_{r,m}\boldsymbol{n}_{r,m}^{\mathrm{H}}\right] = \boldsymbol{T}_m^{\mathrm{H}}\boldsymbol{R}\boldsymbol{T}_m \tag{3.15}$$

根据以上结果，可以得到 EFA-STAP 的权向量为

$$\boldsymbol{w}_r = \frac{\boldsymbol{R}_{r,m}^{-1}\boldsymbol{v}_{t,r,m}}{\boldsymbol{v}_{t,r,m}^{\mathrm{H}}\boldsymbol{R}_{r,m}^{-1}\boldsymbol{v}_{t,r,m}} \tag{3.16}$$

将式（3.15）中的 $\boldsymbol{R}$ 替换为样本协方差矩阵 $\hat{\boldsymbol{R}}$，即可得到 $\boldsymbol{R}_{r,m}$ 的估计值 $\hat{\boldsymbol{R}}_{r,m}$，此时 EFA-STAP 的输出信混比为

$$\mathrm{SRR}_{\mathrm{out},r} = \sigma_s^2\boldsymbol{v}_{t,r,m}^{\mathrm{H}}\hat{\boldsymbol{R}}_{r,m}^{-1}\boldsymbol{v}_{t,r,m} \tag{3.17}$$

3.2.2　staggered-STAP

staggered-STAP 的处理过程也包括两个步骤，具体如下。

（1）用一个固定长度的滑窗在接收数据的时域通道上滑动，每滑动一次，对滑窗内的数据进行多普勒滤波。

（2）利用多普勒滤波输出进行 STAP。

staggered-STAP 的原理框图如图 3.2 所示，具体实现步骤是：对给定窗宽为 M' 的时域滑窗，以采样周期为间隔在接收通道上进行滑动，每滑动一次截取长度为 M' 的数据；至滑动过程结束，共可获取 $P = M - M' + 1$ 个数据，随后对每个快拍进行多普勒滤波处理。M' 的选取原则与 EFA-STAP 的 M_D 类似，需要在滤波性能和降维性能之间进行折中。

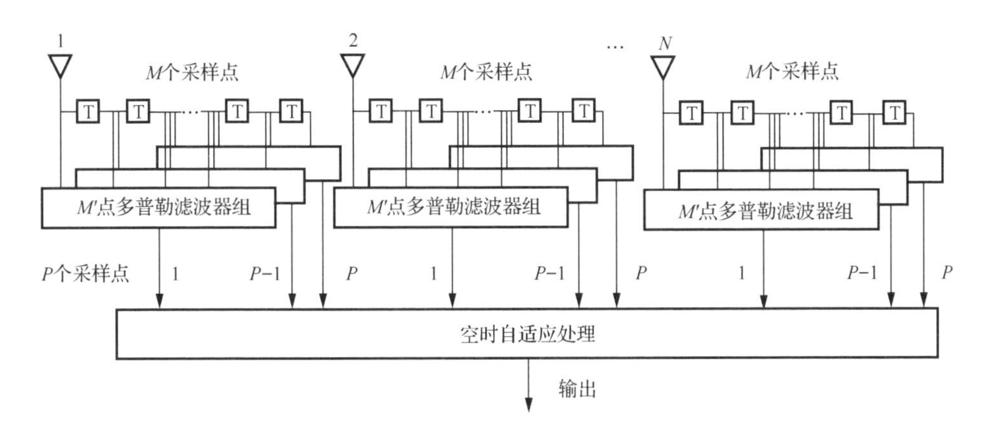

图 3.2　staggered-STAP 的原理框图

多普勒滤波器组由 $M \times M$ 的矩阵 $\boldsymbol{F}$ 的前 M' 行构成。具体来说，从

$$\boldsymbol{F} = \operatorname{diag}(\boldsymbol{t}_d)\boldsymbol{F}_f = [\boldsymbol{f}_0 \quad \boldsymbol{f}_1 \quad \cdots \quad \boldsymbol{f}_{M-1}] \tag{3.18}$$

中抽取前 M' 行构建

$$\boldsymbol{F}' = \begin{bmatrix} f_{00} & \cdots & f_{(M-1)0} \\ \vdots & & \vdots \\ f_{0(M'-1)} & \cdots & f_{(M-1)(M'-1)} \end{bmatrix} \tag{3.19}$$

随后根据目标位置选取多普勒滤波器。假设目标位于第 m 个多普勒通道，则抽取 $\bar{\boldsymbol{f}}' = [f_{m0} \quad \cdots \quad f_{mM'}]^{\mathrm{T}}$ 对 N 个阵元各自的 P 个数据进行处理。上述做法本质上等同于构造以下降维变换矩阵：

$$\boldsymbol{T}_m = \boldsymbol{F}_m \otimes \boldsymbol{I}_N \tag{3.20}$$

式中，m 代表第 m 个多普勒通道；$\boldsymbol{F}_m$ 的表达式与抽选的多普勒通道数有关，例如当选取目标附近的 3 个多普勒通道时，有

$$
\boldsymbol{F}_m = \begin{bmatrix} f_{(m-1)0} & 0 & 0 \\ \vdots & f_{m0} & 0 \\ f_{(m-1)(M'-1)} & \vdots & f_{(m+1)0} \\ 0 & f_{m(M'-1)} & \vdots \\ 0 & 0 & f_{(m+1)(M'-1)} \\ 0 & 0 & 0 \end{bmatrix} \tag{3.21}
$$

3.2.3　JDL-STAP

注意到无论是 EFA-STAP 的降维矩阵 $\boldsymbol{T}_m = \bar{\boldsymbol{F}}_f \otimes \boldsymbol{I}_N$，还是 staggered-STAP 的 $\boldsymbol{T}_m = \boldsymbol{F}_m \otimes \boldsymbol{I}_N$ 中均包含 $\boldsymbol{I}_N$ 项，该项的存在意味着未对空域进行降维处理。为改善这一点，文献[19]提出了 JDL-STAP，将降维域从原来单一的多普勒域拓展至多普勒域和空域的联合域，因此理论上具有更好的降维效果。JDL-STAP 的工作过程如下。

（1）使用二维 DFT，将输入的空时二维数据转换为波束-多普勒域二维数据。

（2）在目标位置附近选取若干个相邻的波束-多普勒单元作为感兴趣区域，设计降维矩阵并抑制泄漏到目标所在通道的混响。

在 JDL-STAP 中，降维矩阵的构造原则是尽量选取以目标为中心或者包含目标的滤波器组，它是一个 $MN \times P_s P_t$ 的矩阵，其中 $P_s \ll N$ 是感兴趣区域内波束单元个数，$P_t \ll M$ 是感兴趣区域内多普勒单元个数。当取 $P_s = P_t = 3$ 时，JDL-STAP 的原理框图如图 3.3 所示，其中感兴趣区域中心由加深圆圈表示。

下面以感兴趣区域中心位于第 m 个多普勒单元和第 m' 个波束单元为例，介绍 JDL-STAP 的工作过程。首先确定多普勒滤波器矩阵 $\boldsymbol{F} = [\boldsymbol{f}_0 \quad \boldsymbol{f}_1 \quad \cdots \quad \boldsymbol{f}_{M-1}] = \operatorname{diag}(\boldsymbol{t}_{d1})\boldsymbol{F}_{f_1} \in \mathbb{C}^{M\times M}$，式中，$\boldsymbol{t}_{d1} \in \mathbb{C}^{M\times 1}$ 表示频域低旁瓣加权窗函数，$\boldsymbol{F}_{f_1} \in \mathbb{C}^{M\times M}$ 表示 DFT 矩阵，且

$$
\boldsymbol{F}_{f_1} = \frac{1}{\sqrt{M}} \begin{bmatrix} 1 & 1 & 1 & 1 & 1 & 1 \\ 1 & \omega_M & \omega_M^2 & \omega_M^3 & \cdots & \omega_M^{M-1} \\ 1 & \omega_M^2 & \omega_M^4 & \omega_M^6 & \cdots & \omega_M^{2(M-1)} \\ 1 & \omega_M^3 & \omega_M^6 & \omega_M^9 & \cdots & \omega_M^{3(M-1)} \\ \vdots & \vdots & \vdots & \vdots & & \vdots \\ 1 & \omega_M^{M-1} & \omega_M^{2(M-1)} & \omega_M^{3(M-1)} & \cdots & \omega_M^{(M-1)^2} \end{bmatrix} \tag{3.22}
$$

式中，$\omega_M = \mathrm{e}^{-2\mathrm{j}\pi/M}$。

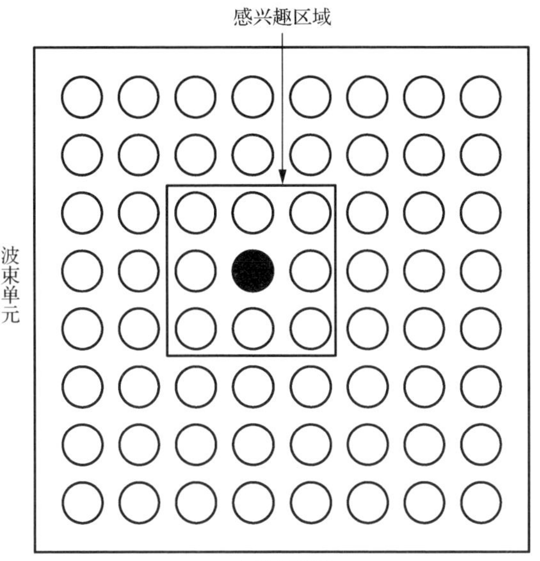

图 3.3　JDL-STAP 的原理框图

在图 3.3 中感兴趣的多普勒区域（横向）中选取 P_t 个单元，例如当 $P_t=3$ 时，选取的多普勒滤波器为 $\boldsymbol{F}_m=\left[\boldsymbol{f}_{m-1}\quad \boldsymbol{f}_m\quad \boldsymbol{f}_{m+1}\right]$。接着构造空域滤波器，记 $N\times N$ 波束矩阵 $\boldsymbol{G}=\left[\boldsymbol{g}_0\quad \boldsymbol{g}_1\quad \cdots\quad \boldsymbol{g}_{N-1}\right]$，其表达式为

$$\boldsymbol{G}=\operatorname{diag}\left(\boldsymbol{t}_{d2}\right)\boldsymbol{F}_{f_2} \tag{3.23}$$

式中，$\boldsymbol{t}_{d2}\in\mathbb{C}^{N\times 1}$ 表示空域低旁瓣加权窗函数；$\boldsymbol{F}_{f_2}\in\mathbb{C}^{N\times N}$ 为 DFT 矩阵，具体如下：

$$\boldsymbol{F}_{f_2}=\frac{1}{\sqrt{N}}\begin{bmatrix} 1 & 1 & 1 & 1 & 1 & 1 \\ 1 & \omega_N & \omega_N^2 & \omega_N^3 & \cdots & \omega_N^{N-1} \\ 1 & \omega_N^2 & \omega_N^4 & \omega_N^6 & \cdots & \omega_N^{2(N-1)} \\ 1 & \omega_N^3 & \omega_N^6 & \omega_N^9 & \cdots & \omega_N^{3(N-1)} \\ \vdots & \vdots & \vdots & \vdots & & \vdots \\ 1 & \omega_N^{N-1} & \omega_N^{2(N-1)} & \omega_N^{3(N-1)} & \cdots & \omega_N^{(N-1)^2} \end{bmatrix} \tag{3.24}$$

式中，$\omega_N=\mathrm{e}^{-2\mathrm{j}\pi/N}$。在图 3.3 中感兴趣的波束域（纵向）中选取 P_s 个单元，例如当 $P_s=3$ 时，所选取的空域滤波器为 $\boldsymbol{G}_{m'}=\left[\boldsymbol{g}_{m'-1}\quad \boldsymbol{g}_{m'}\quad \boldsymbol{g}_{m'+1}\right]$。

获得 $\boldsymbol{F}_m$ 和 $\boldsymbol{G}_{m'}$ 之后，即可构造如下降维矩阵：

$$\boldsymbol{T}_{m,m'} = \boldsymbol{F}_m \otimes \boldsymbol{G}_{m'} \tag{3.25}$$

后面的降维与 STAP 流程同 3.2.1 小节，这里不再赘述。

值得说明的是，感兴趣区域的大小是 JDL-STAP 滤波性能的关键。理想情况下，3×3 的区域就能有效抑制混响。但是在实际应用中，阵元间的幅相误差的存在会导致滤波性能下降，这时适当增大空域自由度可有效减小这一影响。

3.2.4 性能分析

本小节通过仿真实验分析 EFA-STAP、staggered-STAP 和 JDL-STAP 的性能，并与全维 STAP 进行对比。仿真中假设主动声呐采取正侧视工作方式，主要参数设置如下：$N=9$，$M=8$，$T_p=20\text{ms}$，$v_{\max}=10\text{m/s}$，$v_{rs}=v_{\max}$，$f_0=15\text{kHz}$，$f_s=400\text{Hz}$，$v_s=0.2$，$K=MN=72$。对于 EFA-STAP 和 staggered-STAP，$\boldsymbol{t}_d$ 取 30dB 的切比雪夫窗；对于 JDL-STAP，$\boldsymbol{t}_{d1}$ 和 $\boldsymbol{t}_{d2}$ 也取 30dB 的切比雪夫窗。

图 3.4 给出了三种降维 STAP 方法的输出信混比曲线，其中 EFA-STAP 选取与目标相邻的 2 个多普勒通道，即 $M_D=2$，staggered-STAP 选取 $M'=6$，JDL-STAP 感兴趣区域的多普勒和波束单元数都为 3，即 $P_t=3$ 和 $P_s=3$。注意到此时 EFA-STAP

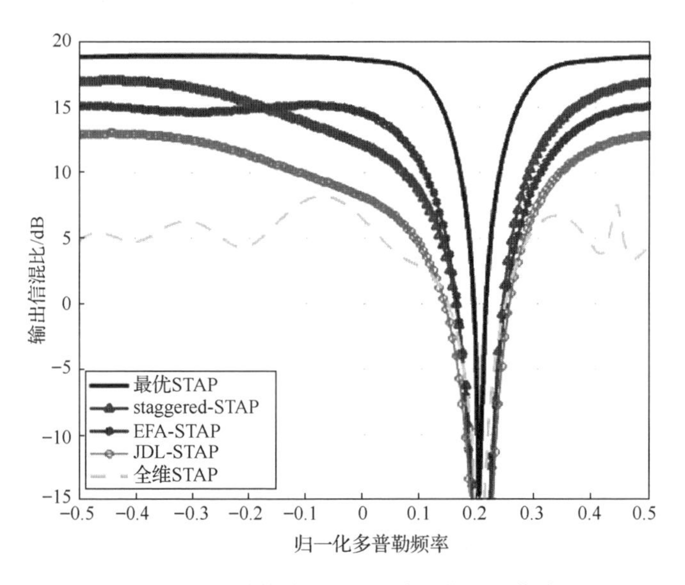

图 3.4　固定结构降维 STAP 输出信混比曲线 1

与 staggered-STAP 的空时维度为 27，而 JDL-STAP 的空时维度为 9。由图 3.4 可以看出，在辅助数据不充足条件下，三种降维 STAP 方法的性能均明显优于全维 STAP 方法，信混比增益约 10dB。这一结果说明固定结构降维 STAP 方法能够有效减轻对辅助数据的依赖，具有更稳健的滤波性能。三种降维 STAP 方法中，EFA-STAP 和 staggered-STAP 的整体性能和凹槽宽度近似，略优于 JDL-STAP，但 JDL-STAP 的降维幅度最大，其空时维度仅为其他两种降维 STAP 方法的 1/3。

接下来增加通道数，图 3.5 给出了相应的输出信混比曲线，其中 EFA-STAP 和 staggered-STAP 均选取与目标相邻的 4 个多普勒通道，JDL-STAP 设定 $P_t = P_s = 4$。对比图 3.5 和图 3.4，可以发现随着通道数的增加，JDL-STAP 的提升幅度最大，这是因为三种方法中 JDL-STAP 的空时维度增加比例最高，由 $3\times3=9$ 增至 $4\times4=16$，而 EFA-STAP 和 staggered-STAP 的空时维度由 $3\times9=27$ 增至 $4\times9=36$。

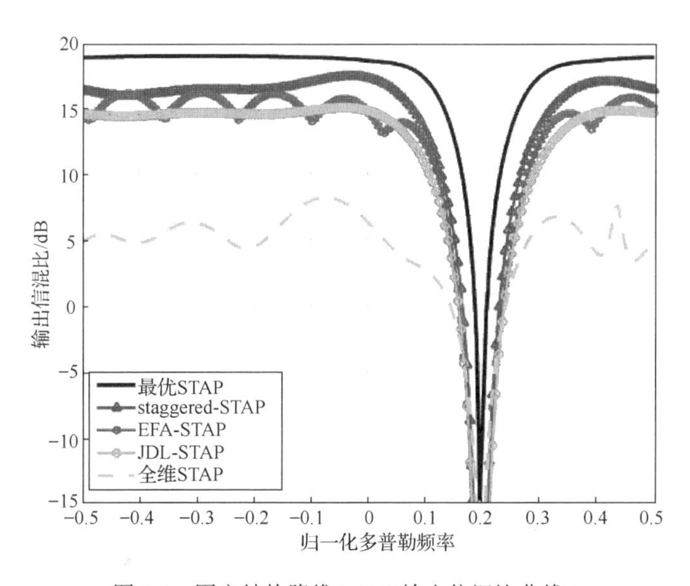

图 3.5　固定结构降维 STAP 输出信混比曲线 2

最后值得说明的是，固定结构降维 STAP 方法是利用目标方位和多普勒信息来确定降维结构的，选取的二维波束如果与目标信息匹配，可以获得较好的混响抑制性能，否则性能会大幅下降。

3.3 自适应降维 STAP

固定结构降维 STAP 是一种基于先验知识的方法，需要人为设置目标可能存在的范围。为了避免这种主观调整引入的误差，Guerci 等[4]将互谱法[23]引入 STAP 设计，提出了自适应降维 STAP 方法。该类方法利用混响空时协方差矩阵的统计特性来进行降维，无须混响位置的先验信息，这是一种统计意义上与数据有关的方法。本节介绍三种经典的自适应降维 STAP 方法，分别是 CS-STAP[8,24-25]、GSCCS-STAP[26]和 MPE-STAP[27-28]。

3.3.1 CS-STAP

在 STAP 框架中，互谱定义为混响空时协方差矩阵的特征向量与空时导向向量内积的模与对应的特征值之比。CS-STAP 的工作原理是舍弃较小的互谱值而保留较大的互谱值，从而达到降低系统空时维度的目的。具体来说，对 $\boldsymbol{R}$ 进行特征值分解，可得

$$\boldsymbol{R}=\sum_{i=1}^{MN}\lambda_i\boldsymbol{u}_i\boldsymbol{u}_i^{\mathrm{H}}=\boldsymbol{U}\boldsymbol{\varLambda}\boldsymbol{U}^{\mathrm{H}} \tag{3.26}$$

式中，$\lambda_i,i=1,2,\cdots,MN$ 为 $\boldsymbol{R}$ 的特征值；$\boldsymbol{u}_i$ 为与 λ_i 相对应的特征向量；$\boldsymbol{U}$ 和 $\boldsymbol{\varLambda}$ 的表达式为

$$\boldsymbol{U}=\begin{bmatrix}\boldsymbol{u}_1 & \boldsymbol{u}_2 & \cdots & \boldsymbol{u}_{MN}\end{bmatrix} \tag{3.27}$$

$$\boldsymbol{\varLambda}=\mathrm{diag}\left(\lambda_1,\lambda_2,\cdots,\lambda_{MN}\right) \tag{3.28}$$

将式（3.26）代入式（2.48），可得输出信混比为

$$\mathrm{SRR}_{\mathrm{out}}=\sigma_s^2\boldsymbol{v}_t^{\mathrm{H}}\boldsymbol{R}^{-1}\boldsymbol{v}_t=\sigma_s^2\sum_{i=1}^{MN}\frac{\left|\boldsymbol{u}_i^{\mathrm{H}}\boldsymbol{v}_t\right|}{\lambda_i}=\sigma_s^2\sum_{i=1}^{MN}\psi_i \tag{3.29}$$

式中，$\psi_i=\dfrac{\left|\boldsymbol{u}_i^{\mathrm{H}}\boldsymbol{v}_t\right|}{\lambda_i},i=1,2,\cdots,MN$，称为互谱项。

式（3.29）说明 CS-STAP 的 $\mathrm{SRR}_{\mathrm{out}}$ 可由 MN 项互谱之和得到，如果某项互谱分量缺失，会造成滤波性能下降。因为 $\boldsymbol{u}_i^{\mathrm{H}}\boldsymbol{v}_t$ 是第 i 个特征向量在目标导向向量上

的投影分量，且 λ_i 为这一分量的混响功率，因此 $\sigma_s^2\psi_i$ 实际上是该分量的信混比，这暗示着 $\mathrm{SRR}_{\mathrm{out}}$ 是由各个特征向量所对应的信混比叠加而成。

基于以上分析可知，CS-STAP 是利用特征向量的正交性原理实现对 $\boldsymbol{R}$ 的降秩，从而达到降低系统空时维度的目的。具体来说，假设 r 为降维后的维度，若从 $\boldsymbol{U}$ 中取 r 个特征向量构造如下降维矩阵：

$$\boldsymbol{Q}_r = \begin{bmatrix} \boldsymbol{u}_1 & \boldsymbol{u}_2 & \cdots & \boldsymbol{u}_r \end{bmatrix} \tag{3.30}$$

使用矩阵 $\boldsymbol{Q}_r$ 对 $\boldsymbol{n}$ 进行变换，则变换后的混响为

$$\boldsymbol{n}_r = \boldsymbol{Q}_r^{\mathrm{H}} \boldsymbol{n} \tag{3.31}$$

其空时协方差矩阵为

$$\begin{aligned}
\boldsymbol{R}_r &= E\left[\boldsymbol{n}_r \boldsymbol{n}_r^{\mathrm{H}}\right] \\
&= \boldsymbol{Q}_r^{\mathrm{H}} \boldsymbol{R} \boldsymbol{Q}_r \\
&= \begin{bmatrix} \boldsymbol{u}_1^{\mathrm{H}} & \boldsymbol{u}_2^{\mathrm{H}} & \cdots & \boldsymbol{u}_r^{\mathrm{H}} \end{bmatrix}^{\mathrm{T}} \sum_{i=1}^{MN} \lambda_i \boldsymbol{u}_i \boldsymbol{u}_i^{\mathrm{H}} \begin{bmatrix} \boldsymbol{u}_1 & \boldsymbol{u}_2 & \cdots & \boldsymbol{u}_r \end{bmatrix} \\
&= \begin{bmatrix} \boldsymbol{u}_1^{\mathrm{H}} & \boldsymbol{u}_2^{\mathrm{H}} & \cdots & \boldsymbol{u}_r^{\mathrm{H}} \end{bmatrix}^{\mathrm{T}} \sum_{i=1}^{r} \lambda_i \boldsymbol{u}_i \boldsymbol{u}_i^{\mathrm{H}} \begin{bmatrix} \boldsymbol{u}_1 & \boldsymbol{u}_2 & \cdots & \boldsymbol{u}_r \end{bmatrix} \\
&= \mathrm{diag}\left(\lambda_1, \lambda_2, \cdots, \lambda_r\right)
\end{aligned} \tag{3.32}$$

降维后的输出信混比为

$$\begin{aligned}
\mathrm{SRR}_{\mathrm{out},r} &= \sigma_s^2 \boldsymbol{v}_{t,r}^{\mathrm{H}} \boldsymbol{R}_r^{-1} \boldsymbol{v}_{t,r} \\
&= \sigma_s^2 \boldsymbol{v}_t^{\mathrm{H}} \boldsymbol{Q}_r \mathrm{diag}\left(\lambda_1, \lambda_2, \cdots, \lambda_r\right) \boldsymbol{Q}_r^{\mathrm{H}} \boldsymbol{v}_t \\
&= \sigma_s^2 \sum_{i=1}^{r} \frac{\left|\boldsymbol{u}_i^{\mathrm{H}} \boldsymbol{v}_t\right|}{\lambda_i} \\
&= \sigma_s^2 \sum_{i=1}^{r} \psi_i
\end{aligned} \tag{3.33}$$

由式（3.33）可知，$\mathrm{SINR}_{\mathrm{out},r}$ 是由特征子空间内每个特征向量所对应的互谱值所决定的，互谱值越大，$\mathrm{SINR}_{\mathrm{out},r}$ 越大。因此，为了提高 $\mathrm{SINR}_{\mathrm{out},r}$，最有效的方法是将互谱 $\psi_i, i = 1,2,\cdots,MN$ 从大到小排列，对应的特征向量也做相应排列，由此取前 r 个特征向量构成变换矩阵 $\boldsymbol{Q}_r$，将其作为降维矩阵 $\boldsymbol{T}$。

CS-STAP 的工作流程如图 3.6 所示，GSCCS-STAP 和 MPE-STAP 的工作流程与该方法类似，后文不再重复给出。

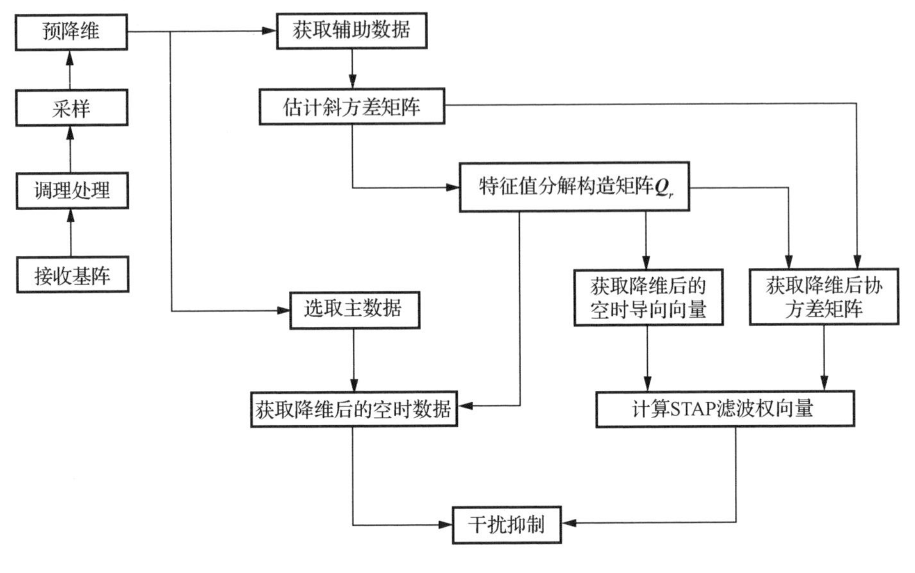

图 3.6　CS-STAP 工作流程图

3.3.2　GSCCS-STAP

GSC 是自适应滤波中的一种常用结构，与 LCMV 滤波器具有等效的滤波性能。该结构旨在将输入数据解耦为主支路数据和辅助支路数据，其中主支路同时包含目标信号与混响，而辅助支路仅包含混响，这样将两路信号相减就可以消除主支路中的混响。该结构的优势在于灵活性，可采用不同的准则来实现，如最小均方（least mean square, LMS）准则、最小二乘（least square, LS）准则等。GSC 结构为 STAP 设计提供了一种新思路，GSC-STAP 的原理框图如图 3.7 所示，包括以下实现步骤。

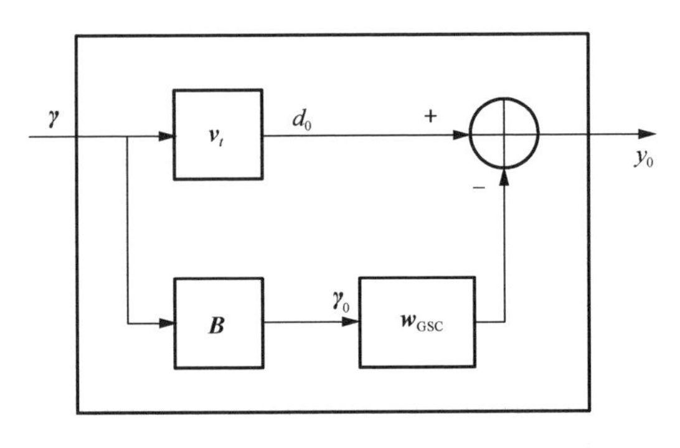

图 3.7　GSC-STAP 原理框图

（1）构造 $MN \times r$ 的变换矩阵：

$$\boldsymbol{L} = \left[\boldsymbol{v}_t \quad \boldsymbol{B}\right] \tag{3.34}$$

式中，$\boldsymbol{B} = \text{null}\left(\boldsymbol{v}_t\right) \in \mathbb{C}^{MN \times (r-1)}$ 称为阻塞矩阵，它是 $\boldsymbol{v}_t$ 的零空间，即满足 $\boldsymbol{B}^{\text{H}}\boldsymbol{v}_t = \boldsymbol{0} \in \mathbb{C}^{(r-1)\times 1}$，$\boldsymbol{0}$ 表示对应维度的零向量。

（2）使用 $\boldsymbol{L}$ 对主数据 $\boldsymbol{\gamma}$ 进行加权，可得

$$\boldsymbol{\gamma}_r = \boldsymbol{L}^{\text{H}}\boldsymbol{\gamma} = \begin{bmatrix} \boldsymbol{v}_t^{\text{H}}\boldsymbol{\gamma} \\ \boldsymbol{B}^{\text{H}}\boldsymbol{\gamma} \end{bmatrix} = \begin{bmatrix} d_0 \\ \boldsymbol{\gamma}_0 \end{bmatrix} \tag{3.35}$$

式中，d_0 和 $\boldsymbol{\gamma}_0$ 分别为主支路数据和辅助支路数据。不难发现 $\boldsymbol{B}$ 在其中起到了阻塞目标信号进入辅助支路数据的作用。

（3）调整权向量 $\boldsymbol{w}_{\text{GSC}}$，使得 $\boldsymbol{w}_{\text{GSC}}^{\text{H}}\boldsymbol{\gamma}_0$ 尽可能逼近 d_0 中残留的混响分量，则滤波输出 $y_0 = d_0 - \boldsymbol{w}_{\text{GSC}}^{\text{H}}\boldsymbol{\gamma}_0$ 中目标信号的逼真度越高。

$\boldsymbol{w}_{\text{GSC}}$ 可由以下优化问题来获取：

$$\min_{\boldsymbol{w}_{\text{GSC}}} E\left[|\, y_0\,|^2\right] \tag{3.36}$$

其优化结果为

$$\boldsymbol{w}_{\text{GSC}} = \frac{\boldsymbol{R}_0^{-1}\boldsymbol{r}_0}{\boldsymbol{r}_0^{\text{H}}\boldsymbol{R}_0^{-1}\boldsymbol{r}_0} \tag{3.37}$$

式中，向量 $\boldsymbol{r}_0 = E\left[\boldsymbol{\gamma}_0 d_0\right] = \boldsymbol{B}^{\text{H}}\boldsymbol{R}\boldsymbol{v}_t$ 为主辅支路的互相关系数；$\boldsymbol{R}_0 = E\left[\boldsymbol{\gamma}_0\boldsymbol{\gamma}_0^{\text{H}}\right] = \boldsymbol{B}^{\text{H}}\boldsymbol{R}\boldsymbol{B}$ 为辅助支路的空时协方差矩阵。

将互谱法和 GSC-STAP 相结合，就可以得到 GSCCS-STAP，其原理框图如图 3.8 所示。

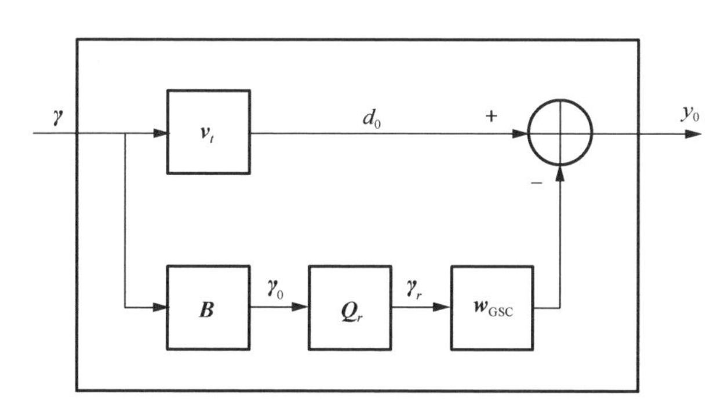

图 3.8　GSCCS-STAP 原理框图

GSCCS-STAP 的输出信混比为

$$\mathrm{SRR}_{\mathrm{out},r}=\frac{\sigma_s^2\left|\boldsymbol{w}_r^{\mathrm{H}}\boldsymbol{v}_{t,r}\right|^2}{\boldsymbol{w}_r^{\mathrm{H}}\boldsymbol{R}_r\boldsymbol{w}_r}=\frac{\sigma_s^2}{\boldsymbol{v}_t^{\mathrm{H}}\boldsymbol{R}\boldsymbol{v}_t-\boldsymbol{r}_0^{\mathrm{H}}\boldsymbol{R}_0^{-1}\boldsymbol{r}_0} \tag{3.38}$$

式中，$\boldsymbol{v}_{t,r}$ 和 $\boldsymbol{R}_r$ 分别是经 $\boldsymbol{L}$ 变换后的目标空时导向向量和混响空时协方差矩阵，即 $\boldsymbol{v}_{t,r}=\boldsymbol{L}^{\mathrm{H}}\boldsymbol{v}_t=\begin{bmatrix}1 & 0 & 0 & \cdots & 0\end{bmatrix}^{\mathrm{T}}$，且

$$\boldsymbol{R}_r=\boldsymbol{L}^{\mathrm{H}}\boldsymbol{R}\boldsymbol{L}=\begin{bmatrix}\sigma_{d_0}^2 & \boldsymbol{r}_0^{\mathrm{H}}\\ \boldsymbol{r}_0 & \boldsymbol{R}_0\end{bmatrix} \tag{3.39}$$

其中，$\sigma_{d_0}^2=E\left[\left|d_0\right|^2\right]=\boldsymbol{v}_t^{\mathrm{H}}\boldsymbol{R}\boldsymbol{v}_t$ 表示主支路输出功率。

GSCCS-STAP 还需要对 $\boldsymbol{R}_0$ 做特征值分解，即

$$\boldsymbol{R}_0=\sum_{i=1}^{MN-1}\lambda_i\boldsymbol{u}_i\boldsymbol{u}_i^{\mathrm{H}} \tag{3.40}$$

将式（3.40）代入式（3.38），可得

$$\begin{aligned}\mathrm{SRR}_{\mathrm{out},r}&=\frac{\sigma_s^2}{\boldsymbol{v}_t^{\mathrm{H}}\boldsymbol{R}\boldsymbol{v}_t-\boldsymbol{r}_0^{\mathrm{H}}\sum\limits_{i=1}^{MN-1}\lambda_i\boldsymbol{u}_i\boldsymbol{u}_i^{\mathrm{H}}\boldsymbol{r}_0}\\&=\frac{\sigma_s^2}{\boldsymbol{v}_t^{\mathrm{H}}\boldsymbol{R}\boldsymbol{v}_t-\sum\limits_{i=1}^{MN-1}\psi_i}\end{aligned} \tag{3.41}$$

式中，$\psi_i=\dfrac{\left|\boldsymbol{u}_i^{\mathrm{H}}\boldsymbol{v}_t\right|}{\lambda_i},i=1,2,\cdots,MN-1$。

将 ψ_i 从大到小排列，根据降维需求选取前 r 个 ψ_i 对应的特征向量 $\boldsymbol{u}_i$ 构成降维矩阵 $\boldsymbol{Q}_r=\begin{bmatrix}\boldsymbol{u}_1 & \boldsymbol{u}_2 & \cdots & \boldsymbol{u}_r\end{bmatrix}$，则降维后的辅助支路数据 $\boldsymbol{\gamma}_{0,r}=\boldsymbol{Q}_r^{\mathrm{H}}\boldsymbol{\gamma}_0$。最终可得

$$\mathrm{SRR}_{\mathrm{out},r}=\frac{\sigma_s^2}{\boldsymbol{v}_t^{\mathrm{H}}\boldsymbol{R}\boldsymbol{v}_t-\sum\limits_{i=1}^{r}\psi_i} \tag{3.42}$$

3.3.3 MPE-STAP

降维 STAP 最重要的目的是减少系统对辅助数据的需求量，除上述方法以外，限制 STAP 权向量的自由度也可以达到这一效果，MPE-STAP 正是利用了这一思想。

对 $\boldsymbol{R}$ 进行特征值分解，并将特征值从大到小进行排序，有

$$\boldsymbol{R}=\boldsymbol{U}\boldsymbol{\Lambda}\boldsymbol{U}^{\mathrm{H}} \tag{3.43}$$

式中，$\boldsymbol{U}=\left[\boldsymbol{u}_1 \quad \cdots \quad \boldsymbol{u}_{MN}\right]$；$\boldsymbol{\Lambda}=\operatorname{diag}\left(\lambda_1,\lambda_2,\cdots,\lambda_{MN}\right)$；$\boldsymbol{u}_i$ 和 λ_i（$i=1,2,\cdots,MN$）分别是混响空时协方差矩阵的特征向量及对应的特征值。如 2.1.3 小节所述，在常见的混响掩蔽环境中，$\operatorname{Rank}(\boldsymbol{R})$ 远小于空时维度 MN，这意味着式（3.43）可以进一步分解为

$$\boldsymbol{R}=\boldsymbol{U}_c\boldsymbol{\Lambda}_c\boldsymbol{U}_c^{\mathrm{H}}+\boldsymbol{U}_n\boldsymbol{\Lambda}_n\boldsymbol{U}_n^{\mathrm{H}} \tag{3.44}$$

式中，$\boldsymbol{\Lambda}_n=\operatorname{diag}(0,0,\cdots,0)$；$\boldsymbol{\Lambda}_c=\operatorname{diag}\left(\lambda_1,\lambda_2,\cdots,\lambda_{\operatorname{Rank}(\boldsymbol{R})}\right)$，$\lambda_1,\lambda_2,\cdots,\lambda_{\operatorname{Rank}(\boldsymbol{R})}$ 表示对混响能量有贡献的特征值；$\boldsymbol{U}_c=\left[\boldsymbol{u}_1 \quad \cdots \quad \boldsymbol{u}_{\operatorname{Rank}(\boldsymbol{R})}\right]\in\mathbb{C}^{MN\times\operatorname{Rank}(\boldsymbol{R})}$ 为前述特征值对应的特征向量的矩阵表示，其中各列向量张成的空间称为混响子空间；$\boldsymbol{U}_n=\left[\boldsymbol{u}_{\operatorname{Rank}(\boldsymbol{R})+1}\cdots\boldsymbol{u}_{MN}\right]\in\mathbb{C}^{MN\times\left[MN-\operatorname{Rank}(\boldsymbol{R})\right]}$ 为混响特征向量补基的矩阵表示，其中各列向量张成的空间称为混响补空间。

由于特征向量相互正交，有 $\boldsymbol{U}_c^{\mathrm{H}}\boldsymbol{U}_n=\boldsymbol{0}$，意味着从混响补空间选取任意向量，均可以作为对消混响的滤波器权向量，因此可以直接在混响补空间内求取最佳权向量。具体来说，MPE-STAP 是在优化问题（2.42）上添加了 $\boldsymbol{U}_c^{\mathrm{H}}\boldsymbol{w}=\boldsymbol{0}$ 这一约束，即

$$\begin{cases}\min\limits_{\boldsymbol{w}} \boldsymbol{w}^{\mathrm{H}}\boldsymbol{R}\boldsymbol{w}\\ \text{s.t.}\ \ \boldsymbol{w}^{\mathrm{H}}\boldsymbol{v}_t=1,\boldsymbol{U}_c^{\mathrm{H}}\boldsymbol{w}=\boldsymbol{0}\end{cases} \tag{3.45}$$

求解式（3.45），可以得到权向量为

$$\boldsymbol{w}_{\mathrm{MPE}}=\frac{\boldsymbol{U}_n\boldsymbol{\Lambda}_n\boldsymbol{U}_n^{\mathrm{H}}\boldsymbol{v}_t}{\boldsymbol{v}_t^{\mathrm{H}}\boldsymbol{U}_n\boldsymbol{\Lambda}_n\boldsymbol{U}_n^{\mathrm{H}}\boldsymbol{v}_t} \tag{3.46}$$

由于约束 $\boldsymbol{U}_c^{\mathrm{H}}\boldsymbol{w}=\boldsymbol{0}$ 的存在，$\boldsymbol{w}_{\mathrm{MPE}}$ 全部位于混响补空间内。式（3.46）还表明 MPE-STAP 可视为一种降维 STAP 方法，其降维矩阵 $\boldsymbol{T}=\boldsymbol{U}_n$。

为了兼顾滤波性能和降维效果，通常情况下 CS-STAP 和 GSCCS-STAP 的 $r=\operatorname{Rank}(\boldsymbol{R})$；对于 MPE-STAP，由于权向量的取值范围是混响补空间，降维矩阵 $\boldsymbol{T}=\boldsymbol{U}_n\in\mathbb{C}^{MN\times\left[MN-\operatorname{Rank}(\boldsymbol{R})\right]}$，因此 $r=MN-\operatorname{Rank}(\boldsymbol{R})$。在实际应用中，$\operatorname{Rank}(\boldsymbol{R})$ 通常是未知的，一个有效的解决办法是采用样本协方差矩阵中显著大的特征值个数作为 $\operatorname{Rank}(\boldsymbol{R})$ 的估计值。

3.3.4 性能分析

本小节通过仿真实验对 CS-STAP、GSCCS-STAP 和 MPE-STAP 的性能进行验证。仿真中假设主动声呐采用正侧视工作方式，主要参数设置同 3.2.4 小节，此时 $\text{Rank}(\boldsymbol{R}) = M + N - 1 = 16$。对于 CS-STAP，取 $r = 16$，意味着系统空时维度由 $MN = 72$ 降至 16。对于 GSC-STAP，采用与 CS-STAP 相同的方法构造降维矩阵，降维后的空时维度与 CS-STAP 相同。对于 MPE-STAP，为了与前两种方法公平比较，将降维后的维度也设为 16。

图 3.9 给出了三种自适应降维 STAP 方法的输出信混比随归一化多普勒频率的变化曲线。由图可以看出，与全维 STAP 方法相比，三种降维 STAP 方法的性能优势明显，说明它们能够有效减轻对辅助数据的依赖。具体来说，CS-STAP 与 GSCCS-STAP 的整体性能近似，但 CS-STAP 的起伏要略大一些；MPE-STAP 的性能最差，相对于 GSCCS-STAP 的信混比损失约为 4dB。

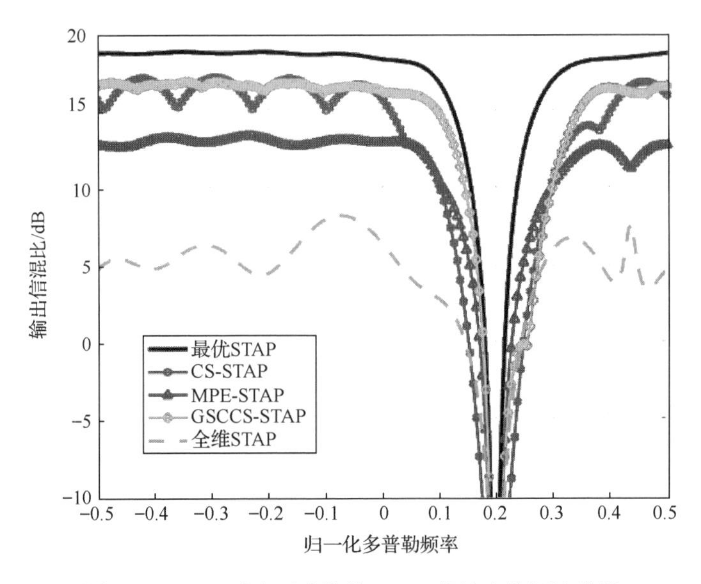

图 3.9　$r = 16$ 时自适应降维 STAP 的输出信混比曲线

将降维后的维度增加至 25，图 3.10 给出了相应的输出信混比曲线。图中曲线表明维度增加后三种降维 STAP 方法的性能均有所上升，其中 GSCCS-STAP 在大部分区域接近性能上限，而 MPE-STAP 依然稍逊于其他两种方法，相对于 GSCCS-STAP 的信混比损失减小为 3dB。

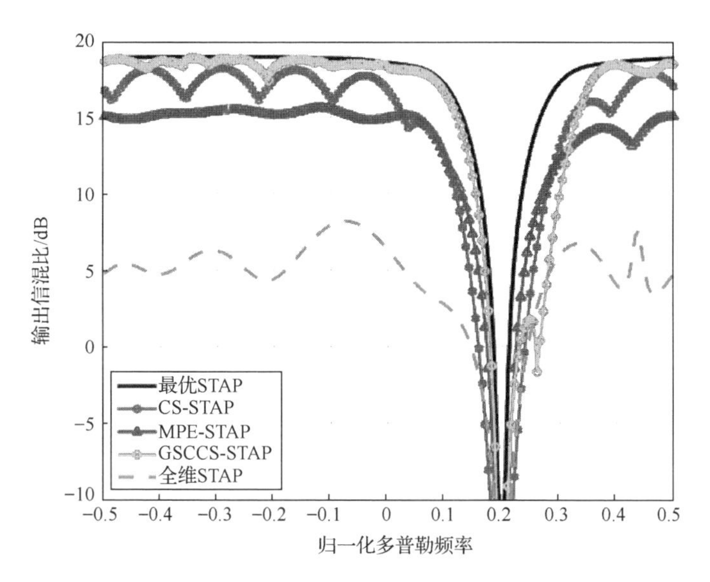

图 3.10　$r=25$ 时自适应降维 STAP 的输出信混比曲线

参 考 文 献

[1] Guerci J R. Space-time adaptive processing for radar[M]. Boston, London: Artech House, 2003.

[2] Klemm R. Principles of space-time adaptive processing[M]. London: Institution of Engineering and Technology, 2006.

[3] Ward J. Space-time adaptive processing for airborne radar[R]. Lexington: Lincoln Laboratory, 1994.

[4] Guerci J R, Goldstein J S, Reed I S. Optimal and adaptive reduced-rank STAP[J]. IEEE Transactions on Aerospace and Electronic Systems, 2000, 36(2): 647-663.

[5] Zhang Z H, Xie W C, Hu W D, et al. Local degrees of freedom of airborne array radar clutter for STAP[J]. IEEE Geoscience and Remote Sensing Letters, 2008, 6(1): 97-101.

[6] Zhang W, He Z, Li J, et al. A method for finding best channels in beam-space post-Doppler reduced-dimension STAP[J]. IEEE Transactions on Aerospace and Electronic Systems, 2014, 50(1): 254-264.

[7] da Silva A B C, Baumgartner S V, Krieger G. Training data selection and update strategies for airborne post-doppler STAP[J]. IEEE Transactions on Geoscience and Remote Sensing, 2019, 57(8): 5626-5641.

[8] Corbell P M, Hale T B. 3-dimensional STAP performance analysis using the cross-spectral metric[C]//IEEE Radar Conference, 2004: 610-615.

[9] Wang X Y, Yang Z C, Huang J J, et al. Robust two-stage reduced-dimension sparsity-aware STAP for airborne radar with coprime arrays[J]. IEEE Transactions on Signal Processing, 2019, 68: 81-96.

[10] Han S D, Fan C Y, Huang X T. A novel STAP based on spectrum-aided reduced-dimension clutter sparse recovery[J]. IEEE Geoscience and Remote Sensing Letters, 2016, 14(2): 213-217.

[11] Cui N, Duan K Q, Xing K, et al. Beam-space reduced-dimension 3D-STAP for nonside-looking airborne radar[J]. IEEE Geoscience and Remote Sensing Letters, 2021, 19: 1-5.

[12] Peckham C D, Haimovich A M, Ayoub T F, et al. Reduced-rank STAP performance/analysis[J]. IEEE Transactions on Aerospace and Electronic Systems, 2000, 36(2): 664-676.

[13] Melvin W L. A stap overview[J]. IEEE Aerospace and Electronic Systems Magazine, 2004, 19(1): 19-35.

[14] Tong Y L, Wang T, Wu J X. Improving EFA-STAP performance using persymmetric covariance matrix estimation[J]. IEEE Transactions on Aerospace and Electronic Systems, 2015, 51(2): 924-936.

[15] Tao F Y, Wang T, Wu J X, et al. Improved accuracy of estimated covariance matrix with a novel approach based on STAP[C]//2016 IEEE International Conference on Signal Processing, Communications and Computing(ICSPCC), 2016: 1-4.

[16] Jia F D, Zhao P, Zhang L, et al. A novel method to suppress short-range clutter in airborne radar[C]//IEEE Radar Conference, 2020: 1-5.

[17] Fan F H, Yin X Z. Improved method for deinterleaving radar pulse trains with stagger PRI from dense pulse series[C]//International Conference on Signal Processing Systems, 2010: 250-253.

[18] Yang X P, Liu Y X, Sun Y Z, et al. Improved PRI-staggered space-time adaptive processing algorithm based on projection approximation subspace tracking subspace technique[J]. IET Radar, Sonar & Navigation, 2014, 8(5): 449-456.

[19] Wang H, Cai L. On adaptive spatial-temporal processing for airborne surveillance radar systems[J]. IEEE Transactions on Aerospace and Electronic Systems, 1994, 30(3): 660-670.

[20] 张兰英, 陈祝明, 江朝抒, 等. 一种新的 JDL-STAP 算法的研究[J]. 信号处理, 2009, 25(10): 1612-1615.

[21] Wang S, Shi B, Hao C P, et al. Exploiting persymmetry for JDL-STAP[J]. The Journal of Engineering, 2019(19): 6113-6116.

[22] Prabhu K M M. Window functions and their applications in signal processing[M]. Leiden: CRC Press, 2017.

[23] Goldstein J S, Reed I S. Subspace selection for partially adaptive sensor array processing[J]. IEEE Transactions on Aerospace and Electronic Systems, 1997, 33(2): 539-544.

[24] Shan R, Fan C Y, Huang X T. A new reduced-rank STAP method based on cross spectral defined by range cell echo[C]//International Conference on Wireless Communications & Signal Processing, 2009: 1-3.

[25] Yuan H D, Xu H, Duan K Q, et al. Cross-spectral metric smoothing-based GIP for space-time adaptive processing[J]. IEEE Geoscience and Remote Sensing Letters, 2019, 16(9): 1388-1392.

[26] Fa R, de Lamare R C. Reduced-rank STAP algorithms using joint iterative optimization of filters[J]. IEEE Transactions on Aerospace and Electronic Systems, 2011, 47(3): 1668-1684.

[27] 张良. 机载相控阵雷达降维 STAP 研究[D]. 西安: 西安电子科技大学, 1999.

[28] 张良, 保铮, 廖桂生. 基于特征空间的降维 STAP 方法比较研究[J]. 电子学报, 2000, 28(9): 27-30.

第4章　主动声呐知识基 STAP

知识基 STAP 是近年来 STAP 技术研究的一个热点，它通过对先验知识的合理利用，可有效弥补辅助数据不足带来的信息缺失，降低 STAP 对辅助数据的需求量[1-3]。对于主动声呐应用，阵列的斜对称特性[4-5]、混响空时功率谱的稀疏性[6-8]及空时滤波器的稀疏性[9-10]是三种可用的先验知识，对应的知识基 STAP 方法分别称为斜对称 STAP、稀疏恢复 STAP 以及权值稀疏 STAP，本章对这些方法进行详细介绍。

4.1　斜对称 STAP

当主动声呐的接收阵列为等间距线阵且等间隔采样时，其混响空时协方差矩阵 $\boldsymbol{R}$ 和目标空时导向向量 $\boldsymbol{v}_t$ 满足斜对称特性，利用该先验知识可将辅助数据长度加倍[4,11-12]。

4.1.1　斜对称特性

对于一个矩阵 $\boldsymbol{A}\in\mathbb{C}^{MN\times MN}$，若满足 $A_{i,j}=A^*_{MN-i+1,MN-j+1}$，则称该矩阵具有斜对称特性，其中 $A_{i,j}$ 表示矩阵 $\boldsymbol{A}$ 第 i 行、第 j 列的元素。对于一个向量 $\boldsymbol{a}=\begin{bmatrix}a_1 & a_2 & \cdots & a_N\end{bmatrix}^{\mathrm{T}}\in\mathbb{C}^{N\times 1}$，若满足 $a_i=a^*_{N-i+1}$，$i\in\{1,2,\cdots,N\}$，则称该向量具有斜对称特性[13]，*表示共轭运算。以上描述等价于以下两式：

$$\boldsymbol{A}=\boldsymbol{J}_{MN}\boldsymbol{A}^*\boldsymbol{J}_{MN} \tag{4.1}$$

$$\boldsymbol{a}=\boldsymbol{J}_N\boldsymbol{a}^* \tag{4.2}$$

式中，$\boldsymbol{J}_{MN}\in\mathbb{R}^{MN\times MN}$ 和 $\boldsymbol{J}_N\in\mathbb{R}^{N\times N}$ 分别表示 $MN\times MN$ 和 $N\times N$ 实数置换矩阵，以 $\boldsymbol{J}_{MN}$ 为例，其表达式为

$$\boldsymbol{J}_{MN}=\begin{bmatrix}0 & 0 & \cdots & 0 & 1\\ 0 & 0 & \cdots & 1 & 0\\ \vdots & \vdots & & \vdots & \vdots\\ 1 & 0 & \cdots & 0 & 0\end{bmatrix} \tag{4.3}$$

验证 $\boldsymbol{v}_t$ 的斜对称特性，对于等间距线阵，若设置相位中心与几何中心重合，则该阵列的空域导向向量可以写为

$$\boldsymbol{a}(v_s)=\left[\mathrm{e}^{-\mathrm{j}2\pi\varpi\frac{N-1}{2}v_s}\quad \mathrm{e}^{-\mathrm{j}2\pi\varpi\frac{N-3}{2}v_s}\quad\cdots\quad \mathrm{e}^{\mathrm{j}2\pi\varpi\frac{N-3}{2}v_s}\quad \mathrm{e}^{\mathrm{j}2\pi\varpi\frac{N-1}{2}v_s}\right]^{\mathrm{T}} \tag{4.4}$$

容易验证上式满足

$$\boldsymbol{a}(v_s)=\boldsymbol{J}_N\boldsymbol{a}^*(v_s) \tag{4.5}$$

同样地，当时域等间隔采样时，阵列的时域导向向量可以写为

$$\boldsymbol{b}(v_d)=\left[\mathrm{e}^{-\mathrm{j}2\pi\frac{M-1}{2}v_d}\quad \mathrm{e}^{-\mathrm{j}2\pi\frac{M-3}{2}v_d}\quad\cdots\quad \mathrm{e}^{\mathrm{j}2\pi\frac{M-3}{2}v_d}\quad \mathrm{e}^{\mathrm{j}2\pi\frac{M-1}{2}v_d}\right]^{\mathrm{T}} \tag{4.6}$$

易知该式满足

$$\boldsymbol{b}(v_d)=\boldsymbol{J}_M\boldsymbol{b}^*(v_d) \tag{4.7}$$

综上，$\boldsymbol{v}_t$ 可以写为

$$\begin{aligned}\boldsymbol{v}_t&=\boldsymbol{b}(v_d)\otimes\boldsymbol{a}(v_s)\\&=\left[\boldsymbol{J}_M\boldsymbol{b}^*(v_d)\right]\otimes\left[\boldsymbol{J}_N\boldsymbol{a}^*(v_s)\right]\\&=(\boldsymbol{J}_M\otimes\boldsymbol{J}_N)\left[\boldsymbol{b}^*(v_d)\otimes\boldsymbol{a}^*(v_s)\right]\\&=\boldsymbol{J}_{MN}\boldsymbol{v}_t^*\end{aligned} \tag{4.8}$$

式（4.8）表明 $\boldsymbol{v}_t$ 具有斜对称特性。

注意到仅有混响存在时，$\boldsymbol{R}$ 的表达式由式（2.25）给出，式中的 $\boldsymbol{a}_{n_c}$ 与 $\boldsymbol{b}_{n_c}$ 满足斜对称特性时，即 $\boldsymbol{a}_{n_c}=\boldsymbol{J}_N\boldsymbol{a}_{n_c}^*$ 和 $\boldsymbol{b}_{n_c}=\boldsymbol{J}_M\boldsymbol{b}_{n_c}^*$，式（2.25）可改写为

$$\begin{aligned}\boldsymbol{R}&=\sum_{n_c=1}^{N_c}\sigma_R^2\left(\boldsymbol{\Gamma}_{n_c}\odot\boldsymbol{b}_{n_c}\boldsymbol{b}_{n_c}^{\mathrm{H}}\right)\otimes\left(\boldsymbol{a}_{n_c}\boldsymbol{a}_{n_c}^{\mathrm{H}}\right)\\&=\sigma_R^2\sum_{n_c=1}^{N_c}\left(\boldsymbol{r}_{\alpha,n_c}\odot\boldsymbol{b}_{n_c}\otimes\boldsymbol{a}_{n_c}\right)\left(\boldsymbol{r}_{\alpha,n_c}\odot\boldsymbol{b}_{n_c}\otimes\boldsymbol{a}_{n_c}\right)^{\mathrm{H}}\\&=\sigma_R^2\sum_{n_c=1}^{N_c}\left[\boldsymbol{J}_{MN}\left(\boldsymbol{r}_{\alpha,n_c}\odot\boldsymbol{b}_{n_c}^*\otimes\boldsymbol{a}_{n_c}^*\right)\right]\left[\boldsymbol{J}_{MN}\left(\boldsymbol{r}_{\alpha,n_c}\odot\boldsymbol{b}_{n_c}^*\otimes\boldsymbol{a}_{n_c}^*\right)\right]^{\mathrm{H}}\\&=\sigma_R^2\sum_{n_c=1}^{N_c}\boldsymbol{J}_{MN}\left[\boldsymbol{\Gamma}_{n_c}\odot\boldsymbol{b}_{n_c}^*\left(\boldsymbol{b}_{n_c}^*\right)^{\mathrm{H}}\right]\otimes\left[\boldsymbol{a}_{n_c}^*\left(\boldsymbol{a}_{n_c}^*\right)^{\mathrm{H}}\right]\boldsymbol{J}_{MN}\\&=\boldsymbol{J}_{MN}\left(\boldsymbol{R}^*\right)\boldsymbol{J}_{MN}\end{aligned} \tag{4.9}$$

式中，$\boldsymbol{r}_{\alpha,n_c}$ 表示第 n_c 个混响块回波的随机振幅向量，其表达式为

$$\boldsymbol{r}_{\alpha,n_c}=\left[r_{n_c}(0)\quad r_{n_c}(1)\quad\cdots\quad r_{n_c}(M-1)\right]^{\mathrm{T}} \tag{4.10}$$

式（4.9）表明 $\boldsymbol{R}$ 具有斜对称特性。

4.1.2　STAP 权向量计算

通过引入变换矩阵 $\boldsymbol{T}\in\mathbb{C}^{MN\times MN}$，可实现对斜对称特性的利用，从而提高空时协方差矩阵的估计精度。$\boldsymbol{T}$ 的表达式为

$$\boldsymbol{T}=\begin{cases}\dfrac{1}{\sqrt{2}}\begin{bmatrix}\boldsymbol{I}_{\frac{MN}{2}} & \boldsymbol{J}_{\frac{MN}{2}}\\ \mathrm{j}\boldsymbol{I}_{\frac{MN}{2}} & -\mathrm{j}\boldsymbol{J}_{\frac{MN}{2}}\end{bmatrix}, & MN\text{为偶数}\\ \dfrac{1}{\sqrt{2}}\begin{bmatrix}\boldsymbol{I}_{\frac{MN-1}{2}} & 0 & \boldsymbol{J}_{\frac{MN-1}{2}}\\ 0 & \dfrac{1}{\sqrt{2}} & 0\\ \mathrm{j}\boldsymbol{I}_{\frac{MN-1}{2}} & 0 & -\mathrm{j}\boldsymbol{J}_{\frac{MN-1}{2}}\end{bmatrix}, & MN\text{为奇数}\end{cases}\tag{4.11}$$

注意到 $\boldsymbol{T}$ 满足以下性质[14]：

（1）$\boldsymbol{T}$ 可逆，且 $\boldsymbol{T}^{-1}=\boldsymbol{T}^{\mathrm{H}}$。

（2）对于任意斜对称向量 $\boldsymbol{h}\in\mathbb{C}^{MN\times 1}$，$\boldsymbol{Th}$ 是实向量。

（3）对于任意斜对称矩阵 $\boldsymbol{H}\in\mathbb{C}^{MN\times MN}$，$\boldsymbol{THT}^{\mathrm{H}}$ 是实矩阵。

利用上述性质，使用 $\boldsymbol{T}$ 对主数据和辅助数据进行等价变换，可得

$$\begin{cases}\boldsymbol{\gamma}_p=\mu\boldsymbol{v}_p+\boldsymbol{n}_p\\ \boldsymbol{\gamma}_{pk}=\boldsymbol{n}_{pk}, \quad k=1,2,\cdots,K\end{cases}\tag{4.12}$$

式中，$\boldsymbol{v}_p=\boldsymbol{T}\boldsymbol{v}_t$，$\boldsymbol{n}_p=\boldsymbol{Tn}$，$\boldsymbol{\gamma}_{pk}=\boldsymbol{T}\boldsymbol{\gamma}_k$，$\boldsymbol{n}_{pk}=\boldsymbol{T}\boldsymbol{n}_k$，它们均为实向量。由于 μ 是复数，所以 $\boldsymbol{\gamma}_p=\boldsymbol{T\gamma}$ 是复向量。

变换后的空时协方差矩阵 $\boldsymbol{R}_p=E\left[\boldsymbol{n}_p\boldsymbol{n}_p^{\mathrm{H}}\right]=\boldsymbol{TRT}^{\mathrm{H}}$，显然 $\boldsymbol{R}_p$ 是实矩阵，其最大似然估计[14-15]为

$$\hat{\boldsymbol{R}}_p=\mathrm{Re}\left(\sum_{k=1}^{K}\boldsymbol{\gamma}_{pk}\boldsymbol{\gamma}_{pk}^{\mathrm{H}}/K\right)\tag{4.13}$$

式中，$\mathrm{Re}(\cdot)$ 表示取实部操作。为阐述 $\hat{\boldsymbol{R}}_p$ 的性质，引入以下定理。

定理 4.1　对于样本协方差矩阵 $\hat{\boldsymbol{R}}=\frac{1}{K}\sum_{k=1}^{K}\boldsymbol{\gamma}_k\boldsymbol{\gamma}_k^{\mathrm{H}}$，$K\hat{\boldsymbol{R}}$ 服从参数为 $\boldsymbol{R}$、自由度为 K 的 Wishart 分布，其表达式为

$$f\left(K\hat{\boldsymbol{R}}\right)=\frac{1}{2^{\frac{KMN}{2}}\,|\boldsymbol{R}|^{\frac{K}{2}}\,\Gamma_{MN}\left(\frac{K}{2}\right)}|K\hat{\boldsymbol{R}}|^{\frac{K-MN-1}{2}}\exp\left[-\frac{1}{2}\mathrm{tr}\left(K\boldsymbol{R}^{-1}\hat{\boldsymbol{R}}\right)\right] \tag{4.14}$$

式中，$\mathrm{tr}(\cdot)$ 为矩阵求迹运算；$\Gamma_{MN}\left(\frac{K}{2}\right)$ 为 MN 元伽马函数。

定理 4.2　$K\hat{\boldsymbol{R}}_p$ 服从参数为 $\boldsymbol{R}_p/2$、自由度为 $2K$ 的 Wishart 分布。

定理 4.1 的证明可参考相关数理统计书籍，如文献[16]。下面对定理 4.2 的证明进行概述，详见文献[14]。

若记 $\boldsymbol{\gamma}_{pk}$ 的实部和虚部分别为 $\boldsymbol{a}$ 和 $\boldsymbol{b}$，即 $\boldsymbol{\gamma}_{pk}=\boldsymbol{a}_k+\mathrm{j}\boldsymbol{b}_k$，则 $K\hat{\boldsymbol{R}}_p$ 可表示为

$$K\hat{\boldsymbol{R}}_p=\sum_{k=1}^{K}\left(\boldsymbol{a}_k\boldsymbol{a}_k^{\mathrm{T}}+\boldsymbol{b}_k\boldsymbol{b}_k^{\mathrm{T}}\right) \tag{4.15}$$

由于 $E\left[\boldsymbol{\gamma}_{pk}\boldsymbol{\gamma}_{pk}^{\mathrm{H}}\right]=\boldsymbol{R}_p$ 是实矩阵，意味着

$$E\left[\boldsymbol{a}_k\boldsymbol{a}_k^{\mathrm{T}}\right]+E\left[\boldsymbol{b}_k\boldsymbol{b}_k^{\mathrm{T}}\right]=\boldsymbol{R}_p \tag{4.16}$$

$$E\left[\boldsymbol{a}_k\boldsymbol{b}_k^{\mathrm{T}}\right]-E\left[\boldsymbol{b}_k\boldsymbol{a}_k^{\mathrm{T}}\right]=\boldsymbol{0} \tag{4.17}$$

注意到 $\boldsymbol{\gamma}_{pk}$ 满足 $E\left[\boldsymbol{\gamma}_{pk}\boldsymbol{\gamma}_{pk}^{\mathrm{T}}\right]=\boldsymbol{0}$，因此有

$$E\left[\boldsymbol{a}_k\boldsymbol{a}_k^{\mathrm{T}}\right]-E\left[\boldsymbol{b}_k\boldsymbol{b}_k^{\mathrm{T}}\right]=\boldsymbol{0} \tag{4.18}$$

$$E\left[\boldsymbol{a}_k\boldsymbol{b}_k^{\mathrm{T}}\right]+E\left[\boldsymbol{b}_k\boldsymbol{a}_k^{\mathrm{T}}\right]=\boldsymbol{0} \tag{4.19}$$

结合式（4.16）～式（4.19），可以得到

$$E\left[\boldsymbol{a}_k\boldsymbol{a}_k^{\mathrm{T}}\right]=E\left[\boldsymbol{b}_k\boldsymbol{b}_k^{\mathrm{T}}\right]=\boldsymbol{R}_p/2 \tag{4.20}$$

$$E\left[\boldsymbol{a}_k\boldsymbol{b}_k^{\mathrm{T}}\right]=\boldsymbol{0} \tag{4.21}$$

由式(4.20)与式(4.21)可知，$\boldsymbol{a}_k$ 与 $\boldsymbol{b}_k$ 相互独立且具有相同协方差矩阵 $\boldsymbol{R}_p/2$。将该结论代入式（4.15），可知 $K\hat{\boldsymbol{R}}_p$ 服从自由度为 $2K$、参数为 $\boldsymbol{R}_p/2$ 的 Wishart 分布。对比定理 4.2 与定理 4.1，可以看出使用 $\boldsymbol{T}$ 对主数据、辅助数据进行变换后，样本协方差矩阵的分布自由度由 K 变为 $2K$，相当于将辅助数据的长度由 K 增加至 $2K$。

结合 LCMV 准则，可以获得斜对称 STAP 的权向量为

$$\boldsymbol{w}_p = \frac{\hat{\boldsymbol{R}}_p^{-1}\boldsymbol{v}_p}{\boldsymbol{v}_p^{\mathrm{H}}\hat{\boldsymbol{R}}_p^{-1}\boldsymbol{v}_p} \tag{4.22}$$

采用 $\boldsymbol{w}_p$ 对 $\boldsymbol{\gamma}_p$ 进行加权，得到斜对称 STAP 的滤波输出为

$$y_p = \boldsymbol{w}_p^{\mathrm{H}}\boldsymbol{\gamma}_p \tag{4.23}$$

4.1.3　性能分析

本小节通过仿真实验分析斜对称 STAP 的性能，并与 SMI-STAP 进行对比。仿真中假设主动声呐采取正侧视工作方式，主要参数设置如下：$N=9$，$M=8$，$T_p=20\mathrm{ms}$，$v_{\max}=10\mathrm{m/s}$，$v_{rs}=v_{\max}$，$f_0=15\mathrm{kHz}$，$f_s=400\mathrm{Hz}$，$\mathrm{RNR}=30\mathrm{dB}$，$v_s=0.18$。

图 4.1～图 4.3 分别给出了 $K=MN$、$1.5MN$ 和 $2MN$ 时输出信混比随归一化多普勒频率的变化曲线。由图 4.1 和图 4.2 可以看出，在辅助数据不足的条件下，斜对称 STAP 的输出信混比明显优于 SMI-STAP。图 4.3 的结果表明，即使是辅助数据充足的情况，斜对称 STAP 仍具有优势，其输出信混比较 SMI-STAP 高约 1.2dB。进一步对比可以发现，辅助数据长度越小，斜对称 STAP 相比 SMI-STAP 的优势越大，而且当 $K=MN$ 时，SMI-STAP 几近失效，而斜对称 STAP 仍然具有较为稳定的滤波性能。

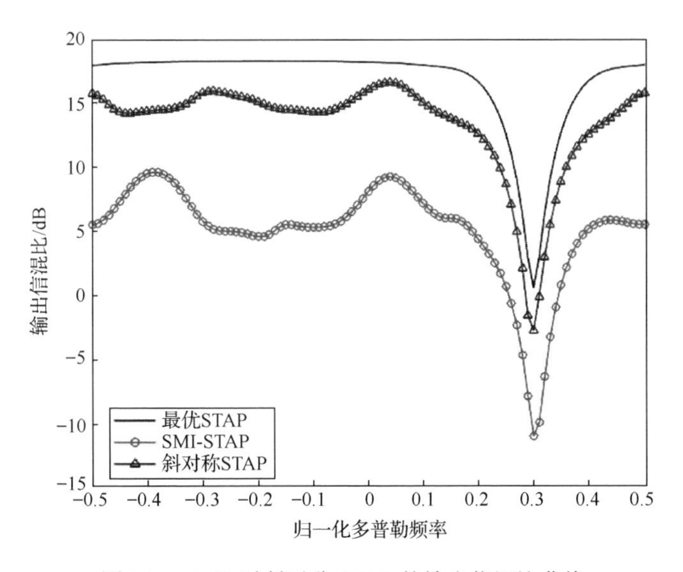

图 4.1　K=72 时斜对称 STAP 的输出信混比曲线

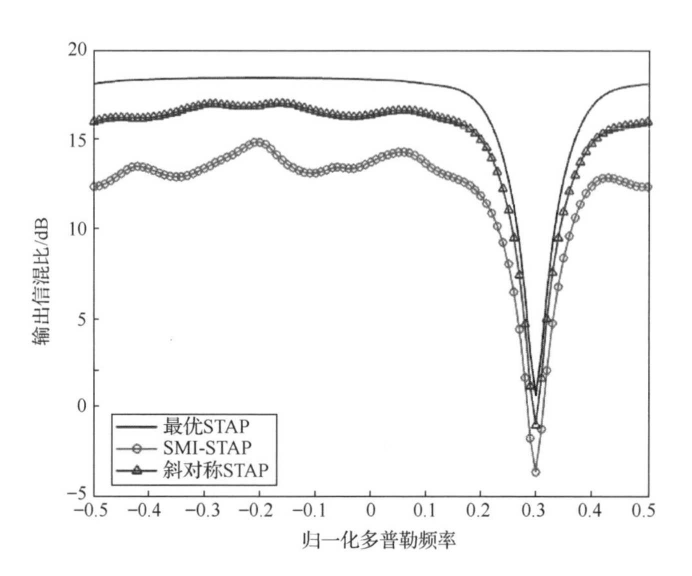

图 4.2　K=108 时斜对称 STAP 的输出信混比曲线

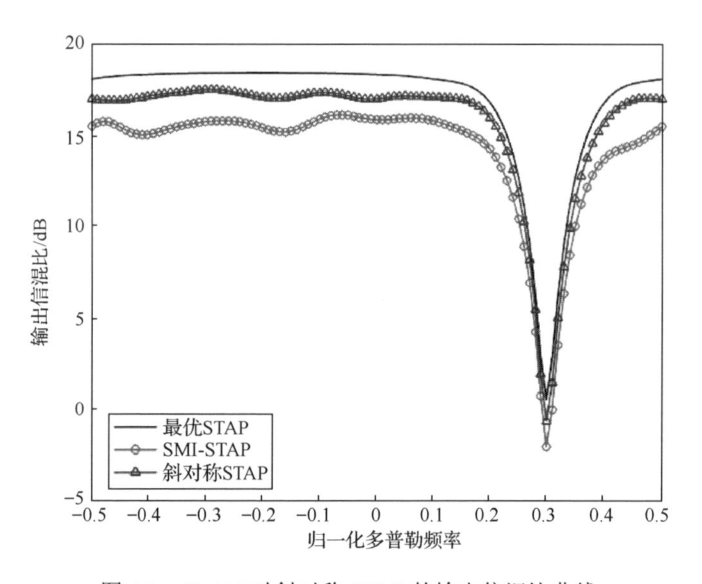

图 4.3　K=144 时斜对称 STAP 的输出信混比曲线

4.2　稀疏恢复 STAP

稀疏恢复的本质是利用“信号的某种特征是稀疏的”这一先验知识来提升对信号相关参数的估计性能，图 2.9 表明不同偏航角时混响的空时分布曲线仅占空时平面的一小部分，说明混响的空时功率谱具有稀疏性[9]。合理利用这一特性并结合稀疏恢复方法，可在辅助数据长度不足情况下实现对空时功率谱的可靠估计，进一步获取混响空时协方差矩阵并完成 STAP 滤波[17]。

稀疏恢复 STAP 的关键在于稀疏恢复方法的设计，本节首先对稀疏 STAP 问题进行建模，接着介绍三种稀疏恢复 STAP，分别是 MIAA-STAP[18]、SPICE-STAP[19-20]和基于迭代最小化稀疏学习（sparse learning via iterative minimization, SLIM）的 STAP（SLIM-STAP）[21]。

4.2.1　问题建模

由于混响的空时分布是空间频率与多普勒频率的函数，不妨将整个空时平面离散化为 $N_d \times N_s$ 个网格点，其中 $N_s = \rho_s M$ 和 $N_d = \rho_d N$，分别表示沿空间频率轴和多普勒频率轴的网格点数量，ρ_s 与 ρ_d 为网格的空间频率分辨率与多普勒频率分辨率。将每个网格点处混响分量的幅度用 $\alpha_{k_d,k_s}, k_d = 1,2,\cdots,N_d, k_s = 1,2,\cdots,N_s$ 表示，则混响可以表示为

$$\boldsymbol{n} = \boldsymbol{\Phi}\boldsymbol{\alpha} \tag{4.24}$$

式中，向量 $\boldsymbol{\alpha} = \begin{bmatrix} \alpha_{1,1} & \alpha_{1,2} & \cdots & \alpha_{N_d,N_s} \end{bmatrix}^{\mathrm{T}} \in \mathbb{C}^{N_d N_s \times 1}$；矩阵 $\boldsymbol{\Phi} \in \mathbb{C}^{MN \times N_d N_s}$ 是由网格点对应的空时导向向量组成的字典，其表达式为

$$\boldsymbol{\Phi} = \left[\boldsymbol{v}\left(f_{d,1}, f_{s,1}\right) \quad \cdots \quad \boldsymbol{v}\left(f_{d,1}, f_{s,N_s}\right) \quad \cdots \quad \boldsymbol{v}\left(f_{d,N_d}, f_{s,N_s}\right) \right] \tag{4.25}$$

其中，空时导向向量 $\boldsymbol{v}\left(f_{d,k_d}, f_{s,k_s}\right) \in \mathbb{C}^{MN \times 1}, k_d = 1,2,\cdots,N_d, k_s = 1,2,\cdots,N_s$ 为

$$\boldsymbol{v}\left(f_{d,k_d}, f_{s,k_s}\right) = \boldsymbol{b}\left(f_{d,k_d}\right) \otimes \boldsymbol{a}\left(f_{s,k_s}\right) \tag{4.26}$$

其中，$\boldsymbol{b}\left(f_{d,k_d}\right) \in \mathbb{C}^{M \times 1}$ 和 $\boldsymbol{a}\left(f_{s,k_s}\right) \in \mathbb{C}^{N \times 1}$ 分别为第 k_d 个多普勒频率点与第 k_s 个空间频率点所对应的时域导向向量与空域导向向量，即

$$\boldsymbol{b}\left(f_{d,k_d}\right) = \begin{bmatrix} 1 & \mathrm{e}^{\mathrm{j}2\pi f_{d,k_d}} & \cdots & \mathrm{e}^{\mathrm{j}2\pi(M-1)f_{d,k_d}} \end{bmatrix}^{\mathrm{T}} \tag{4.27}$$

$$\boldsymbol{a}\left(f_{s,k_s}\right) = \begin{bmatrix} 1 & \mathrm{e}^{\mathrm{j}2\pi\varpi f_{s,k_s}} & \cdots & \mathrm{e}^{\mathrm{j}2\pi(N-1)\varpi f_{s,k_s}} \end{bmatrix}^{\mathrm{T}} \tag{4.28}$$

需要说明的是，目标信号同样可以表示成类似式（4.25）的形式，即字典 $\boldsymbol{\Phi}$ 中包含了目标空时导向向量 $\boldsymbol{v}_t$，因此下文对字典进行讨论时不再单独对 $\boldsymbol{v}_t$ 进行说明。

完成对混响和目标信号的稀疏表示后，可将$\boldsymbol{\gamma}$和$\boldsymbol{\gamma}_k$表示为

$$\begin{cases}\boldsymbol{\gamma}=\alpha\boldsymbol{v}_t+\boldsymbol{\Phi}\boldsymbol{\alpha}\\ \boldsymbol{\gamma}_k=\boldsymbol{\Phi}\boldsymbol{\alpha}_k, \quad k=1,2,\cdots,K\end{cases} \tag{4.29}$$

式中，$\boldsymbol{\alpha}$和$\boldsymbol{\alpha}_k$满足 IID 条件。相应地，混响空时协方差矩阵为

$$\boldsymbol{R}=E\left[\boldsymbol{\gamma}\boldsymbol{\gamma}^{\mathrm{H}}\right]=\boldsymbol{\Phi}\boldsymbol{\Gamma}\boldsymbol{\Phi}^{\mathrm{H}}\in\mathbb{C}^{MN\times MN} \tag{4.30}$$

式中，对角矩阵$\boldsymbol{\Gamma}=\operatorname{diag}(\boldsymbol{p})\in\mathbb{C}^{N_dN_s\times N_dN_s}$，其中对角向量$\boldsymbol{p}=\begin{bmatrix}p_{1,1} & p_{1,2} & \cdots & p_{N_d,N_s}\end{bmatrix}\in\mathbb{C}^{N_dN_s\times 1}$称为混响空时功率谱，元素$p_{k_d,k_s}=E\left[\left|\alpha_{k_d,k_s}\right|^2\right]$，$k_d=1,2,\cdots,N_d$，$k_s=1,2,\cdots,N_s$。

对于正侧视声呐，混响的典型空时功率谱如图 4.4 所示，仿真参数与 4.1.3 小节相同，且$N_d=N_s=100$，$\eta=1$。由图可以看到，混响脊仅占据空时平面的对角线，意味着$\boldsymbol{\alpha}$中非零元素的数量远小于空时维度N_dN_s，即$\boldsymbol{\alpha}$是稀疏的。

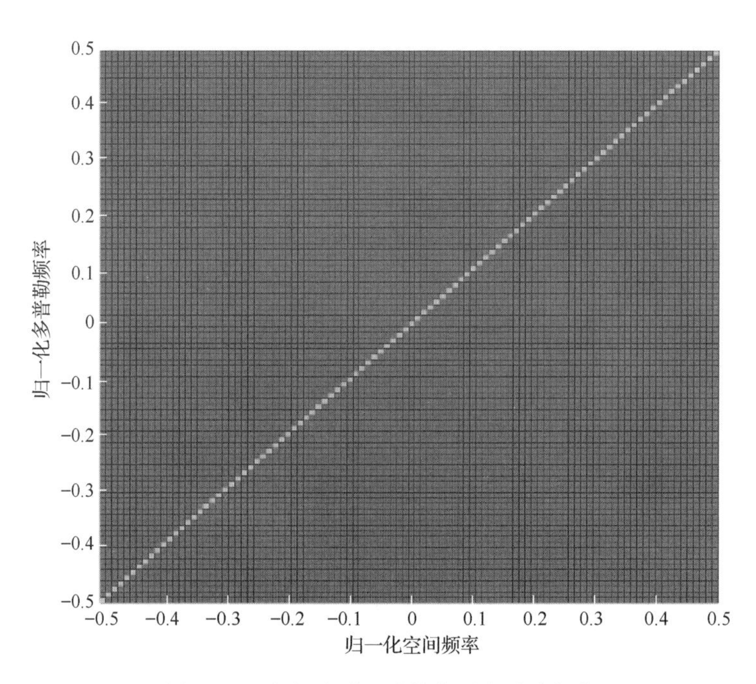

图 4.4 正侧视声呐混响的典型空时功率谱

4.2.2 MIAA-STAP

MIAA-STAP 方法利用 4.2.1 小节的稀疏 STAP 模型，将 $\boldsymbol{R}$ 的自适应估计转化为一个参数估计问题，待估参数为混响空时功率谱元素 p_{k_d,k_s}。具体来说，在高斯分布假设下，$\boldsymbol{\gamma}_k$ 的似然函数为

$$f\left(\boldsymbol{\gamma}_k\right)=\frac{1}{\pi^{MN}\det\left(\boldsymbol{R}\right)}\exp\left(\boldsymbol{\gamma}_k^{\mathrm{H}}\boldsymbol{R}^{-1}\boldsymbol{\gamma}_k\right) \tag{4.31}$$

式中，$\det(\cdot)$ 表示行列式运算。K 个辅助数据的联合似然函数为

$$f\left(\boldsymbol{\gamma}_1,\boldsymbol{\gamma}_2,\cdots,\boldsymbol{\gamma}_K\right)=\frac{1}{\pi^{MNK}\det\left(\boldsymbol{R}\right)^K}\exp\left(\sum_{K=1}^{K}\boldsymbol{\gamma}_k^{\mathrm{H}}\boldsymbol{R}^{-1}\boldsymbol{\gamma}_k\right) \tag{4.32}$$

由式（4.32）可求得 p_{k_d,k_s} 的最大似然估计，即

$$\hat{p}_{k_d,k_s}^{\mathrm{ML}}=\arg\min\left[K\ln\det\left(\boldsymbol{R}\right)+\sum_{K=1}^{K}\boldsymbol{\gamma}_k^{\mathrm{H}}\boldsymbol{R}^{-1}\boldsymbol{\gamma}_k\right] \tag{4.33}$$

式中，$k_d=1,2,\cdots,N_d$；$k_s=1,2,\cdots,N_s$。若记

$$\boldsymbol{Q}_{k_d,k_s}=\boldsymbol{R}-p_{k_d,k_s}\boldsymbol{v}\left(f_{d,k_d},f_{s,k_s}\right)\boldsymbol{v}^{\mathrm{H}}\left(f_{d,k_d},f_{s,k_s}\right) \tag{4.34}$$

根据矩阵求逆法则[22]，有

$$\boldsymbol{R}^{-1}=\boldsymbol{Q}_{k_d,k_s}^{-1}-\frac{p_{k_d,k_s}\boldsymbol{Q}_{k_d,k_s}^{-1}\boldsymbol{v}\left(f_{d,k_d},f_{s,k_s}\right)\boldsymbol{v}^{\mathrm{H}}\left(f_{d,k_d},f_{s,k_s}\right)\boldsymbol{Q}_{k_d,k_s}^{-1}}{1+\boldsymbol{v}^{\mathrm{H}}\left(f_{d,k_d},f_{s,k_s}\right)\boldsymbol{Q}_{k_d,k_s}^{-1}\boldsymbol{v}\left(f_{d,k_d},f_{s,k_s}\right)} \tag{4.35}$$

且式（4.33）中的 $\det\left(\boldsymbol{R}\right)$ 可以展开为

$$\det\left(\boldsymbol{R}\right)=\det\left(\boldsymbol{Q}_{k_d,k_s}\right)\left[1+\boldsymbol{v}^{\mathrm{H}}\left(f_{d,k_d},f_{s,k_s}\right)\boldsymbol{Q}_{k_d,k_s}^{-1}\boldsymbol{v}\left(f_{d,k_d},f_{s,k_s}\right)\right] \tag{4.36}$$

将式（4.33）和式（4.36）代入式（4.33），可得

$$\begin{aligned}\hat{p}_{k_d,k_s}^{\mathrm{ML}}=\arg\min\Bigg\{&K\ln\left[1+\boldsymbol{v}^{\mathrm{H}}\left(f_{d,k_d},f_{s,k_s}\right)\boldsymbol{Q}_{k_d,k_s}^{-1}\boldsymbol{v}\left(f_{d,k_d},f_{s,k_s}\right)\right]\\&-\operatorname{tr}\left[\frac{p_{k_d,k_s}\sum_{K=1}^{K}\boldsymbol{\gamma}_k^{\mathrm{H}}\boldsymbol{Q}_{k_d,k_s}^{-1}\boldsymbol{v}\left(f_{d,k_d},f_{s,k_s}\right)\boldsymbol{v}^{\mathrm{H}}\left(f_{d,k_d},f_{s,k_s}\right)\boldsymbol{Q}_{k_d,k_s}^{-1}\boldsymbol{\gamma}_k}{1+\boldsymbol{v}^{\mathrm{H}}\left(f_{d,k_d},f_{s,k_s}\right)\boldsymbol{Q}_{k_d,k_s}^{-1}\boldsymbol{v}\left(f_{d,k_d},f_{s,k_s}\right)}\right]\Bigg\}\end{aligned} \tag{4.37}$$

式（4.37）对 p_{k_d,k_s} 求导并令结果等于零，可得

$$\hat{p}_{k_d,k_s}^{\mathrm{ML}}=\frac{\boldsymbol{v}^{\mathrm{H}}\left(f_{d,k_d},f_{s,k_s}\right)\boldsymbol{Q}_{k_d,k_s}^{-1}\left(\hat{\boldsymbol{R}}-\boldsymbol{Q}_{k_d,k_s}\right)\boldsymbol{Q}_{k_d,k_s}^{-1}\boldsymbol{v}\left(f_{d,k_d},f_{s,k_s}\right)}{\left[\boldsymbol{v}^{\mathrm{H}}\left(f_{d,k_d},f_{s,k_s}\right)\boldsymbol{Q}_{k_d,k_s}^{-1}\boldsymbol{v}\left(f_{d,k_d},f_{s,k_s}\right)\right]^{2}} \tag{4.38}$$

式中，$\hat{\boldsymbol{R}}$ 为样本协方差矩阵。若记

$$p_{k_d,k_s}^{\mathrm{Capon}}=\frac{1}{\boldsymbol{v}^{\mathrm{H}}\left(f_{d,k_d},f_{s,k_s}\right)\boldsymbol{R}^{-1}\boldsymbol{v}\left(f_{d,k_d},f_{s,k_s}\right)} \tag{4.39}$$

式（4.38）可以写为

$$\hat{p}_{k_d,k_s}^{\mathrm{ML}}=\hat{p}_{k_d,k_s}^{\mathrm{MIAA}}+p_{k_d,k_s}-p_{k_d,k_s}^{\mathrm{Capon}} \tag{4.40}$$

式中，

$$\hat{p}_{k_d,k_s}^{\mathrm{MIAA}}=\frac{\boldsymbol{v}^{\mathrm{H}}\left(f_{d,k_d},f_{s,k_s}\right)\boldsymbol{R}^{-1}\hat{\boldsymbol{R}}\boldsymbol{R}^{-1}\boldsymbol{v}\left(f_{d,k_d},f_{s,k_s}\right)}{\left[\boldsymbol{v}^{\mathrm{H}}\left(f_{d,k_d},f_{s,k_s}\right)\boldsymbol{R}^{-1}\boldsymbol{v}\left(f_{d,k_d},f_{s,k_s}\right)\right]^{2}} \tag{4.41}$$

当 $\boldsymbol{R}$ 已知时，$p_{k_d,k_s}^{\mathrm{Capon}}$ 的估计值将接近真实 p_{k_d,k_s}，此时式（4.38）可以简化为

$$\hat{p}_{k_d,k_s}^{\mathrm{ML}}\approx\hat{p}_{k_d,k_s}^{\mathrm{MIAA}}=\frac{\boldsymbol{v}^{\mathrm{H}}\left(f_{d,k_d},f_{s,k_s}\right)\boldsymbol{R}^{-1}\hat{\boldsymbol{R}}\boldsymbol{R}^{-1}\boldsymbol{v}\left(f_{d,k_d},f_{s,k_s}\right)}{\left[\boldsymbol{v}^{\mathrm{H}}\left(f_{d,k_d},f_{s,k_s}\right)\boldsymbol{R}^{-1}\boldsymbol{v}\left(f_{d,k_d},f_{s,k_s}\right)\right]^{2}} \tag{4.42}$$

式（4.42）中依然含有未知参数，不能直接得到 p_{k_d,k_s} 的估计值，这里使用启发式迭代方法对其进行更新，即

$$\hat{p}_{k_d,k_s}^{\mathrm{ML}}(j+1)=\frac{\boldsymbol{v}^{\mathrm{H}}\left(f_{d,k_d},f_{s,k_s}\right)\boldsymbol{R}^{-1}(j)\hat{\boldsymbol{R}}\boldsymbol{R}^{-1}(j)\boldsymbol{v}\left(f_{d,k_d},f_{s,k_s}\right)}{\left[\boldsymbol{v}^{\mathrm{H}}\left(f_{d,k_d},f_{s,k_s}\right)\boldsymbol{R}^{-1}(j)\boldsymbol{v}\left(f_{d,k_d},f_{s,k_s}\right)\right]^{2}} \tag{4.43}$$

式中，j 为迭代次数。

MIAA-STAP 的实现流程可归结为算法 4.1，其中 ϵ 是估计准确度阈值，为简化符号表示，记 $\boldsymbol{v}\left(f_{d,k_d},f_{s,k_s}\right)$ 为 $\boldsymbol{v}_{k_d,k_s}$。

算法 4.1　MIAA-STAP 的实现流程

1. 设置混响功率初始值 $p_{k_d,k_s}(0)=\boldsymbol{v}_{k_d,k_s}^{\mathrm{H}}\hat{\boldsymbol{R}}\boldsymbol{v}_{k_d,k_s},k_d=1,2,\cdots,N_d,k_s=1,2,\cdots,N_s$
2. 计算混响空时协方差初始值 $\boldsymbol{R}(0)=\sum_{k_d=1}^{N_d}\sum_{k_s=1}^{N_s}p_{k_d,k_s}(0)\boldsymbol{v}_{k_d,k_s}\boldsymbol{v}_{k_d,k_s}^{\mathrm{H}}$
3. 设置 $j=0$
4. do

5．计算 $\hat{p}_{k_d,k_s}^{\mathrm{ML}}(j+1)=\dfrac{\boldsymbol{v}_{k_d,k_s}^{\mathrm{H}}\boldsymbol{R}^{-1}(j)\hat{\boldsymbol{R}}\boldsymbol{R}^{-1}(j)\boldsymbol{v}_{k_d,k_s}}{\left[\boldsymbol{v}_{k_d,k_s}^{\mathrm{H}}\boldsymbol{R}^{-1}(j)\boldsymbol{v}_{k_d,k_s}\right]^2}$

6．更新混响空时协方差矩阵 $\boldsymbol{R}(j+1)=\sum_{k_d=1}^{N_d}\sum_{k_s=1}^{N_s}\hat{p}_{k_d,k_s}^{\mathrm{ML}}(j+1)\boldsymbol{v}_{k_d,k_s}\boldsymbol{v}_{k_d,k_s}^{\mathrm{H}}$

7．$j=j+1$

8．while$\left\|\boldsymbol{R}(j)-\boldsymbol{R}(j-1)\right\|^2>\epsilon$

9．计算滤波器权向量：$\hat{\boldsymbol{w}}=\dfrac{\boldsymbol{R}^{-1}(j)\boldsymbol{v}_t}{\boldsymbol{v}_t^{\mathrm{H}}\boldsymbol{R}^{-1}(j)\boldsymbol{v}_t}$

4.2.3　SPICE-STAP

SPICE 方法[23]利用加权最小二乘法来估计混响空时功率谱 $\boldsymbol{p}$，即

$$\underset{\{p_{k_d,k_s}\geqslant 0\}}{\arg\min}\left\|\left(\boldsymbol{W}^{1/2}\right)^{\mathrm{H}}\left(\hat{\boldsymbol{R}}-\boldsymbol{R}\right)\boldsymbol{W}^{1/2}\right\|^2 \tag{4.44}$$

式中，$\boldsymbol{W}\in\mathbb{C}^{MN\times MN}$ 为正定加权矩阵；$\|\cdot\|$ 代表向量的欧几里得范数和矩阵的弗罗贝尼乌斯（Frobenius）范数；$\boldsymbol{W}^{\frac{1}{2}}$ 为 $\boldsymbol{W}$ 的埃尔米特正定平方根；$\hat{\boldsymbol{R}}$ 为样本协方差矩阵。当 $\boldsymbol{W}=\boldsymbol{R}^{-1}$ 时，式（4.44）的估计性能趋近克拉美罗下界，可使用以下优化问题来获得 $\boldsymbol{p}$：

$$\underset{\{p_{k_d,k_s}\geqslant 0\}}{\arg\min}\left\|\boldsymbol{R}^{-1/2}\left(\hat{\boldsymbol{R}}-\boldsymbol{R}\right)\hat{\boldsymbol{R}}^{-1/2}\right\|^2 \tag{4.45}$$

式（4.45）中的待优化函数可以展开为

$$\begin{aligned}J&=\left\|\boldsymbol{R}^{-1/2}\left(\hat{\boldsymbol{R}}-\boldsymbol{R}\right)\hat{\boldsymbol{R}}^{-1/2}\right\|^2\\&=\mathrm{tr}\left[\boldsymbol{R}^{-1}\left(\hat{\boldsymbol{R}}-\boldsymbol{R}\right)\hat{\boldsymbol{R}}^{-1}\left(\hat{\boldsymbol{R}}-\boldsymbol{R}\right)\right]\\&=\mathrm{tr}\left[\left(\boldsymbol{R}^{-1}\hat{\boldsymbol{R}}-\boldsymbol{I}_{MN}\right)\left(\boldsymbol{I}_{MN}-\hat{\boldsymbol{R}}^{-1}\boldsymbol{R}\right)\right]\\&=\mathrm{tr}\left(\boldsymbol{R}^{-1}\hat{\boldsymbol{R}}\right)+\mathrm{tr}\left(\hat{\boldsymbol{R}}^{-1}\boldsymbol{R}\right)-2MN\end{aligned} \tag{4.46}$$

式中，

$$\operatorname{tr}\left(\hat{\boldsymbol{R}}^{-1}\boldsymbol{R}\right)=\sum_{k_d=1}^{N_d}\sum_{k_s=1}^{N_s}p_{k_d,k_s}\boldsymbol{v}^{\mathrm{H}}\left(f_{d,k_d},f_{s,k_s}\right)\hat{\boldsymbol{R}}^{-1}\boldsymbol{v}\left(f_{d,k_d},f_{s,k_s}\right) \tag{4.47}$$

因此，式（4.45）可以近似为以下优化问题：

$$\min_{\{p_{k_d,k_s}\geqslant 0\}}\left\{\operatorname{tr}\left(\hat{\boldsymbol{R}}^{-\frac{1}{2}}\boldsymbol{R}^{-1}\hat{\boldsymbol{R}}^{-\frac{1}{2}}\right)+\left[\sum_{k_d=1}^{N_d}\sum_{k_s=1}^{N_s}p_{k_d,k_s}\boldsymbol{v}^{\mathrm{H}}\left(f_{d,k_d},f_{s,k_s}\right)\hat{\boldsymbol{R}}^{-1}\boldsymbol{v}\left(f_{d,k_d},f_{s,k_s}\right)\right]\right\} \tag{4.48}$$

注意到式（4.48）中第二项具有以下性质：

$$\begin{aligned}
&\lim_{MN\to\infty}\left[\sum_{k_d=1}^{N_d}\sum_{k_s=1}^{N_s}p_{k_d,k_s}\boldsymbol{v}^{\mathrm{H}}\left(f_{d,k_d},f_{s,k_s}\right)\hat{\boldsymbol{R}}^{-1}\boldsymbol{v}\left(f_{d,k_d},f_{s,k_s}\right)\right]\\
&=\lim_{MN\to\infty}\operatorname{tr}\left[\hat{\boldsymbol{R}}^{-1}\sum_{k_d=1}^{N_d}\sum_{k_s=1}^{N_s}p_{k_d,k_s}\boldsymbol{v}\left(f_{d,k_d},f_{s,k_s}\right)\boldsymbol{v}^{\mathrm{H}}\left(f_{d,k_d},f_{s,k_s}\right)\right]\\
&=\operatorname{tr}\left[\lim_{MN\to\infty}\left(\hat{\boldsymbol{R}}^{-1}\right)\boldsymbol{R}\right]\\
&=MN
\end{aligned} \tag{4.49}$$

式中，最后一个等式成立的条件是最大似然估计为一致最大势（uniformly most powerful, UMP）估计，即 MN 趋向于无穷时，$\hat{\boldsymbol{R}}$ 渐近于 $\boldsymbol{R}$ 。

由式（4.49）可知，优化问题（4.48）的第二项渐近于常数，因此可以将其转化为以下优化问题：

$$\begin{cases}\min\limits_{\{p_{k_d,k_s}\geqslant 0\}}\operatorname{tr}\left(\hat{\boldsymbol{R}}^{-1/2}\boldsymbol{R}^{-1}\hat{\boldsymbol{R}}^{-1/2}\right)\\ \text{s.t.}\ \sum\limits_{k_d=1}^{N_d}\sum\limits_{k_s=1}^{N_s}\sigma_{k_d,k_s}p_{k_d,k_s}=MN\end{cases} \tag{4.50}$$

式中，$\sigma_{k_d,k_s}=\boldsymbol{v}^{\mathrm{H}}\left(f_{d,k_d},f_{s,k_s}\right)\hat{\boldsymbol{R}}^{-1}\boldsymbol{v}\left(f_{d,k_d},f_{s,k_s}\right), k_d=1,2,\cdots,N_d, k_s=1,2,\cdots,N_s$。注意到式（4.50）是一个约束优化问题，约束项是 $\sigma_{k_d,k_s}p_{k_d,k_s}$ 的累加求和，即 $\boldsymbol{p}$ 的加权 l_1 范数形式，因此优化结果具有稀疏性。

SPICE 方法可通过算法 4.2 所示的迭代法求解式（4.50），在获得 $\boldsymbol{p}$ 的估计值后，计算混响空时协方差矩阵，进一步完成 STAP 滤波，该方法称为 SPICE-STAP。

算法 4.2　SPICE-STAP 的实现流程

1．设置混响功率初始值 $p_{k_d,k_s}(0)=\boldsymbol{v}_{k_d,k_s}^{\mathrm{H}}\hat{\boldsymbol{R}}\boldsymbol{v}_{k_d,k_s}, k_d=1,2,\cdots,N_d, k_s=1,2,\cdots,N_s$

2．计算初始混响空时协方差 $\boldsymbol{R}(0)=\sum\limits_{k_d=1}^{N_d}\sum\limits_{k_s=1}^{N_s}p_{k_d,k_s}(0)\boldsymbol{v}_{k_d,k_s}\boldsymbol{v}_{k_d,k_s}^{\mathrm{H}}$

3．设置 $j=0$

4．do

5．计算 $\varrho(j)=\sum_{k=1}^{N_d}\sum_{i=1}^{N_s}\sigma_{k_d,k_s}^{1/2}p_{k_d,k_s}(j)\left\|\boldsymbol{v}_{k_d,k_s}^{\mathrm{H}}\boldsymbol{R}^{-1}(j)\hat{\boldsymbol{R}}^{1/2}\right\|$

6．计算 $p_{k_d,k_s}(j+1)=\dfrac{p_{k_d,k_s}(j)\|\boldsymbol{v}_{k_d,k_s}^{\mathrm{H}}\boldsymbol{R}^{-1}(j)\hat{\boldsymbol{R}}^{\frac{1}{2}}\|}{\sigma_{k_d,k_s}^{1/2}\varrho(j)},k_d=1,2,\cdots,N_d,k_s=1,2,\cdots,N_s$

7．更新混响空时协方差 $\boldsymbol{R}(j+1)=\sum_{k_d=1}^{N_d}\sum_{k_s=1}^{N_s}p_{k_d,k_s}(j+1)\boldsymbol{v}_{k_d,k_s}\boldsymbol{v}_{k_d,k_s}^{\mathrm{H}}$

8．$j=j+1$

9．while $\left\|\boldsymbol{R}(j)-\boldsymbol{R}(j-1)\right\|^2>\epsilon$

10．计算滤波器权向量：$\hat{\boldsymbol{w}}=\dfrac{\boldsymbol{R}^{-1}(j)\boldsymbol{v}_t}{\boldsymbol{v}_t^{\mathrm{H}}\boldsymbol{R}^{-1}(j)\boldsymbol{v}_t}$

4.2.4　SLIM-STAP

SLIM 是一种单样本学习方法，仅通过主数据就可以恢复出混响功率谱[24]。具体来说，SLIM 方法首先利用稀疏先验知识构造出一个基于 l_q 范数（$0<q\leqslant 1$）的约束优化问题，随后通过调节参数 q 来控制混响空时功率谱估计的稀疏程度。q 值可通过贝叶斯信息准则（Bayesian information criterion, BIC）[25]实现自动选取，以避免过拟合。

基于单样本学习方法的稀疏恢复，一般通过求解基于 l_0 范数的优化问题重建稀疏向量 $\boldsymbol{\alpha}$，即

$$\begin{cases}\hat{\boldsymbol{\alpha}}=\underset{\boldsymbol{\alpha}}{\arg\min}\|\boldsymbol{\alpha}\|_0\\ \text{s.t.}\|\boldsymbol{\gamma}-\boldsymbol{\Phi\alpha}\|_2<\varepsilon_1\end{cases}\tag{4.51}$$

式中，$\|\cdot\|_0$ 是 l_0 范数运算；ε_1 是误差控制参数。式（4.51）是一个多项式复杂程度的非确定性多项式（non-deterministic polynomial, NP）问题[26]，难以求解。为此，文献[27]通过将 l_0 范数约束松弛为 l_1 范数约束，将难解的 NP 问题转化为一个凸优化问题，从而得到稀疏估计 $\hat{\boldsymbol{\alpha}}$，即

$$\begin{cases}\hat{\boldsymbol{\alpha}}=\underset{\boldsymbol{\alpha}}{\arg\min}\|\boldsymbol{\alpha}\|_1\\ \text{s.t.}\|\boldsymbol{\gamma}-\boldsymbol{\Phi\alpha}\|_2<\varepsilon_2\end{cases}\tag{4.52}$$

式中，$\|\cdot\|_1$ 是 l_1 范数运算；ε_2 是误差控制参数。

式（4.52）描述的凸优化问题可以通过内点法[27]求解，但是内点法的计算复杂度高，对于维度较高的混响空时功率谱求解问题很难适用。为此，文献[24]提出了 SLIM 方法，将l_1范数替换成l_q范数，相较于内点法大幅减少了计算量，并且不需要人为设置未知参数。具体来说，SLIM 方法考虑如下优化问题：

$$(\hat{\boldsymbol{\alpha}},\hat{\eta})=\underset{\boldsymbol{\alpha},\eta}{\arg\min}\ g_q(\boldsymbol{\alpha},\eta) \tag{4.53}$$

式中，$g_q(\boldsymbol{\alpha},\eta)=MN\ln\eta+\frac{1}{\eta}\|\boldsymbol{\gamma}-\boldsymbol{\Phi\alpha}\|^2+\sum_{k_d=1}^{N_d}\sum_{k_s=1}^{N_s}\frac{2}{q}\left(\left|\alpha_{k_d,k_s}\right|^q-1\right)$；$\eta$是误差控制参数。$g_q(\boldsymbol{\alpha},\eta)$的第一部分是拟合项，第二部分是惩罚项。$q$越小，$\boldsymbol{\alpha}$稀疏恢复结果中的非零元素越少。举例来说，当$q=1$时，惩罚项变为$2\|\boldsymbol{\alpha}\|_1-2N_dN_s$，此时式（4.53）变成了常用的$l_1$范数约束；当$q\to0$时，惩罚项变为$2\sum_{k_d=1}^{N_d}\sum_{k_s=1}^{N_s}\ln\left|\alpha_{k_d,k_s}\right|$，若同时$\alpha_{k_d,k_s}\to0$，则$\ln\left|\alpha_{k_d,k_s}\right|\to-\infty$，此时比$l_1$范数约束的惩罚性更强，可提高$\boldsymbol{\alpha}$估计结果的稀疏程度。

从贝叶斯模型角度看，SLIM 方法是一种最大后验（maximum a posteriori, MAP）方法，它通过参数q来调节所假设的先验分布。考虑如下的贝叶斯先验模型：

$$\begin{gathered}\boldsymbol{\gamma}\sim N(\boldsymbol{\Phi\alpha},\eta\boldsymbol{I}_{MN})\\ f(\boldsymbol{\alpha})\propto\prod_{k_d=1}^{N_d}\prod_{k_s=1}^{N_s}\mathrm{e}^{-\frac{2}{q}\left(\left|\alpha_{k_d,k_s}\right|^q-1\right)},\quad f(\eta)\propto1\end{gathered} \tag{4.54}$$

式中，$f(\boldsymbol{\alpha})$是先验分布；$\boldsymbol{\gamma}\sim N(\boldsymbol{\Phi\alpha},\eta\boldsymbol{I}_{MN})$表示主数据服从均值为$\boldsymbol{\Phi\alpha}$、协方差矩阵为$\eta\boldsymbol{I}_{MN}$的复高斯分布。当$q=1$时，$f(\boldsymbol{\alpha})\propto\mathrm{e}^{-2\|\boldsymbol{\alpha}\|_1}$为拉普拉斯先验分布（$\propto$为正比符号），此时它在$\mathbf{0}$处存在一个有限峰值；当$q\to0$时，$f(\boldsymbol{\alpha})\propto\prod_{k_d=1}^{N_d}\prod_{k_s=1}^{N_s}\frac{1}{\left|\alpha_{k_d,k_s}\right|^2}$，此时$f(\boldsymbol{\alpha})$在$\mathbf{0}$处的峰值趋于无穷大。通常情况下，随着$q$值减小，$f(\boldsymbol{\alpha})$在$\mathbf{0}$处会有更尖锐的峰值，相应地可提供更加稀疏的估计结果。

采用 MAP 方法估计$\boldsymbol{\alpha}$和η的过程由下式给出：

$$\max_{\alpha,\eta}f(\gamma|\ \boldsymbol{\alpha},\eta)=\frac{1}{(\pi\eta)^{MN}}\mathrm{e}^{-\frac{1}{\eta}\|\boldsymbol{\gamma}-\boldsymbol{\Phi\alpha}\|^2}\prod_{k_d=1}^{N_d}\prod_{k_s=1}^{N_s}\mathrm{e}^{-\frac{2}{q}\left(\left|\alpha_{k_d,k_s}\right|^q-1\right)} \tag{4.55}$$

式（4.55）可通过循环优化方法来迭代求解，分为两个步骤：固定η优化$\boldsymbol{\alpha}$，固定$\boldsymbol{\alpha}$优化η。

1. 固定 η 优化 $\boldsymbol{\alpha}$

假设第 i 次迭代结果是 $\boldsymbol{\alpha}(i)$ 和 $\eta(i)$，则优化的目标函数为

$$\min_{\boldsymbol{\alpha}} g_q\left(\boldsymbol{\alpha},\eta(i)\right) \tag{4.56}$$

式（4.56）对 $\boldsymbol{\alpha}$ 求导并令倒数为零，可得

$$\frac{\mathrm{d}}{\mathrm{d}\boldsymbol{\alpha}^{\mathrm{H}}} g_q\left(\boldsymbol{\alpha},\eta(i)\right)=\frac{1}{\eta(i)}\boldsymbol{\Phi}^{\mathrm{H}}\boldsymbol{\Phi}\boldsymbol{\alpha}-\frac{1}{\eta(i)}\boldsymbol{\Phi}^{\mathrm{H}}\boldsymbol{\gamma}+\boldsymbol{P}^{-1}\boldsymbol{\alpha}=\boldsymbol{0} \tag{4.57}$$

式中，$\boldsymbol{P}=\mathrm{diag}(\boldsymbol{q})$，$\boldsymbol{q}=\begin{bmatrix} q_{1,1} & \cdots & q_{N_d,N_s}\end{bmatrix}^{\mathrm{T}}$ 且 $q_{k_d,k_s}=\left|\alpha_{k_d,k_s}\right|^{2-q}$。

由于 $\boldsymbol{P}$ 是 $\boldsymbol{\alpha}$ 的非线性函数，很难直接获取 $\boldsymbol{\alpha}$ 的解析解，下面介绍一种启发式方法。令 $\boldsymbol{P}=\boldsymbol{P}(i)$，有

$$q_{k_d,k_s}(i)=\left|\alpha_{k_d,k_s}(i)\right|^{2-q} \tag{4.58}$$

式（4.57）可改写为

$$\left\{\boldsymbol{\Phi}^{\mathrm{H}}\boldsymbol{\Phi}+\eta(i)\left[\boldsymbol{P}(i)\right]^{-1}\right\}\boldsymbol{\alpha}-\boldsymbol{\Phi}^{\mathrm{H}}\boldsymbol{\gamma}=\boldsymbol{0} \tag{4.59}$$

根据上式可得 $\boldsymbol{\alpha}=\left\{\boldsymbol{\Phi}^{\mathrm{H}}\boldsymbol{\Phi}+\eta(i)\left[\boldsymbol{P}(i)\right]^{-1}\right\}^{-1}-\boldsymbol{\Phi}^{\mathrm{H}}\boldsymbol{\gamma}$，将该结果作为 $\boldsymbol{\alpha}$ 的第 $i+1$ 次迭代结果，即

$$\begin{aligned}\alpha(i+1)&=\left\{\boldsymbol{\Phi}^{\mathrm{H}}\boldsymbol{\Phi}+\eta(i)\left[\boldsymbol{P}(i)\right]^{-1}\right\}^{-1}\boldsymbol{\Phi}^{\mathrm{H}}\boldsymbol{\gamma}\\&=P(i)\boldsymbol{\Phi}^{\mathrm{H}}\left[\boldsymbol{\Phi}\boldsymbol{P}(i)\boldsymbol{\Phi}^{\mathrm{H}}+\eta(i)\boldsymbol{I}_{MN}\right]^{-1}\boldsymbol{\gamma}\end{aligned} \tag{4.60}$$

至此完成了对 $\boldsymbol{\alpha}$ 的优化。

2. 固定 $\boldsymbol{\alpha}$ 优化 η

优化的目标函数为

$$\min_{\eta} g_q\left(\boldsymbol{\alpha}(i),\eta\right) \tag{4.61}$$

式（4.61）对 η 求导并令倒数为零，可得

$$\frac{\mathrm{d}}{\mathrm{d}\eta} g_q\left(\boldsymbol{\alpha}(i),\eta\right)=\frac{MN}{\eta}-\frac{1}{\eta^2}\|\boldsymbol{\gamma}-\boldsymbol{\Phi}\boldsymbol{\alpha}(i)\|^2=\boldsymbol{0} \tag{4.62}$$

求解式（4.62）有

$$\eta(i+1)=\frac{1}{MN}\|\boldsymbol{\gamma}-\boldsymbol{\Phi}\boldsymbol{\alpha}(i)\|^2 \tag{4.63}$$

可以证明，如果 $\boldsymbol{\alpha}$ 和 η 按照上述流程迭代，随着迭代次数 i 的增加，$g_q\left(\boldsymbol{\alpha}(i),\eta(i)\right)$ 会不断减小直至收敛。为了使 SLIM 变成更加高效的非参数估计方法，可以采用 BIC 对 q 值进行估计，即

$$\mathrm{BIC}(q)=MN\log\|\boldsymbol{\gamma}-\boldsymbol{\Phi}\hat{\boldsymbol{\alpha}}^{(q)}\|^2+Ah(q)\times\ln(MN) \tag{4.64}$$

式中，$\hat{\boldsymbol{\alpha}}^{(q)}$ 为给定 q 值时 $\boldsymbol{\alpha}$ 的估计值；$h(q)$ 为 $\hat{\boldsymbol{\alpha}}^{(q)}$ 中的非零元素个数；A 为未知实数参数的个数，包括复幅度、空间频率和多普勒频率等。式（4.64）的具体计算过程是：首先对 q 值进行遍历，计算 $\mathrm{BIC}(q)$，然后选取能够使 $\mathrm{BIC}(q)$ 达到最小的 q 值，即可实现估计结果的稀疏性和拟合误差之间的有效折中。

4.2.5　性能分析

本小节通过仿真实验对 MIAA-STAP、SPICE-STAP 和 SLIM-STAP 的性能进行验证。仿真中假设主动声呐采用正侧视工作方式，$v_s=0$，其余参数设置同 4.1.3 小节。

图 4.5～图 4.7 分别给出了三种稀疏恢复 STAP 在不同辅助数据长度情况下的输出信混比曲线。注意到 SLIM-STAP 不需要辅助数据，因此图中给出的是只采用主数据进行稀疏恢复的结果。

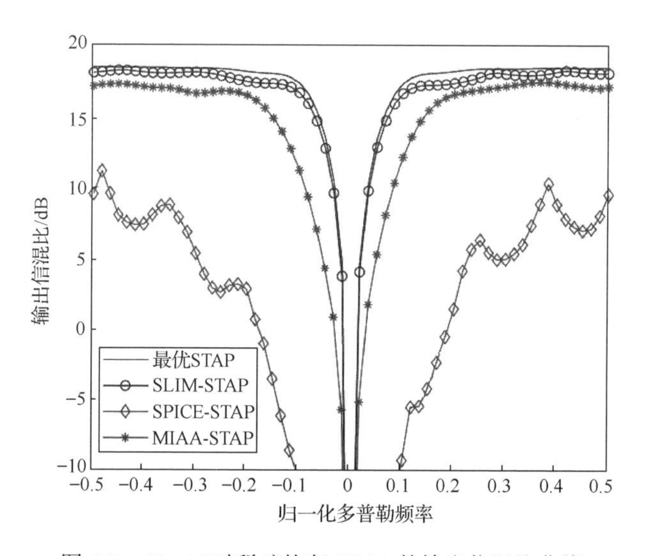

图 4.5　$K=10$ 时稀疏恢复 STAP 的输出信混比曲线

由图 4.5 可以看出，当辅助数据长度较大时（$K=10$），三种稀疏恢复 STAP 均可获得较高的输出信混比，其中 SLIM-STAP 和 SPICE-STAP 的性能更优，输出

信混比与性能上限十分接近。当v_d大于0.25时，三种稀疏恢复STAP的输出信混比与性能上限的差距均在1.5dB以内；当v_d接近0时，SLIM-STAP和SPICE-STAP仍与性能上限接近，但是MIAA-STAP大幅下降，输出信混比损失在3dB以上。

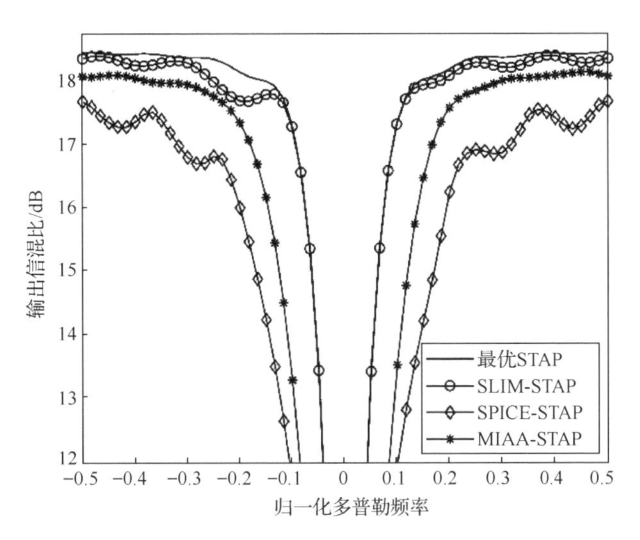

图4.6　$K=5$时稀疏恢复STAP的输出信混比曲线

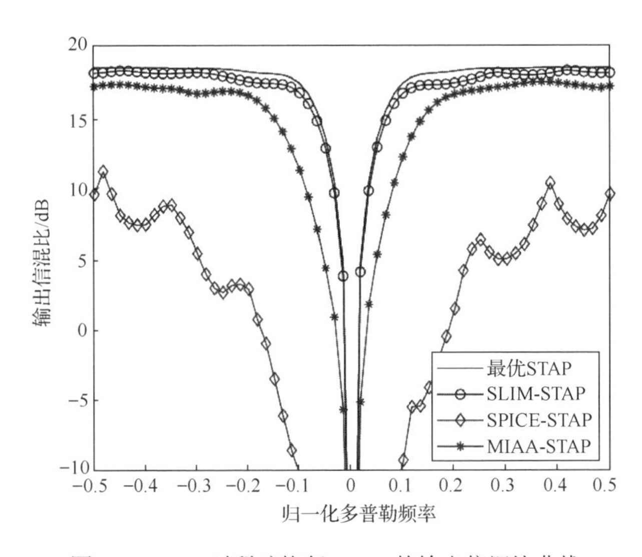

图4.7　$K=1$时稀疏恢复STAP的输出信混比曲线

图4.6和图4.7分别是辅助数据长度$K=5$和$K=1$时的仿真结果，与图4.5比较可以发现：随着辅助数据长度的减少，SPICE-STAP的性能大受影响，尤其是

当$K=1$时，其输出信混比损失已经十分严重；SLIM-STAP 和 MIAA-STAP 的性能稳定性相对较好，输出信混比未出现明显下降情况，且 SLIM-STAP 略优于 MIAA-STAP。

4.3 权向量稀疏 STAP

理论上说，STAP 只需要$\mathrm{Rank}(\boldsymbol{R})$个自由度就可以实现对混响的有效抑制，且$\mathrm{Rank}(\boldsymbol{R})$远小于系统空时度$MN$，这意味着空时滤波器自身就具有很强的稀疏性。权向量稀疏 STAP 基于这一思路设计，通过对空时滤波器的权向量施加稀疏约束[10,28]，在损失部分滤波器自由度的条件下，获得更快的收敛性能，并降低对辅助数据长度的需求[29]。

4.3.1 基本原理

基于上文描述，权向量稀疏 STAP 对应的优化问题为

$$\begin{cases}\min\limits_{\boldsymbol{w}} \boldsymbol{w}^{\mathrm{H}}\boldsymbol{R}\boldsymbol{w} \\ \text{s.t. } \boldsymbol{w}^{\mathrm{H}}\boldsymbol{v}_t=1, \quad \|\boldsymbol{w}\|_1=0\end{cases} \tag{4.65}$$

式中，l_1范数约束$\|\boldsymbol{w}\|_1=0$的作用是使滤波器权向量中的非零系数尽可能少。使用拉格朗日乘子法可以将式（4.65）转化成如下非约束优化问题：

$$\min_{\boldsymbol{w}} L(\boldsymbol{w},\lambda,\kappa)=\boldsymbol{w}^{\mathrm{H}}\boldsymbol{R}\boldsymbol{w}+\lambda\left(\boldsymbol{w}^{\mathrm{H}}\boldsymbol{v}_t-1\right)+2\kappa\|\boldsymbol{w}\|_1 \tag{4.66}$$

以 3.3.2 小节的 GSC-STAP 为实例进行具体分析，其阻塞矩阵的每一列代表混响子空间的一个基，阻塞矩阵输出端信号的某些元素可以不参加旁瓣对消。对滤波器权向量施加l_1范数约束，对应的约束优化问题为

$$\begin{cases}\min\limits_{\boldsymbol{w}_{\mathrm{GSC}}} E\left[\left|d_0-\boldsymbol{w}_{\mathrm{GSC}}^{\mathrm{H}}\boldsymbol{\gamma}_0\right|^2\right] \\ \text{s.t. } \|\boldsymbol{w}_{\mathrm{GSC}}\|_1=0\end{cases} \tag{4.67}$$

利用拉格朗日乘子法可以将式（4.67）转化成非约束优化问题

$$\min_{\boldsymbol{w}_{\mathrm{GSC}}} L(\boldsymbol{w}_{\mathrm{GSC}},\kappa)=E\left[\left|d_0-\boldsymbol{w}_{\mathrm{GSC}}^{\mathrm{H}}\boldsymbol{\gamma}_0\right|^2\right]+2\kappa\|\boldsymbol{w}_{\mathrm{GSC}}\|_1 \tag{4.68}$$

权向量稀疏 STAP 设计的关键在于如何求解优化问题（4.68），递归最小二乘法和协方差矩阵求逆法是常用的两种解决方法，相应地得到基于l_1范数约束的

RLS-STAP 方法（l_1-RLS-STAP）和基于l_1范数约束的 SMI-STAP 方法（l_1-SMI-STAP）。

4.3.2　l_1-RLS-STAP

展开式（4.68）中的待优化函数，可以得到

$$L\left(\boldsymbol{w}_{\mathrm{GSC}},\kappa\right)=\boldsymbol{v}_t^{\mathrm{H}}\boldsymbol{R}\boldsymbol{v}_t-\left(\boldsymbol{w}_{\mathrm{GSC}}^{\mathrm{H}}\boldsymbol{r}_0\right)^*-\boldsymbol{w}_{\mathrm{GSC}}^{\mathrm{H}}\boldsymbol{r}_0+\boldsymbol{w}_{\mathrm{GSC}}^{\mathrm{H}}\boldsymbol{R}_0\boldsymbol{w}_{\mathrm{GSC}}+2\kappa\|\boldsymbol{w}_{\mathrm{GSC}}\|_1 \tag{4.69}$$

式（4.69）对 $\boldsymbol{w}_{\mathrm{GSC}}^*$ 求偏导，有

$$\frac{\partial L\left(\boldsymbol{w}_{\mathrm{GSC}},\kappa\right)}{\partial\boldsymbol{w}_{\mathrm{GSC}}^*}=-\boldsymbol{r}_0+\boldsymbol{R}_0\boldsymbol{w}_{\mathrm{GSC}}+\kappa\operatorname{sgn}\left(\boldsymbol{w}_{\mathrm{GSC}}\right) \tag{4.70}$$

式中，$\operatorname{sgn}(\cdot)$ 为符号函数，其表达式为

$$\operatorname{sgn}(a)=\begin{cases}\dfrac{x}{|x|}, & x\neq 0\\ 0, & x=0\end{cases} \tag{4.71}$$

令式（4.70）等于零，得到 GSC-STAP 的权向量为

$$\boldsymbol{w}_{\mathrm{GSC}}=\boldsymbol{R}_0^{-1}\left[\boldsymbol{r}_0-\kappa\operatorname{sgn}\left(\boldsymbol{w}_{\mathrm{GSC}}\right)\right] \tag{4.72}$$

注意到式（4.72）左右两边均含有 $\boldsymbol{w}_{\mathrm{GSC}}$，该式并不是一个解析解，右边的 $\boldsymbol{w}_{\mathrm{GSC}}$ 来源于附加的l_1范数约束。

依据 RLS 思路可对式（4.72）进行迭代求解。具体来说，对于第k个辅助数据，通过阻塞矩阵输出后的空时协方差矩阵可以表示为

$$\boldsymbol{R}_0(k)=\sum_{n=1}^{k}a^{l-n}\boldsymbol{\gamma}_{0,n}\boldsymbol{\gamma}_{0,n}^{\mathrm{H}} \tag{4.73}$$

主辅支路的互相关系数为

$$\boldsymbol{r}_0(k)=\sum_{n=1}^{k}a^{l-n}\boldsymbol{\gamma}_{0,n}d_{0,n} \tag{4.74}$$

式中，$\boldsymbol{\gamma}_{0,n}$ 表示第n个辅助数据中辅助支路的信号分量；$d_{0,n}$ 表示第n个辅助数据中主支路输出；a为遗忘因子，$a=1$表示对不同的辅助数据置以相同可信度，若选择添加该遗忘因子，a通常取接近 1 的正数。

式（4.73）和式（4.74）可由以下两式迭代实现：

$$\boldsymbol{R}_0(k)=a\boldsymbol{R}_0(k-1)+\boldsymbol{r}_{0,k}\boldsymbol{r}_{0,k}^{\mathrm{H}} \tag{4.75}$$

$$\boldsymbol{r}_0(k)=a\boldsymbol{r}_0(k-1)+\boldsymbol{r}_{0,k}d_{0,k} \tag{4.76}$$

则式（4.72）变为

$$\boldsymbol{w}_{\mathrm{GSC}}(k)=\boldsymbol{R}_0^{-1}(k)\left[\boldsymbol{r}_0(k)-\kappa\operatorname{sgn}\left(\boldsymbol{w}_{\mathrm{GSC}}(k)\right)\right] \tag{4.77}$$

若记

$$g(k)=\boldsymbol{r}_0(k)-\kappa\operatorname{sgn}\left(\boldsymbol{w}_{\mathrm{GSC}}(k)\right) \tag{4.78}$$

将式（4.77）代入式（4.78），可得

$$\begin{aligned}g(k)=&ag(k-1)+\boldsymbol{\gamma}_{0,k}d_{0,k}\\&-\left[\kappa\operatorname{sgn}\left(\boldsymbol{w}_{\mathrm{GSC}}(k)\right)-a\kappa\operatorname{sgn}\left(\boldsymbol{w}_{\mathrm{GSC}}(k-1)\right)\right]\end{aligned} \tag{4.79}$$

由于 STAP 权向量的瞬时误差变化率通常很小，可以假设权向量符号在相邻的两个辅助数据之间不发生变化，此时式（4.79）可近似为

$$g(k)=ag(k-1)+\boldsymbol{\gamma}_{0,k}d_{0,k}+(a-1)\kappa\operatorname{sgn}\left(\boldsymbol{w}_{\mathrm{GSC}}(k-1)\right) \tag{4.80}$$

将式（4.80）代入式（4.77），可得

$$\begin{aligned}\boldsymbol{w}_{\mathrm{GSC}}(k)=&\boldsymbol{w}_{\mathrm{GSC}}(k-1)+\boldsymbol{l}(k)e^{*}(k)\\&+\kappa\left(1-\frac{1}{a}\right)\left[\boldsymbol{I}-\boldsymbol{l}(k)\boldsymbol{r}_{0,k}^{\mathrm{H}}\right]\boldsymbol{R}_0^{-1}(k-1)\operatorname{sgn}\left(\boldsymbol{w}_{\mathrm{GSC}}(k-1)\right)\end{aligned} \tag{4.81}$$

式中，$e(k)$表示第k个辅助数据的预测误差，其表达式为

$$e(k)=d_{0,l}-\boldsymbol{w}_{\mathrm{GSC}}^{\mathrm{H}}(k-1)\boldsymbol{\gamma}_{0,k} \tag{4.82}$$

$\boldsymbol{l}(k)$表示 STAP 权值增益，其表达式为

$$\boldsymbol{l}(k)=\frac{\boldsymbol{R}_0^{-1}(k-1)\boldsymbol{\gamma}_{0,k}}{a+\boldsymbol{\gamma}_{0,k}^{\mathrm{H}}\boldsymbol{R}_0^{-1}(k-1)\boldsymbol{\gamma}_{0,k}} \tag{4.83}$$

4.3.3 l_1-SMI-STAP

式（4.66）中的$L(\boldsymbol{w},\lambda,\kappa)$是凸函数但不是处处可导，因此不能直接通过求导方式获得解析表达式，这里采用一个近似方法实现该目标。将l_1范数约束写为以下形式：

$$\| \boldsymbol{w} \|_1 \approx \boldsymbol{w}^{\mathrm{H}} \boldsymbol{\Xi} \boldsymbol{w} \tag{4.84}$$

式中

$$\boldsymbol{\Xi} = \mathrm{diag}\left(\frac{1}{|w_1| + \varepsilon}, \frac{1}{|w_2| + \varepsilon}, \cdots, \frac{1}{|w_{MN}| + \varepsilon} \right) \tag{4.85}$$

式中，$w_i, i = 1, 2, \cdots, MN$ 为空时滤波器的权值；ε 是一个很小的正数，其作用是防止 $\boldsymbol{\Xi}$ 的对角线元素分母为 0，通常取 0.01[10]。若假设对角矩阵 $\boldsymbol{\Xi}$ 是一个固定项，则 $\boldsymbol{w}^{\mathrm{H}} \boldsymbol{\Xi} \boldsymbol{w}$ 可以视为一个二次项，即

$$\frac{\partial \| \boldsymbol{w} \|_1}{\partial \boldsymbol{w}^*} \approx \frac{\partial \boldsymbol{w}^{\mathrm{H}} \boldsymbol{\Xi} \boldsymbol{w}}{\partial \boldsymbol{w}^*} \approx \boldsymbol{\Xi} \boldsymbol{w} \tag{4.86}$$

分别对 $L(\boldsymbol{w}, \lambda, \kappa)$ 求取关于 $\boldsymbol{w}$ 和拉格朗日系数 λ 的偏导，有

$$\frac{\partial L(\boldsymbol{w}, \lambda, \kappa)}{\partial \boldsymbol{w}^*} = \boldsymbol{R}\boldsymbol{w} + \kappa \boldsymbol{\Xi} \boldsymbol{w} + \lambda \boldsymbol{v}_t \tag{4.87}$$

$$\frac{\partial L(\boldsymbol{w}, \lambda, \kappa)}{\partial \lambda} = \boldsymbol{w}^{\mathrm{H}} \boldsymbol{v}_t - 1 \tag{4.88}$$

令式（4.87）和式（4.88）等于零，可得

$$\boldsymbol{w} = \frac{(\boldsymbol{R} + \kappa \boldsymbol{\Xi})^{-1} \boldsymbol{v}_t}{\boldsymbol{v}_t^{\mathrm{H}} (\boldsymbol{R} + \kappa \boldsymbol{\Xi})^{-1} \boldsymbol{v}_t} \tag{4.89}$$

式中，$\kappa \boldsymbol{\Xi}$ 是由 l_1 范数约束引入的，可通过调节 κ 实现对滤波器稀疏性和输出信混比上限的折中。κ 越大，滤波器的稀疏性更强，对辅助数据的需求量更低，但其输出信混比的上限值更小。

注意到 $\boldsymbol{\Xi}$ 的表达式中含有权向量，可采用 4.3.2 小节类似的迭代方法来计算 $\boldsymbol{w}$，具体表达式为

$$\boldsymbol{\Xi}(k) = \mathrm{diag}\left(\frac{1}{|w_1(k-1)| + \varepsilon}, \frac{1}{|w_2(k-1)| + \varepsilon}, \cdots, \frac{1}{|w_{MN}(k-1)| + \varepsilon} \right) \tag{4.90}$$

结合式（4.89）和式（4.90），可得 l_1-SMI-STAP 的权向量为

$$\boldsymbol{w}(k) = \frac{\left[\boldsymbol{R} + \kappa \boldsymbol{\Xi}(k-1) \right]^{-1} \boldsymbol{v}_t}{\boldsymbol{v}_t^{\mathrm{H}} \left[\boldsymbol{R} + \kappa \boldsymbol{\Xi}(k-1) \right]^{-1} \boldsymbol{v}_t} \tag{4.91}$$

4.3.4　性能分析

本小节通过仿真实验分析 l_1-SMI-STAP 和 l_1-RLS-STAP 的性能，并与 SMI-STAP 进行对比。仿真中假设主动声呐采用正侧视工作方式，$v_s = -0.2$，其余参数设置同 4.1.3 小节。

首先分析 κ 值带来的影响，l_1-SMI-STAP 和 l_1-RLS-STAP 在不同 κ 值时的信混比曲线如图 4.8 和图 4.9 所示，κ 的取值为 0.01、0.1、1、10 和 100，且 $K = MN$。由图可以看出，l_1-SMI-STAP 在 $\kappa = 0.1$ 和 1 时性能较好，当 κ 进一步增大时，其性能逐渐变差；l_1-RLS-STAP 在 $\kappa = 0.01, 0.1, 1$ 时的性能较好且十分接近，同样地，κ 值越大，l_1-RLS-STAP 的性能也越差。由于 $\kappa = 1$ 时两种 STAP 方法均可获得不错的性能，因此在后续中分析选取 $\kappa = 1$ 作为稀疏约束参数。

进一步分析辅助数据长度的影响，图 4.10 和图 4.11 分别给出 $K = 1.5MN$ 和 $K = MN$ 时 l_1-SMI-STAP、l_1-RLS-STAP 和 SMI-STAP 的输出信混比曲线。对比两图可以看出，随着 K 值的减小，权值稀疏 STAP 的性能衰减要远小于 SMI-STAP，说明对滤波器的权值进行稀疏约束是一种提升滤波稳健性的手段。

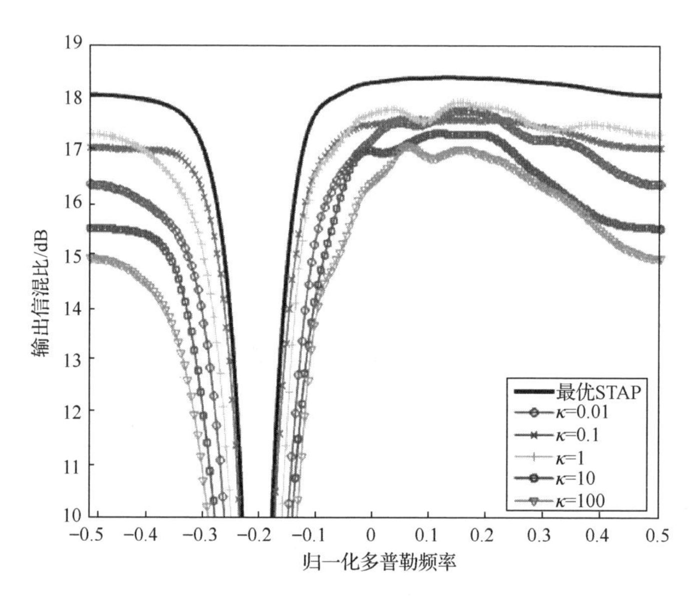

图 4.8　不同 κ 值时 l_1-SMI-STAP 的输出信混比曲线

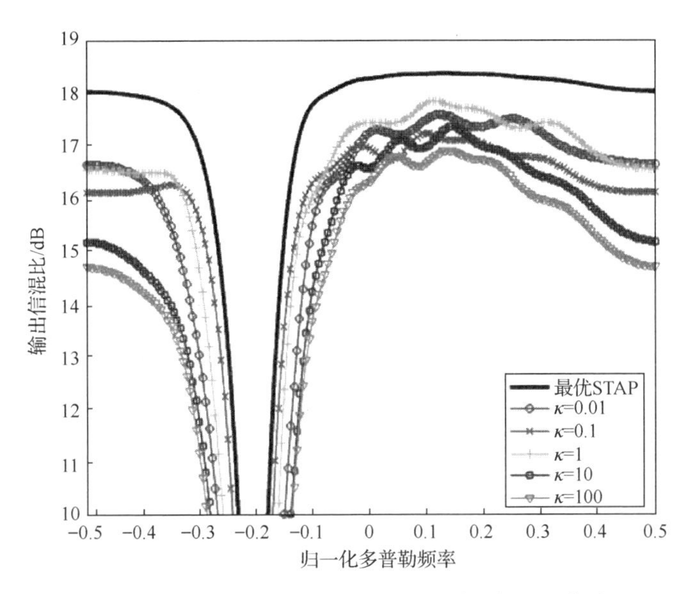

图 4.9　不同 κ 值时 l_1-RLS-STAP 的输出信混比曲线

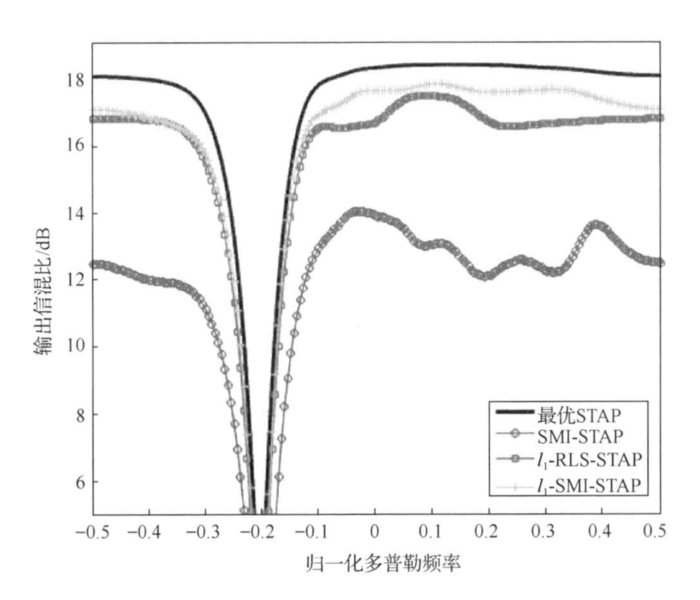

图 4.10　$K = 1.5MN$ 时权值稀疏 STAP 的输出信混比曲线

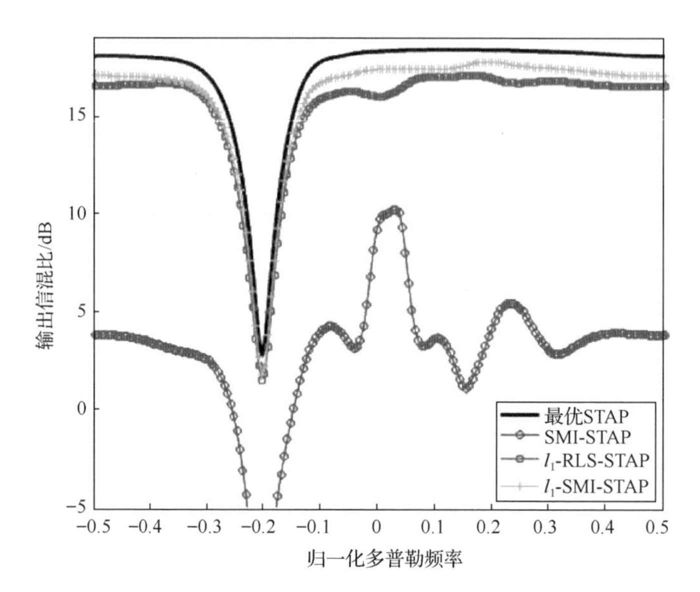

图 4.11　$K = MN$ 时权值稀疏 STAP 的输出信混比曲线

参 考 文 献

[1] Melvin W L. A STAP overview[J]. IEEE Aerospace and Electronic Systems Magazine, 2004, 19(1): 19-35.

[2] Guerci J R. Space-time adaptive processing for radar[M]. Boston, London: Artech House, 2003.

[3] 王永良, 彭应宁. 空时自适应信号处理[M]. 北京: 清华大学出版社, 2000.

[4] Tong Y L, Wang T, Wu J X. Improving EFA-STAP performance using persymmetric covariance matrix estimation[J]. IEEE Transactions on Aerospace and Electronic Systems, 2015, 51(2): 924-936.

[5] 王莎, 施博, 郝程鹏. 基于斜对称阵列的水下单脉冲降维空时自适应处理[J]. 水下无人系统学报, 2020, 28(2): 168-173.

[6] Sun K, Meng H D, Wang Y L, et al. Direct data domain STAP using sparse representation of clutter spectrum[J]. Signal Processing, 2011, 91(9): 2222-2236.

[7] Yang Z C, Li X, Wang H Q, et al. Knowledge-aided STAP with sparse-recovery by exploiting spatio-temporal sparsity[J]. IET Signal Processing, 2016, 10(2): 150-161.

[8] Wu Q S, Zhang Y D, Amin M G, et al. Space-time adaptive processing and motion parameter estimation in multistatic passive radar using sparse bayesian learning[J]. IEEE Transactions on Geoscience and Remote Sensing, 2015, 54(2): 944-957.

[9] 阳召成. 基于稀疏性的空时自适应处理理论和方法[D]. 长沙: 国防科学技术大学, 2013.

[10] Yang Z C, de Lamare R C, Li X. L1-regularized STAP algorithms with a generalized sidelobe canceler architecture for airborne radar[J]. IEEE Transactions on Signal Processing, 2011, 60(2): 674-686.

[11] Ginolhac G, Forster P, Pascal F, et al. Exploiting persymmetry for low-rank space time adaptive processing[J]. Signal Processing, 2014, 97: 242-251.

[12] Nitzberg R. Application of maximum likelihood estimation of persymmetric covariance matrices to adaptive processing[J]. IEEE Transactions on Aerospace and Electronic Systems, 1980, AES-16(1): 124-127.

[13] Cai L, Wang H. A persymmetric multiband GLR algorithm[J]. IEEE Transactions on Aerospace and Electronic Systems, 1992, 28(3): 806-816.

[14] Pailloux G, Forster P, Ovarlez J P, et al. Persymmetric adaptive radar detectors[J]. IEEE Transactions on Aerospace and Electronic Systems, 2011, 47(4): 2376-2390.

[15] Wang P, Sahinoglu Z, Pun M O, et al. Persymmetric parametric adaptive matched filter for multichannel adaptive signal detection[J]. IEEE Transactions on Signal Processing, 2012, 60(6): 3322-3328.

[16] 茆诗松, 王静龙, 濮晓龙. 高等数理统计[M]. 2 版. 北京: 高等教育出版社, 2006.

[17] 寇思玮, 冯西安, 黄辉, 等. 一种基于混响干扰稀疏重构的 STAP 方法[J]. 西北工业大学学报, 2020, 38(6): 1179-1187.

[18] Yang Z C, Li X, Wang H Q, et al. Adaptive clutter suppression based on iterative adaptive approach for airborne radar[J]. Signal Processing, 2013, 93(12): 3567-3577.

[19] Zhang Y X, Chen S J, Hao C P. A novel adaptive reverberation suppression method for moving active sonar[C]//2021 OES China Ocean Acoustics(COA), 2021: 831-835.

[20] 张宇轩, 金禹希, 陈世进, 等. 一种利用双先验知识的稳健 STAP 算法[J]. 信号处理, 2022, 38(7): 1367-1379.

[21] 何团. 基于稀疏恢复的 MIMO 雷达空时自适应处理方法研究[D]. 长沙：国防科学技术大学，2019.

[22] Tylavsky D J, Sohie G L. Generalization of the matrix inversion lemma[J]. Proceedings of the IEEE, 1986, 74(7): 1050-1052.

[23] Stoica P, Babu P, Li J. SPICE: a sparse covariance-based estimation method for array processing[J]. IEEE Transactions on Signal Processing, 2010, 59(2): 629-638.

[24] Tan X, Roberts W, Li J, et al. Sparse learning via iterative minimization with application to MIMO radar imaging[J]. IEEE Transactions on Signal Processing, 2010, 59(3): 1088-1101.

[25] Stoica P, Selen Y. Model-order selection[J]. IEEE Signal Processing Magazine, 2004, 21(4): 36-47.

[26] Donoho D L. Compressed sensing[J]. IEEE Transactions on Information Theory, 2006, 52(4): 1289-1306.

[27] Chartrand R. Exact reconstruction of sparse signals via nonconvex minimization[J]. IEEE Signal Processing Letters, 2007, 14(10): 707-710.

[28] Dai X X, Xia W, He W L. l_q sparsity penalized STAP algorithm with sidelobe canceler architecture for airborne radar[J]. IEICE TRANSACTIONS on Fundamentals of Electronics, Communications and Computer Sciences, 2017, 100(2): 729-732.

[29] Angelosante D, Bazerque J, Giannakis G B. Online adaptive estimation of sparse signals: where RLS meets the l_1 norm[J]. IEEE Transactions on Signal Processing, 2010, 58(7): 3436-3447.

第 5 章　多输入多输出声呐 STAP

多输入多输出（MIMO）声呐是一种新概念声呐[1]，相比于 SIMO 声呐，它具有更灵活的发射波形设计、更大的系统空时维度以及更高的空间分辨率等优势[2-4]，日益受到水声工作者的重视[5-10]。本章重点关注密集式 MIMO 声呐，阐述其基本概念并构建空时信号模型，进一步提出单脉冲 MIMO-STAP 方法，最后利用阵列斜对称特性和混响谱稀疏性来降低 MIMO-STAP 对辅助数据的需求量。

分布式 MIMO 声呐与双/多基地声呐在概念上有一定的交叠[11-13]，详见第 6 章的相关介绍。为了叙述的简洁性，本章后续一般将密集式 MIMO 声呐简称为 MIMO 声呐。

5.1　基 本 概 念

本节介绍三个对 MIMO 声呐比较重要的概念，即空域维度、虚拟孔径和角度分辨率[14]。

5.1.1　空域维度

密集式 MIMO 声呐具有空间分集增益，其空域维度定义为信道矩阵中不同元素的数量。下面以一个具有 N_t 个发射阵元和 N_r 个接收阵元的 MIMO 声呐为例，给出其空域维度的计算方法。

假设发射信号为窄带信号，在阵列远场处存在一个目标，则目标位置处的接收信号可以表示为

$$r(k)=\sum_{i=1}^{N_t}s_i(k)\mathrm{e}^{-\mathrm{j}2\pi f_0\tau_i(\phi)}=\boldsymbol{a}_t^{\mathrm{H}}(\phi)\boldsymbol{s}(k) \tag{5.1}$$

式中，ϕ 为目标相对于发射阵列和接收阵列的方位角；$s_i(k)$ 为第 i 个发射阵元的发射信号；$\tau_i(\phi)$ 为第 i 个发射信号传播到目标处所经历的时延；$\boldsymbol{a}_t(\phi)=\left[\mathrm{e}^{\mathrm{j}2\pi f_0\tau_1(\phi)}\quad \mathrm{e}^{\mathrm{j}2\pi f_0\tau_2(\phi)}\quad \cdots\quad \mathrm{e}^{\mathrm{j}2\pi f_0\tau_{N_t}(\phi)}\right]^{\mathrm{T}}$ 为发射阵列导向向量；$\boldsymbol{s}(k)=\left[s_1(k)\quad s_2(k)\quad \cdots\quad s_{N_t}(k)\right]^{\mathrm{T}}$ 是由发射信号在 k 时刻采样样本组成的向量。

若记 α 为目标回波复幅度，$\tilde{\tau}_i(\phi)$ 为目标回波传播至第 i 个接收阵元所经历的时延，则 MIMO 声呐的接收信号为

$$\boldsymbol{x}(k)=\alpha\boldsymbol{a}_r(\phi)\boldsymbol{a}_t^{\mathrm{H}}(\phi)\boldsymbol{s}(k)+\boldsymbol{n}(k) \tag{5.2}$$

式中，$\boldsymbol{a}_r(\phi)=\begin{bmatrix}\mathrm{e}^{\mathrm{j}2\pi f_0\tilde{\tau}_1(\phi)} & \mathrm{e}^{\mathrm{j}2\pi f_0\tilde{\tau}_2(\phi)} & \cdots & \mathrm{e}^{\mathrm{j}2\pi f_0\tilde{\tau}_{N_r}(\phi)}\end{bmatrix}^{\mathrm{T}}$ 为接收阵列导向向量；$\boldsymbol{n}(k)$ 为 k 时刻的混响。更一般地，可以将式（5.2）简写为

$$\boldsymbol{X}=\boldsymbol{H}\boldsymbol{S}+\boldsymbol{N} \tag{5.3}$$

式中，$\boldsymbol{H}=\alpha\boldsymbol{a}_r(\phi)\boldsymbol{a}_t^{\mathrm{H}}(\phi)$ 为信道矩阵，由发射阵列和接收阵列的阵元个数和位置确定；$\boldsymbol{S}=\begin{bmatrix}\boldsymbol{s}(1) & \boldsymbol{s}(2) & \cdots & \boldsymbol{s}(K)\end{bmatrix}$ 为发射信号矩阵；$\boldsymbol{X}=\begin{bmatrix}\boldsymbol{x}(1) & \boldsymbol{x}(2) & \cdots & \boldsymbol{x}(K)\end{bmatrix}$ 为接收信号矩阵；$\boldsymbol{N}=\begin{bmatrix}\boldsymbol{n}(1) & \boldsymbol{n}(2) & \cdots & \boldsymbol{n}(K)\end{bmatrix}$ 为混响矩阵。

考虑一种常见的 MIMO 声呐布阵方式，发射阵列和接收阵列合置，阵元数为 N，即 $N_t=N_r=N$。由于收发阵元位置相同，第 i 个发射信号到达第 j 个接收阵元的相位与第 j 个发射信号到达第 i 个接收阵元的相位相等，在 $\boldsymbol{H}$ 中的具体体现为 $\boldsymbol{H}_{ij}=\boldsymbol{H}_{ji}$，其中 $\boldsymbol{H}_{ij}$ 表示矩阵 $\boldsymbol{H}$ 的第 i 行、第 j 列元素，所以 $\boldsymbol{H}$ 是对称矩阵，所包含的不相同元素个数最多为 $N(N+1)/2$，意味着空域维度上限为 $N(N+1)/2$。对于具有 N 个接收阵元的 SIMO 声呐，其空域维度仅为 N，远小于 $N(N+1)/2$，以上分析结果如表 5.1 所示。

表 5.1 收发合置 MIMO 声呐和 SIMO 声呐的空域维度对比

系统类型	最大空域维度
SIMO 声呐	N
收发合置 MIMO 声呐	$N(N+1)/2$

MIMO 声呐的空域维度和虚拟孔径直接相关，是衡量其空域滤波能力的一个重要技术指标，具体分析详见 5.1.2 小节。

5.1.2 虚拟孔径

MIMO 声呐的虚拟孔径概念由文献[15]提出，其定义是由不同收发阵元等价得到的虚拟阵元所形成的孔径。在远场中，虚拟阵元的坐标等于一对实际的收发阵元坐标之和。利用虚拟孔径可将 MIMO 声呐等价为一个具有更大阵列孔径的 SIMO 声呐，将为 MIMO 声呐的性能分析带来诸多便利。

不失一般性，假设 MIMO 声呐的收发阵列均采用均匀线阵，两个阵列具有相同的相位中心，半波长布阵且阵元间距为d。基于上述假设，信道矩阵$\boldsymbol{H}$可以表示为

$$\begin{aligned}\boldsymbol{H}&=\boldsymbol{a}_r(\phi)\boldsymbol{a}_t^{\mathrm{H}}(\phi)\\&=\alpha\begin{bmatrix}1 & \mathrm{e}^{\mathrm{j}\pi\sin\phi} & \cdots & \mathrm{e}^{\mathrm{j}\pi(N_t-1)\sin\phi}\\ \mathrm{e}^{\mathrm{j}\pi\sin\phi} & \mathrm{e}^{\mathrm{j}2\pi\sin\phi} & \cdots & \mathrm{e}^{\mathrm{j}\pi N_t\sin\phi}\\ \vdots & \vdots & & \vdots\\ \mathrm{e}^{\mathrm{j}\pi(N_r-1)\sin\phi} & \mathrm{e}^{\mathrm{j}\pi N_r\sin\phi} & \cdots & \mathrm{e}^{\mathrm{j}\pi(N_r+N_t-2)\sin\phi}\end{bmatrix}\end{aligned}\tag{5.4}$$

由式（5.4）可以看出，MIMO 声呐的最大相位偏移为$\pi(N_r+N_t-2)\sin\phi$，远大于 SIMO 声呐的$\pi(N_r-1)\sin\phi$。由于收发阵列均为半波长布阵的均匀线阵，所以$\boldsymbol{H}$中各元素之间的相位差为$\pi\sin\phi$整数倍。进一步利用阵元位置与相位差之间的对应关系，可将 MIMO 阵列等效为一个 SIMO 阵列。具体等效规则如下：

（1）将$\boldsymbol{H}_{11}$作为阵列的相位中心，记为 1 号虚拟阵元，其坐标位置为d。

（2）将$\boldsymbol{H}_{ij}$作为$(i+j-1)$号虚拟阵元，对应的坐标位置为$(i+j-1)d$。

根据以上规则，可将$\boldsymbol{H}$中的所有元素均等效为虚拟阵元，得到一个阵元数为N_r+N_t-1、阵元位置为$\{d,2d,3d,\cdots,(N_r+N_t-1)d\}$的 SIMO 阵列，等效示意图如图 5.1 所示，图中$\min\{N_r,N_t\}$表示求N_r和N_t的最小值。由图 5.1 可以直观看出：等效 SIMO 阵列的虚拟孔径为$(N_r+N_t-2)d$，远大于实际孔径（$N_r-1)d$。另外，各虚拟阵元存在权值，相当于对等效 SIMO 阵列施加了一个窗函数，当$N_r=N_t$时为三角窗，当$N_r\neq N_t$时为梯形窗。

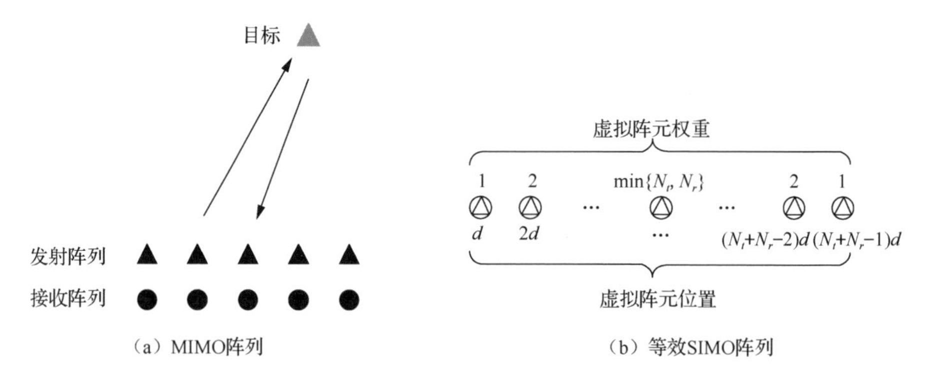

图 5.1　MIMO 阵列和等效 SIMO 阵列示意图

进一步利用式（5.4），可得 MIMO 声呐的空域维度为$(N_r + N_t - 1)$，与虚拟阵元个数相同，这是因为二者所关注的对象是相同的，即 $\boldsymbol{H}$ 中不同元素的个数。该结果说明，MIMO 声呐的虚拟阵元个数可由其空域维度确定，该值越大，可获取的虚拟阵元数越多。根据表 5.1 结果，对于阵元数为 N 的收发合置 MIMO 声呐，其最大空域维度为 $N(N+1)/2$，因此虚拟阵元数最多为

$$L_{\max} = \frac{N(N+1)}{2} \tag{5.5}$$

对于非收发合置 MIMO 声呐，其信道矩阵不是对称矩阵，矩阵中的元素可能互不相同，因此虚拟阵元数最多为

$$L_{\max} = N_r N_t \tag{5.6}$$

注意到 $L_{\max} \gg N_r + N_t - 1$，这是收发阵列采用半波长布阵所导致的。具体来说，半波长布阵会使 $\boldsymbol{H}$ 中存在一些相同的元素，这些元素均对应同一个虚拟阵元，因此产生了冗余阵元。近年来的研究结果表明，通过对阵元位置进行优化可以避免冗余阵元的产生，达到以较少的阵元重建较大虚拟孔径的目的，这一思路激发了稀疏阵列研究的热潮[16-19]。

下面来看一个实例，若 MIMO 声呐的收发阵列均采用如下稀疏形式：

$$\{1,1,0,1,1\} \tag{5.7}$$

式中，1 表示在对应位置上存在阵元；0 表示在对应位置上不存在阵元。则该 MIMO 声呐的等效阵列为

$$\{1,2,1,2,4,2,1,2,1\} \tag{5.8}$$

式中，每个位置上的数字表示对位于该位置处的阵元所赋予的权值。式（5.8）表明，采用式（5.7）所示的稀疏布阵，仅用 4 个发射阵元和 4 个接收阵元就能实现一个虚拟阵元数为 9 的 MIMO 声呐。如果使用常规的等间距布阵，相同收发阵元数可获得的虚拟阵元数仅为 7。对于稀疏阵列设计问题，本书不展开介绍，感兴趣的读者可查阅文献[16]～[19]等相关资料。

5.1.3　角度分辨率

MIMO 声呐的角度分辨率与其虚拟孔径直接相关，二者之间的关系可由波束图表达式给出。为此，将 MIMO 声呐的空域导向向量定义为如下形式：

$$\boldsymbol{a}_{\mathrm{MIMO}}(\phi) = \boldsymbol{a}_r(\phi) \otimes \boldsymbol{a}_t(\phi) \tag{5.9}$$

该导向向量为信道矩阵的向量化，则 MIMO 声呐的波束图可以表示为

$$B_{\mathrm{MIMO}}(\phi;\phi_0)=\boldsymbol{a}_{\mathrm{MIMO}}^{\mathrm{H}}(\phi)\boldsymbol{a}_{\mathrm{MIMO}}(\phi_0)=\mathrm{e}^{-\mathrm{j}(N_r+N_t-2)\varphi(\phi;\phi_0)}\frac{\sin\left[N_r\varphi(\phi;\phi_0)\right]\sin\left[N_t\varphi(\phi;\phi_0)\right]}{\sin^2\left[\varphi(\phi;\phi_0)\right]} \tag{5.10}$$

式中，$\varphi(\phi;\phi_0)=\pi(\sin\phi-\sin\phi_0)/2$，$\phi_0$ 为波束指向角度。

容易得出，具有等接收阵元数的 SIMO 声呐波束图为

$$B_{\mathrm{SIMO}}(\phi;\phi_0)=\boldsymbol{a}_r^{\mathrm{H}}(\phi)\boldsymbol{a}_r(\phi_0)=\mathrm{e}^{-\mathrm{j}(N_r-1)\varphi(\phi;\phi_0)}\frac{\sin\left[N_r\varphi(\phi;\phi_0)\right]}{\sin\left[\varphi(\phi;\phi_0)\right]} \tag{5.11}$$

比较式（5.10）和式（5.11）可以看出，当 $N_r=N_t$ 时，MIMO 声呐和 SIMO 声呐的波束图是平方关系。

下面来看一个实例，对于 MIMO 声呐，$N_t=9$，$N_r=9$；对于 SIMO 声呐，$N_t=1$，$N_r=9$。根据式（5.10）和式（5.11）可以计算出两个阵列对应的波束图，如图 5.2 所示。由图可以看出，MIMO 声呐波束图的主瓣更窄且旁瓣更低，相应地，角度分辨率更高。

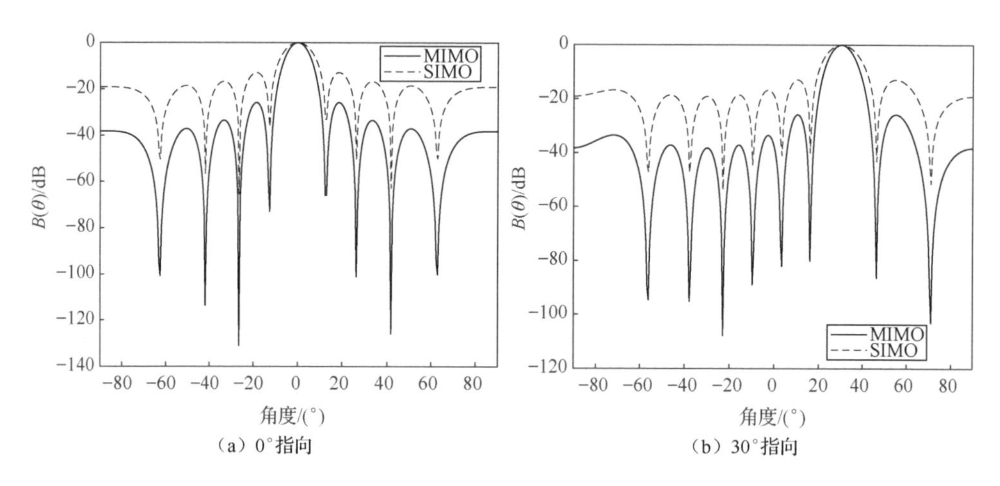

（a）0°指向　　（b）30°指向

图 5.2　MIMO 声呐和 SIMO 声呐的波束图对比

5.2　MIMO 声呐空时模型

本节构建 MIMO 声呐的空时模型，并对混响特征谱进行分析。

5.2.1　接收信号空时模型

考虑一个如图 5.3 所示的典型 MIMO 声呐，收发阵列共址且均为均匀线阵，采用正侧视工作方式。图中，v 为声呐运动速度，d_t 和 d_r 分别为发射阵元和接收阵元间距，ϕ_t 为目标方位角，v_t 为目标径向速度，MF 表示匹配滤波。

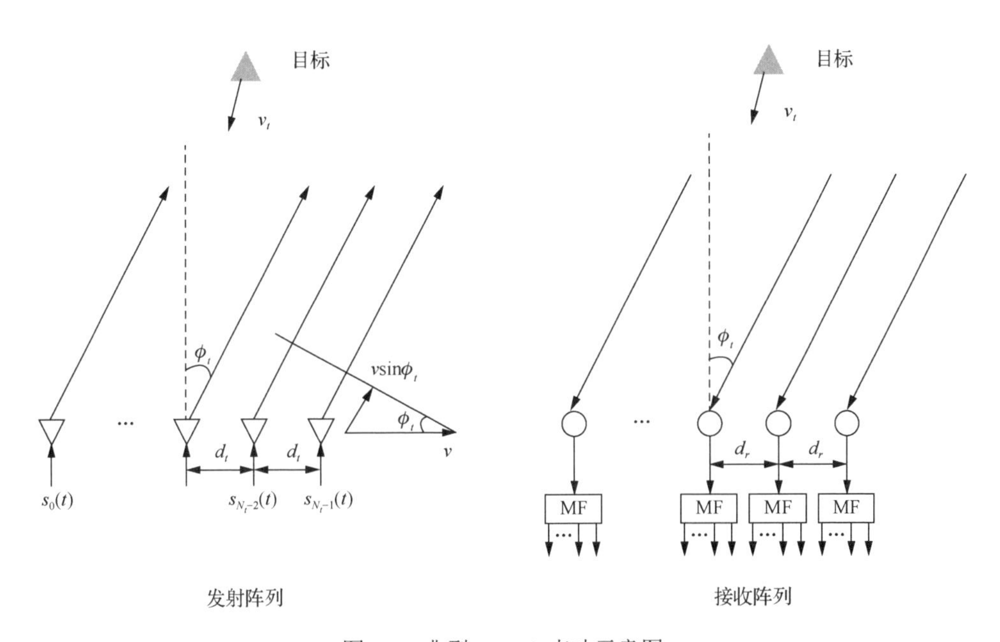

图 5.3　典型 MIMO 声呐示意图

第 n_t 个发射阵元所发射的脉冲信号为

$$s_{n_t}(t)=S_{n_t}(t)\mathrm{e}^{\mathrm{j}2\pi f_0 t},\quad n_t=0,1,\cdots,N_t-1 \tag{5.12}$$

式中，$S_{n_t}(t)$ 为第 n_t 个阵元所发射的基带正交信号，其表达式为

$$S_{n_t}(t)=\sum_{m=0}^{M-1}s_{n_t,m}(t-mT_s) \tag{5.13}$$

式中，$T_s = T_t / M$ 为 $s_{n_t,m}(t)$ 的持续时间，其中，T_t 为脉冲持续时间，M 为时域维度。注意到 $s_{n_t,m}(t)$ 满足：

$$\int_0^{T_s} s_{a,u}(t) s_{b,w}(t) \mathrm{d}t = \delta_{ab}\delta_{uw}, \quad a,b = 0,1,\cdots,N_t - 1, \quad u,w = 0,1,\cdots,M-1 \tag{5.14}$$

其中，δ 表示狄拉克函数。假设目标位于远场区域，第 n_t 个阵元的发射信号经目标反射后，到达第 n_r 个阵元时的接收信号为

$$r_{n_t,n_r}(t) = \alpha S_{n_t}(t-\tau)\mathrm{e}^{\mathrm{j}2\pi(f_0+f_d)(t-\tau)}, \quad n_r = 0,1,\cdots,N_r - 1 \tag{5.15}$$

式中，$\tau = \tau_0 + \tau_{n_t} + \tau_{n_r}$ 是接收信号的总时延，其中，τ_0 是目标回波的往返时延，τ_{n_t} 和 τ_{n_r} 分别是第 n_t 个阵元和第 n_r 个阵元相对于阵列参考阵元的时延，具体如下：

$$\tau_0 = \frac{2R}{c}, \quad \tau_{n_t} = -\frac{n_t d_t}{c}\sin\phi, \quad \tau_{n_r} = -\frac{n_r d_r}{c}\sin\phi \tag{5.16}$$

在接收端将各阵元的接收信号解调至基带，则第 n_r 个阵元的接收信号为

$$r_{n_r}(t) = \alpha \sum_{i=0}^{N_t-1} S_i(t-\tau_0)\mathrm{e}^{\mathrm{j}2\pi\varpi(id_t + n_r d_r)\frac{\sin\phi}{\lambda}}\mathrm{e}^{\mathrm{j}2\pi f_d t} \tag{5.17}$$

进一步将 $r_{n_r}(t)$ 进行预处理，得到可用的空时快拍数据，如图 5.4 所示。预处理包含以下三个步骤：

（1）对每个阵元的基带信号进行匹配滤波处理。

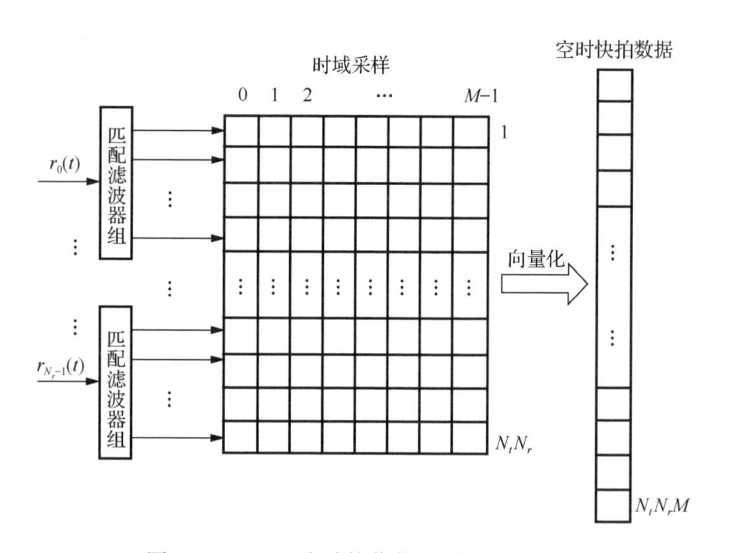

图 5.4　MIMO 声呐接收信号预处理示意图

（2）对匹配滤波输出进行峰值采样，得到离散化回波数据。假设目标出现在距离 $R=\dfrac{c\tau_0}{2}$ 处，根据式（5.13）和式（5.14）可得峰值采样时刻 $t_m=\tau_0+mT_p$，对应的时域采样点数为 M。

（3）将采样结果组成 $N_rN_t\times M$ 的数据矩阵，该矩阵可进一步向量化，得到 $N_rN_tM\times 1$ 的空时快拍数据。

经上述（1）、（2）步预处理操作 $r_{n_r}(t)$ 变为

$$
\begin{aligned}
x_{n_rqm} &= \int r_{n_r}\left(\tau_0+mT_s-t\right)s_{qm}^{*}(t)\mathrm{d}t \\
&\approx \alpha \mathrm{e}^{\mathrm{j}2\pi\varpi\left(qd_t+n_rd_r\right)\frac{\sin\phi}{\lambda}}\mathrm{e}^{\mathrm{j}2\pi mf_dT_s}
\end{aligned}
\tag{5.18}
$$

式中，$q=0,1,\cdots,N_t-1$，表示匹配滤波器组的通道数。

由式（5.18）的采样结果可组成如下空时快拍：

$$
\boldsymbol{x}=\begin{bmatrix} x_{000} & \cdots & x_{n_rqm} & \cdots & x_{(N_r-1)(N_t-1)(M-1)} \end{bmatrix}^{\mathrm{T}}=\alpha\boldsymbol{v}_{\mathrm{MIMO}}\left(v_s,v_d\right) \tag{5.19}
$$

式中，$\boldsymbol{v}_{\mathrm{MIMO}}\left(v_s,v_d\right)$ 为目标空时导向向量，$v_s=\dfrac{d_r}{\lambda}$ 为目标归一化空间频率，$v_d=f_d/f_s$ 为目标归一化多普勒频率。$\boldsymbol{v}_{\mathrm{MIMO}}\left(v_s,v_d\right)$ 的表达式为[20]

$$
\boldsymbol{v}_{\mathrm{MIMO}}\left(v_s,v_d\right)=\boldsymbol{b}\left(v_d\right)\otimes\boldsymbol{a}_r\left(v_s\right)\otimes\boldsymbol{a}_t\left(v_s\right) \tag{5.20}
$$

式中，$\boldsymbol{a}_r\left(v_s\right)=\begin{bmatrix}1 & \mathrm{e}^{\mathrm{j}2\pi\varpi v_s} & \cdots & \mathrm{e}^{\mathrm{j}2\pi\varpi(N_r-1)v_s}\end{bmatrix}^{\mathrm{T}}$ 和 $\boldsymbol{a}_t\left(v_s\right)=\begin{bmatrix}1 & \mathrm{e}^{\mathrm{j}2\pi\gamma\varpi v_s} & \cdots & \mathrm{e}^{\mathrm{j}2\pi\gamma\varpi(N_t-1)v_s}\end{bmatrix}^{\mathrm{T}}$ 分别为接收阵列导向向量和发射阵列导向向量，其中 $\gamma=\dfrac{d_t}{d_r}$ 为发射阵元与接收阵元间距比；$\boldsymbol{b}\left(v_d\right)=\begin{bmatrix}1 & \mathrm{e}^{\mathrm{j}2\pi v_d} & \cdots & \mathrm{e}^{\mathrm{j}2\pi(M-1)v_d}\end{bmatrix}^{\mathrm{T}}$ 为目标时域导向向量。注意到 $\boldsymbol{a}_r\left(v_s\right)$ 和 $\boldsymbol{a}_t\left(v_s\right)$ 均包含空时交叉项，其原因与 2.1.2 小节相同，可使 MIMO 声呐避免因目标空时导向向量与实际回波信号失配带来的不利影响。

5.2.2　混响空时模型

本小节在前述空时信号模型基础上，推导混响空时协方差矩阵的表达式。根据图 2.7 所示的混响单元散射模型，第 n_c 个混响块回波的多普勒频率可以写为

$$f_{d,n_c}=\frac{2v\sin\phi_{n_c}}{\lambda} \tag{5.21}$$

对应的归一化空间频率和归一化多普勒频率分别为

$$v_{s,n_c}=\frac{d_r}{\lambda}\sin\phi_{n_c},\quad v_{d,n_c}=\frac{2v\sin\phi_{n_c}}{\lambda}T_s \tag{5.22}$$

此时同一距离环上的 v_{s,n_c} 和 v_{d,n_c} 存在如下空时耦合关系：

$$v_{d,n_c}=\zeta v_{s,n_c} \tag{5.23}$$

式中，$\zeta=\dfrac{2vT_s}{d_r}$，称为 MIMO 声呐的空时耦合系数。将式（5.23）代入式（5.20）可得该混响块回波的空时导向向量：

$$\boldsymbol{v}_{\text{MIMO}}\left(v_{s,n_c},v_{d,n_c}\right)=\begin{bmatrix}1 & \cdots & \mathrm{e}^{\mathrm{j}2\pi\left[\zeta(M-1)+\varpi(N_r+N_t-2)\right]v_{s,n_c}}\end{bmatrix}^{\mathrm{T}} \tag{5.24}$$

假设式（2.21）中第 n_c 个混响块回波时域振幅相等，即 $\alpha_{n_c,0}=\alpha_{n_c,1}=\cdots=\alpha_{n_c,M-1}$，$M$ 维振幅向量 $\boldsymbol{\alpha}_{n_c}$ 可简化为标量 α_{n_c}。因此，某一距离单元混响的表达式可以写为

$$\boldsymbol{x}_c=\sum_{n_c=1}^{N_c}\alpha_{n_c}\boldsymbol{v}_{\text{MIMO}}\left(v_{s,n_c},v_{d,n_c}\right) \tag{5.25}$$

相对应的混响空时协方差矩阵为

$$R=E\left[\boldsymbol{x}_c\boldsymbol{x}_c^{\mathrm{H}}\right]=\boldsymbol{VPV}=\sum_{i=1}^{N_c}\sigma_i^2\boldsymbol{v}_{\text{MIMO}}\left(v_{s,n_c},v_{d,n_c}\right)\boldsymbol{v}_{\text{MIMO}}^{\mathrm{H}}\left(v_{s,n_c},v_{d,n_c}\right) \tag{5.26}$$

式中，$\boldsymbol{V}=\left[\boldsymbol{v}_{\text{MIMO}}\left(v_{s,1},v_{d,1}\right)\quad \boldsymbol{v}_{\text{MIMO}}\left(v_{s,2},v_{d,2}\right)\quad\cdots\quad \boldsymbol{v}_{\text{MIMO}}\left(v_{s,N_c},v_{d,N_c}\right)\right]$ 和 $\boldsymbol{P}=\operatorname{diag}\left(\sigma_1^2,\sigma_2^2,\cdots,\sigma_{N_c}^2\right)$，分别是混响块回波的空时导向向量矩阵和功率对角矩阵。

5.2.3　混响特征谱

对于 SIMO 声呐，其混响空时协方差矩阵通常具有较小的秩[21-22]，计算方法见式（2.32）。利用混响的低秩特性，STAP 可以在低维空间上对混响进行抑制，并改善算法复杂度和收敛性，这一结果仍然适用于 MIMO 声呐。

由式（5.26）可知，$\boldsymbol{R}$ 与 $\boldsymbol{V}$ 张成的空间相同，即

$$\operatorname{span}(\boldsymbol{R})=\operatorname{span}(\boldsymbol{V}) \tag{5.27}$$

因此 $\boldsymbol{R}$ 与 $\boldsymbol{V}$ 具有相同的秩。

注意到 $\boldsymbol{v}_{\mathrm{MIMO}}\left(v_{s,n_c},v_{d,n_c}\right)$ 可近似看作由 $\mathrm{e}^{\mathrm{j}2\pi v_{s,n_c}t}$ 在 $\left(n_r+\gamma n_t+\zeta m\right)$ 时刻采样值构成的一个 $N_tN_rM\times 1$ 的向量。首先考虑 γ 和 ζ 均为整数的情况，此时所有采样点位于下式集合中：

$$\left\{0,1,\cdots,N_r+\gamma\left(N_t-1\right)+\zeta\left(M-1\right)\right\} \tag{5.28}$$

若 $N_r+\gamma(N_t-1)+\zeta\left(M-1\right)\leqslant N_tN_rM$，则各采样点取值一定有重复的情况，此时矩阵 $\boldsymbol{V}$ 中的某些行向量是相同的，因此 $\operatorname{Rank}\left(\boldsymbol{V}\right)\leqslant N_r+\gamma(N_t-1)+\zeta\left(M-1\right)$。

对于 γ 和 ζ 为实数的情况，此时将 Brennan 准则扩展至 MIMO 阵列有

$$\operatorname{Rank}\left(\boldsymbol{R}\right)\approx\left\lfloor N_r+\gamma\left(N_t-1\right)+\zeta\left(M-1\right)\right\rfloor \tag{5.29}$$

当 MIMO 声呐时域采样频率与 SIMO 声呐相同时，ζ 与 η 相等，对比式（2.32）和式（5.29）可知 MIMO 声呐的混响秩大于 SIMO 声呐，但这并不意味着 MIMO-STAP 的混响抑制能力一定弱于 SIMO 声呐。具体来说，对于 SIMO 声呐，其混响秩与空时协方差矩阵维度 N_rM 的比值为

$$\frac{N_r+\zeta\left(M-1\right)}{N_rM}=\frac{1}{M}+\frac{\zeta\left(M-1\right)}{N_rM} \tag{5.30}$$

对于 MIMO 声呐，$\gamma=N_r$ 时上述比值为

$$\frac{N_r+N_r\left(N_t-1\right)+\zeta\left(M-1\right)}{N_tN_rM}=\frac{1}{M}+\frac{\zeta\left(M-1\right)}{N_rN_tM}<\frac{1}{M}+\frac{\zeta\left(M-1\right)}{N_rM} \tag{5.31}$$

式（5.31）表明 MIMO 声呐的比值要小于 SIMO 声呐，暗示着 MIMO-STAP 将具有更好的混响抑制能力[21]。

下面我们来看一个混响特征谱实例，MIMO 声呐的相关参数设置为：$T_t=20\,\mathrm{ms}$，$T_s=2.5\,\mathrm{ms}$，$f_0=15\,\mathrm{kHz}$，$N_t=N_r=9$，$M=8$。图 5.5 中设置 $\zeta=1$，对比了不同 γ 值时的混响特征值；图 5.6 中设置 $\gamma=1$，对比了不同 ζ 值时的混响特征值。从图中可以看出，当 γ 和 ζ 值增大时，混响特征值及混响秩也增大，这一结果与式（5.29）相吻合。

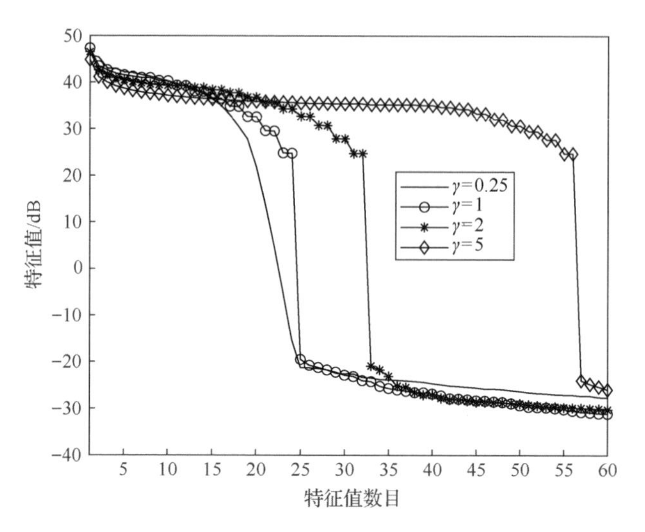

图 5.5　不同 γ 值时的混响特征值

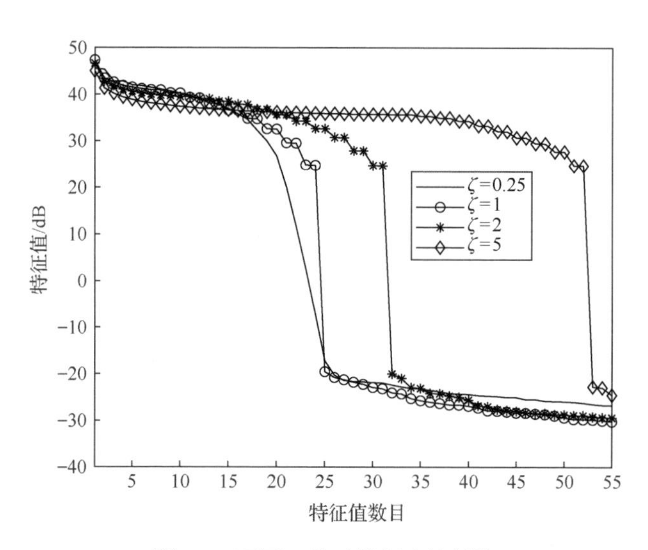

图 5.6　不同 ζ 值时的混响特征值

5.3　MIMO-STAP 方法

MIMO-STAP 的权向量的表达式为

$$\boldsymbol{w}=\frac{\boldsymbol{R}^{-1}\boldsymbol{v}_{\mathrm{MIMO}}\left(v_s,v_d\right)}{\boldsymbol{v}_{\mathrm{MIMO}}^{\mathrm{H}}\left(v_s,v_d\right)\boldsymbol{R}^{-1}\boldsymbol{v}_{\mathrm{MIMO}}\left(v_s,v_d\right)} \tag{5.32}$$

5.3.1 空时二维谱

采用 $\boldsymbol{v}_{\text{MIMO}}\left(v_s,v_d\right)$ 替换式（2.51）中的 $\boldsymbol{v}\left(v_s,v_d\right)$，可得 MIMO 声呐的空时二维谱为

$$P\left(v_s,v_d\right)=20\log\left|\boldsymbol{w}^{\text{H}}\boldsymbol{v}_{\text{MIMO}}\left(v_s,v_d\right)\right| \tag{5.33}$$

理想情况下，式（5.33）所描述的空时二维谱会在混响中心位置产生零陷，而在期望的角度和多普勒位置保证目标信号无失真通过。

由式（5.33）可计算出 MIMO-STAP 空时二维谱，如图 5.7 所示，图 5.8 是其平面投影图。主要参数设置为：$N_t=N_r=9$，$M=8$，$T_t=20\,\text{ms}$，$T_s=2.5\,\text{ms}$，$f_0=15\,\text{kHz}$，$\gamma=\zeta=1$，$v_s=0$，$v_d=0.2$。由于声呐采用正侧视工作方式且 $\zeta=1$，混响将出现在归一化空时平面的对角线上。两图结果表明，空时二维谱的主瓣中心位置为 $v_s=0$ 和 $v_d=0.2$，与设定值完全吻合，可以保证目标信号无失真通过，并且在混响中心位置形成了很深的零陷。

图 5.9 和图 5.10 分别给出了 $v_d=0.2$ 和 $v_s=0$ 时空时二维谱的截面图。注意到由于 $\zeta=1$，混响在 $v_d=0.2$ 处对应的 $v_s=0.2$，在 $v_s=0$ 处对应的 $v_d=0$。图 5.9 显示在 $v_s=0.2$ 位置处形成了超过 −70dB 的零陷，图 5.10 表明在 $v_d=0$ 位置处形成了超过 −60dB 的零陷。这些结果说明 MIMO-STAP 准确地在混响位置形成零陷，可对混响进行有效抑制，同时保证期望位置处的目标信号无失真通过。

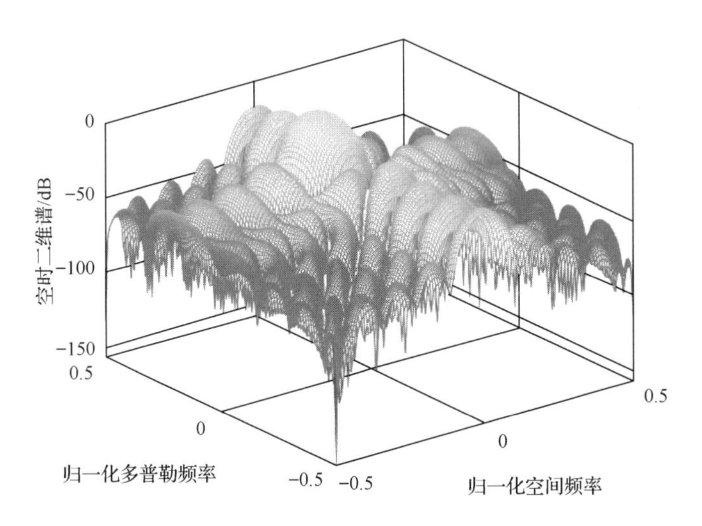

图 5.7 MIMO-STAP 空时二维谱（彩图附书后）

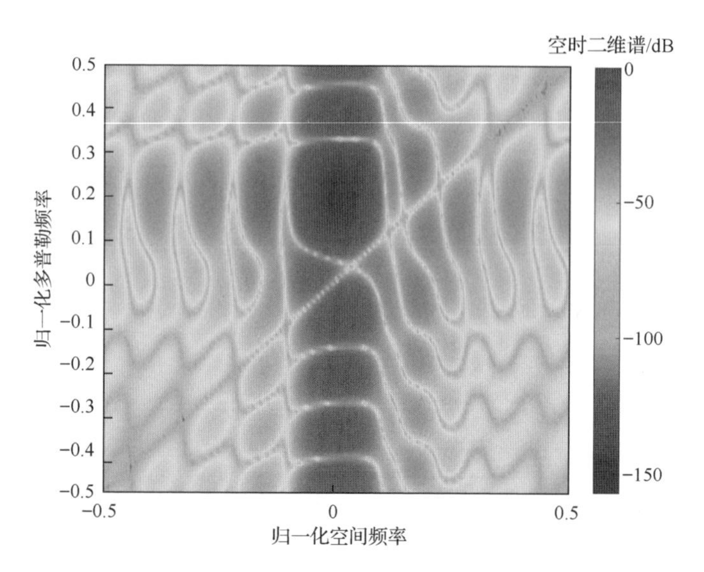

图 5.8　MIMO-STAP 空时二维谱的平面投影（彩图附书后）

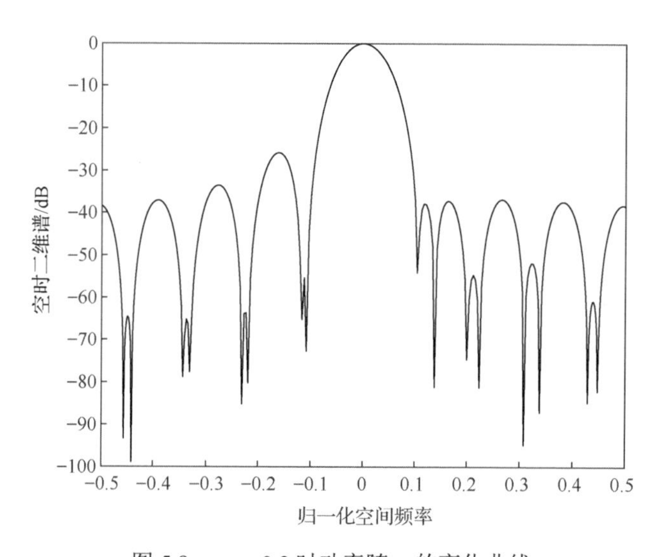

图 5.9　$v_d = 0.2$ 时功率随 v_s 的变化曲线

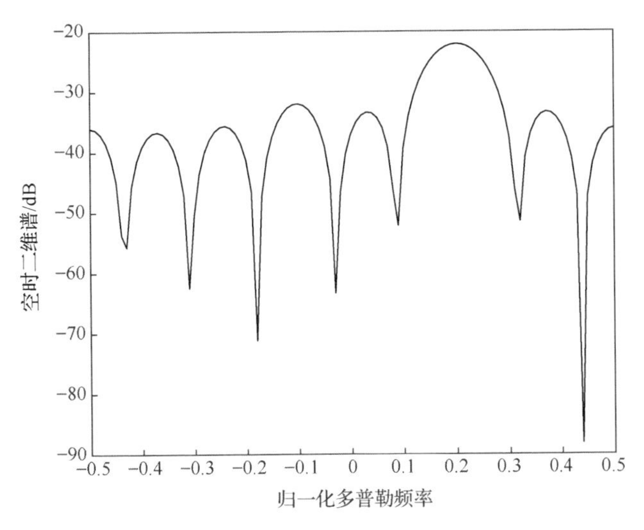

图 5.10　$v_s = 0$ 时功率随 v_d 的变化曲线

5.3.2　混响抑制性能

本小节通过仿真实验对 MIMO-STAP 和 SIMO-STAP 的空时二维谱加以对比，MIMO 声呐的主要参数设置同 5.3.1 小节，对于 SIMO 声呐，$N_r = 9$。仿真结果如图 5.11 和图 5.12 所示。

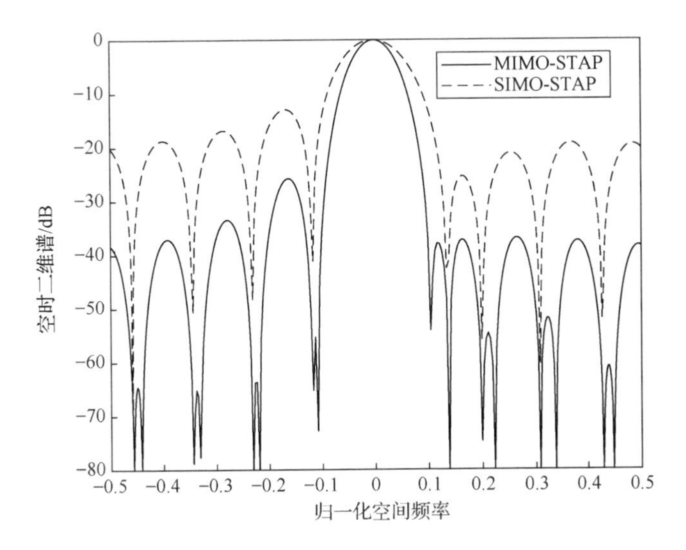

图 5.11　MIMO-STAP 和 SIMO-STAP 空时二维谱的空域截面图

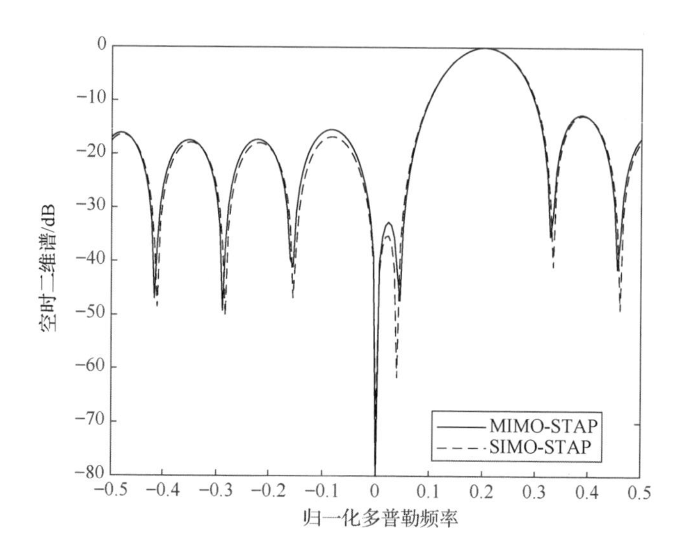

图 5.12　MIMO-STAP 和 SIMO-STAP 空时二维谱的多普勒域截面图

图 5.11 的空域截面图表明，MIMO 声呐和 SIMO 声呐均在 $v_s = 0.2$ 处形成零陷，但是 MIMO 声呐的零陷深度更深，说明 MIMO 声呐在空域比 SIMO 声呐有更好的混响抑制能力。同时可以看到，MIMO 声呐的主瓣比 SIMO 声呐更窄，旁瓣比 SIMO 声呐要低，说明 MIMO 声呐具有更高的角度分辨率。图 5.12 的多普勒域截面图表明，MIMO 声呐和 SIMO 声呐均在 $v_d = 0$ 处形成零陷，且二者的谱线基本重合，说明在多普勒域二者的混响抑制能力相当。

还需关注的一点是，由于 MIMO 系统的空时维度比 SIMO 要高，所以对辅助数据的需求量更大，相应地，辅助数据不充足对 MIMO-STAP 造成的影响将更为严重。下面来看一个实例，对于 MIMO 声呐，$N_t = 9$，$N_r = 9$；对于 SIMO 声呐，$N_t = 1$，$N_r = 9$，仿真结果如图 5.13 和图 5.14 所示。具体来说，图 5.13 给出的是输出信混比随 v_s 的变化曲线，结果表明最优 MIMO-STAP 的输出信混比明显优于 SIMO-STAP。当 $K = 2N_rM$ 时，SIMO-STAP 的输出信混比相较最优 SIMO-STAP 略有下降，而 MIMO-STAP 的下降幅度更大，其性能已经差于 SIMO-STAP，说明辅助数据长度变化对 MIMO-STAP 的影响更大。图 5.14 给出的是输出信混比随 v_d 的变化曲线，由该图可以得出与图 5.13 相同的规律。

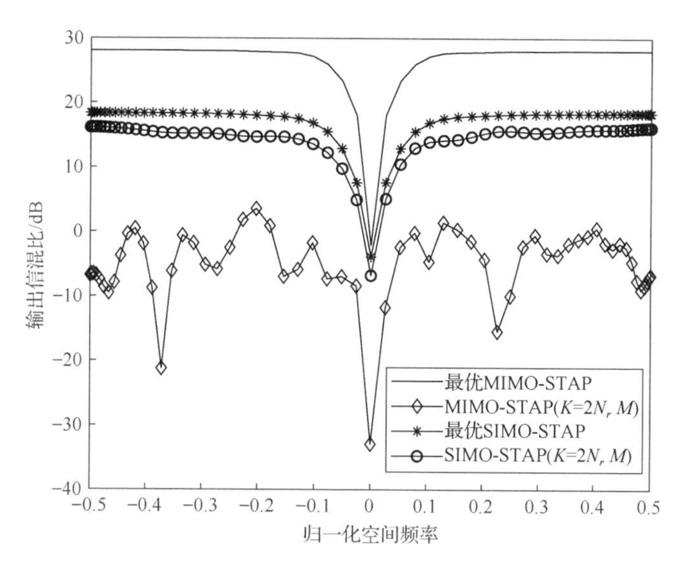

图 5.13　MIMO-STAP 和 SIMO-STAP 输出信混比随 v_s 的变化曲线

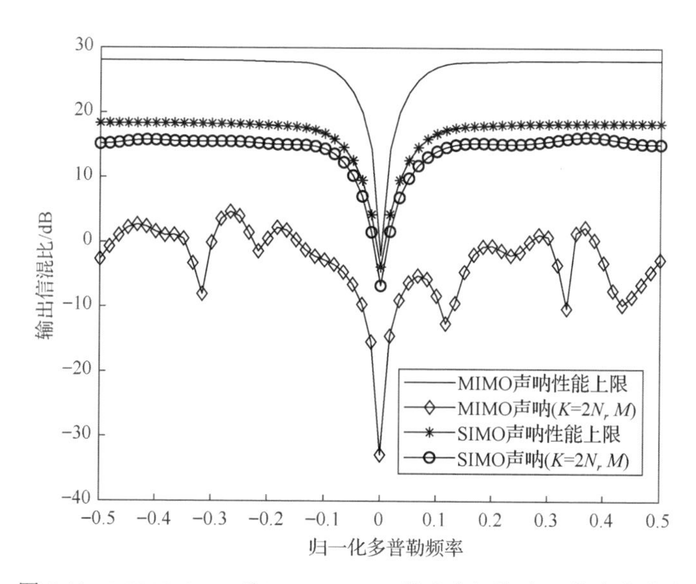

图 5.14　MIMO-STAP 和 SIMO-STAP 输出信混比随 v_d 的变化曲线

5.4　知识基 MIMO-STAP

本小节介绍两种知识基 MIMO-STAP 方法，分别为基于斜对称多快拍自适应迭代（persymmetric MIAA, Per-MIAA）的 MIMO-STAP 方法和基于 SLIM 的

MIMO-STAP 方法。Per-MIAA 方法通过对斜对称特性和混响稀疏性两种先验知识的利用，有效降低了 MIMO-STAP 对辅助数据的需求。SLIM-STAP 由 4.2.4 小节引入，本节将其扩展至 MIMO 声呐。

5.4.1　基于 Per-MIAA 的 MIMO-STAP

MIMO 声呐的辅助数据可表示为

$$\boldsymbol{y}_i = \alpha_i \boldsymbol{v}_i \tag{5.34}$$

定义辅助数据矩阵 $\boldsymbol{Y} = \begin{bmatrix} \boldsymbol{y}_1 & \boldsymbol{y}_2 & \cdots & \boldsymbol{y}_K \end{bmatrix} \in \mathbb{C}^{N_t N_r M \times K}$，易知 $\boldsymbol{Y}$ 具有斜对称特性[23]，即

$$\boldsymbol{Y} = \boldsymbol{J}_{N_t N_r M} \boldsymbol{Y}^* \boldsymbol{J}_{N_t N_r M} \tag{5.35}$$

则基于 $\boldsymbol{Y}$ 的样本协方差矩阵为

$$\boldsymbol{S}_0 = \boldsymbol{Y}\boldsymbol{Y}^{\mathrm{H}} \tag{5.36}$$

显然 $\boldsymbol{S}_0$ 也具有斜对称特性，即

$$\boldsymbol{S}_0 = \boldsymbol{J}_{N_t N_r M} \boldsymbol{S}_0^* \boldsymbol{J}_{N_t N_r M} \tag{5.37}$$

将式（5.36）代入式（5.37）可得

$$\begin{aligned} \boldsymbol{S}_0 &= \frac{1}{2}\left(\boldsymbol{Y}\boldsymbol{Y}^{\mathrm{H}} + \boldsymbol{J}_{N_t N_r M} \boldsymbol{S}_0^* \boldsymbol{J}_{N_t N_r M}\right) \\ &= \frac{1}{2}\left[\boldsymbol{Y}\boldsymbol{J}_{N_t N_r M}\boldsymbol{Y}^*\right]\left[\boldsymbol{Y}\boldsymbol{J}_{N_t N_r M}\boldsymbol{Y}^*\right]^{\mathrm{H}} \end{aligned} \tag{5.38}$$

定义 $\tilde{\boldsymbol{Y}} = \begin{bmatrix} \boldsymbol{Y} & \boldsymbol{J}_{N_t N_r M}\boldsymbol{Y}^* \end{bmatrix}$，它是利用斜对称特性扩展得到的辅助数据，其似然函数为

$$f\left(\tilde{\boldsymbol{Y}}\right) = \left[\frac{1}{\pi^{M^2 L}\det\left(\boldsymbol{R}\right)}\right]^{2K} \exp\left[-\mathrm{tr}\left(\boldsymbol{R}^{-1}\boldsymbol{S}\right)\right] \tag{5.39}$$

式中，$\boldsymbol{S} = \tilde{\boldsymbol{Y}}\tilde{\boldsymbol{Y}}^{\mathrm{H}}$。

由 5.2.3 小节的分析可知，MIMO 声呐的混响空时协方差矩阵不一定满秩，因此式（5.39）中的 $\boldsymbol{R}$ 可能不存在逆矩阵。利用对角加载思想可解决该问题，将 $\boldsymbol{R}$ 表示为

$$\boldsymbol{R} = \kappa \boldsymbol{I} + \sum_{i=1}^{N_c} \sigma_i^2 \boldsymbol{v}_i \boldsymbol{v}_i^{\mathrm{H}} \tag{5.40}$$

式中，κ 是对角加载量，一般由混响的功率水平确定。

将式（5.40）代入式（5.39），取对数操作并忽略常数项后可得

$$g\left(\sigma_i^2, \boldsymbol{v}_i\right) = 2K\ln\left[\det\left(\kappa\boldsymbol{I} + \sum_{i=1}^{N_c}\sigma_i^2\boldsymbol{v}_i\boldsymbol{v}_i^{\mathrm{H}}\right)\right] + \operatorname{tr}\left[\left(\kappa\boldsymbol{I} + \sum_{i=1}^{N_c}\sigma_i^2\boldsymbol{v}_i\boldsymbol{v}_i^{\mathrm{H}}\right)^{-1}\boldsymbol{S}\right] \tag{5.41}$$

利用矩阵求逆引理和公式 $\det\left(\boldsymbol{I}+\boldsymbol{AB}\right)=\det\left(\boldsymbol{I}+\boldsymbol{BA}\right)$，将式（5.41）化简为

$$g\left(\sigma_i^2, \boldsymbol{v}_i\right) = 2K\ln\left[\det\left(\boldsymbol{D}_i\right)\right] + 2K\ln\left(1+\kappa\boldsymbol{v}_i^{\mathrm{H}}\boldsymbol{D}^{-1}\boldsymbol{v}_i\right) + \operatorname{tr}\left(\boldsymbol{D}_i^{-1}\boldsymbol{S}\right) - \frac{\kappa\boldsymbol{v}_i^{\mathrm{H}}\boldsymbol{D}_i^{-1}\boldsymbol{S}\boldsymbol{D}_i^{-1}\boldsymbol{v}_i}{1+\kappa\boldsymbol{v}_i^{\mathrm{H}}\boldsymbol{D}_i^{-1}\boldsymbol{v}_i} \tag{5.42}$$

式中，$\boldsymbol{D}_i = \kappa\boldsymbol{I} + \sum_{j=1, j\neq i}^{N_c}\sigma_j^2\boldsymbol{v}_j\boldsymbol{v}_j^{\mathrm{H}}$。

对 $g\left(\sigma_i^2, \boldsymbol{v}_i\right)$ 求取 σ_i^2 的导数并令其等于零，可得

$$\sigma_i^2 = \frac{\boldsymbol{v}_i^{\mathrm{H}}\boldsymbol{D}_i^{-1}\left(\boldsymbol{S}-\boldsymbol{D}_i\right)\boldsymbol{D}_i^{-1}\boldsymbol{v}_i}{\left(\boldsymbol{v}_i^{\mathrm{H}}\boldsymbol{D}_i^{-1}\boldsymbol{v}_i\right)^2} \tag{5.43}$$

将 $\boldsymbol{R} = \sigma_i^2\boldsymbol{v}_i\boldsymbol{v}_i^{\mathrm{H}} + \boldsymbol{D}_i$ 代入式（5.43），利用矩阵求逆引理可得

$$\hat{\sigma}_i^2 \approx \frac{\boldsymbol{v}_i^{\mathrm{H}}\boldsymbol{R}^{-1}\boldsymbol{S}\boldsymbol{R}^{-1}\boldsymbol{v}_i}{\left(\boldsymbol{v}_i^{\mathrm{H}}\boldsymbol{R}^{-1}\boldsymbol{v}_i\right)^2} \tag{5.44}$$

进一步采用谱估计方法对 $\boldsymbol{R}$ 进行初始化，并通过式（5.44）对 $\hat{\sigma}_i^2$ 进行迭代更新，得到 $\boldsymbol{R}$ 的估计值为

$$\hat{\boldsymbol{R}} = \sum_{i=1}^{N_c}\hat{\sigma}_i^2\boldsymbol{v}_i\boldsymbol{v}_i^{\mathrm{H}} \tag{5.45}$$

综合以上结果，Per-MIAA 方法的实现流程如下：

（1）利用斜对称特性对辅助数据集 $\boldsymbol{Y}$ 进行扩展。

（2）对归一化空时平面进行离散化处理，并对 σ_i^2 进行初始化，记为 $\hat{\sigma}_{i,0}^2$。

（3）通过式（5.44）对 $\hat{\sigma}_{i,j}^2$ 进行更新，得到 $\hat{\sigma}_{i,j+1}^2$，其中 j 表示迭代次数。

（4）将 $\hat{\sigma}_{i,j+1}^2$ 代入式（5.45）得到 $\hat{\boldsymbol{R}}$，并计算估计误差 $\mathrm{Error} = \sum_{i=1}^{N_c}\hat{\sigma}_{i,j+1}^2 - \hat{\sigma}_{i,j}^2$。

（5）当 Error 小于收敛阈值 ε 时终止迭代，否则返回（3）。

（6）将 $\hat{\boldsymbol{R}}$ 代入式（5.32）得到 MIMO-STAP 权向量。

5.4.2 基于 SLIM 的 MIMO-STAP

采用 $\boldsymbol{v}_{\text{MIMO}}\left(v_{s,i},v_{d,j}\right)$ 替换式（4.25）中的空时导向向量，可得 MIMO-STAP 的空时字典为

$$\boldsymbol{\Phi}_{\text{MIMO}}=\left[\boldsymbol{v}_{\text{MIMO}}\left(v_{s,1},v_{d,1}\right) \quad \cdots \quad \boldsymbol{v}_{\text{MIMO}}\left(v_{s,i},v_{d,j}\right) \quad \cdots \quad \boldsymbol{v}_{\text{MIMO}}\left(v_{s,N_s},v_{d,N_d}\right)\right] \tag{5.46}$$

经过预处理后的接收数据可表示为

$$\boldsymbol{\gamma}=\boldsymbol{\Phi}_{\text{MIMO}}\boldsymbol{\alpha} \tag{5.47}$$

式中，$\boldsymbol{\alpha}$ 为稀疏向量。利用 SLIM 方法求解 $\boldsymbol{\alpha}$，对应的稀疏优化问题为

$$\hat{\boldsymbol{\alpha}}=\min_{\boldsymbol{\alpha}}\left\{\left\|\boldsymbol{\gamma}-\boldsymbol{\Phi}_{\text{MIMO}}\boldsymbol{\alpha}\right\|_2^2+\sum_{n=1}^{N_tN_rM}\frac{2}{q}\left(\left|\alpha_n\right|^q-1\right)\right\} \tag{5.48}$$

式（5.48）的求解过程可参考 4.2.4 小节。

基于 SLIM 方法的 MIMO-STAP 实现流程可归结为算法 5.1，其中 ε 为收敛阈值。

算法 5.1　基于 SLIM 方法的 MIMO-STAP

输入： $\boldsymbol{\Phi}_{\text{MIMO}},\boldsymbol{\gamma},\varepsilon$

$\hat{\boldsymbol{R}}=\boldsymbol{\gamma}\boldsymbol{\gamma}^{\text{H}}$

for　$q\in(0,1)$

　初始化：

$$\hat{\boldsymbol{\alpha}}_q^{(0)}=\left[\frac{\boldsymbol{v}_{\text{MIMO}}^{\text{H}}\left(v_{s,1},v_{d,1}\right)\hat{\boldsymbol{R}}\boldsymbol{\gamma}}{\boldsymbol{v}_{\text{MIMO}}^{\text{H}}\left(v_{s,1},v_{d,1}\right)\hat{\boldsymbol{R}}\boldsymbol{v}_{\text{MIMO}}\left(v_{s,1},v_{d,1}\right)} \quad \cdots \quad \frac{\boldsymbol{v}_{\text{MIMO}}^{\text{H}}\left(v_{s,N_s},v_{d,N_d}\right)\hat{\boldsymbol{R}}\boldsymbol{\gamma}}{\boldsymbol{v}_{\text{MIMO}}^{\text{H}}\left(v_{s,N_s},v_{d,N_d}\right)\hat{\boldsymbol{R}}\boldsymbol{v}_{\text{MIMO}}\left(v_{s,N_s},v_{d,N_d}\right)}\right]^{\text{T}}$$

　$\text{Error}=\varepsilon$

　　while　$\text{Error}<\varepsilon$

　　　计算 $p_n^{(i)}=\left|\alpha_n^{(i)}\right|^{2-q}$，$\boldsymbol{p}^{(i)}=\left[p_1 \quad p_2 \quad \cdots \quad p_{N_tN_rM}\right]^{\text{T}}, \boldsymbol{P}^{(i)}=\text{diag}\left(\boldsymbol{p}^{(i)}\right)$

　　　计算 $\hat{\boldsymbol{\alpha}}_q^{(i+1)}=\boldsymbol{P}^{(i)}\boldsymbol{\Phi}_{\text{MIMO}}^{\text{H}}\left(\boldsymbol{\Phi}_{\text{MIMO}}\boldsymbol{P}^{(i)}\boldsymbol{\Phi}_{\text{MIMO}}^{\text{H}}\right)^{-1}\boldsymbol{\gamma}$

　　　计算 $\text{Error}=\dfrac{\left\|\hat{\boldsymbol{\alpha}}_q^{(i+1)}-\hat{\boldsymbol{\alpha}}_q^{(i)}\right\|_2^2}{\left\|\hat{\boldsymbol{\alpha}}_q^{(i)}\right\|_2^2}$

---

return

令 $\hat{\boldsymbol{\alpha}}_q = \hat{\boldsymbol{\alpha}}_q^{(i+1)}$

计算 $\mathrm{BIC}(q) = N_t N_r M \times \ln \left\| \boldsymbol{\gamma} - \boldsymbol{\Phi}_{\mathrm{MIMO}} \hat{\boldsymbol{\alpha}}_q \right\|_2^2 + 4h(q) \times \ln(N_t N_r M)$

$\hat{q} = \arg\min_{q} \mathrm{BIC}(q)$

End

$\hat{\boldsymbol{R}} = \boldsymbol{\Phi}_{\mathrm{MIMO}} \hat{\boldsymbol{\alpha}}_{\hat{q}} \hat{\boldsymbol{\alpha}}_{\hat{q}}^{\mathrm{H}} \boldsymbol{\Phi}_{\mathrm{MIMO}}^{\mathrm{H}}$

$$\boldsymbol{w} = \frac{\hat{\boldsymbol{R}}^{-1} \boldsymbol{v}_{\mathrm{MIMO}}(v_s, v_d)}{\boldsymbol{v}_{\mathrm{MIMO}}^{\mathrm{H}}(v_s, v_d) \hat{\boldsymbol{R}}^{-1} \boldsymbol{v}_{\mathrm{MIMO}}(v_s, v_d)}$$

5.4.3　性能分析

本小节通过仿真实验验证前述知识基 MIMO-STAP 方法的性能。假设 MIMO 声呐采用正侧视工作方式，主要参数设置同 5.2.3 小节，且 $\zeta = 1$ 。混响在归一化空时平面上的分布情况如图 5.15 所示，它是一条固定斜率的直线。

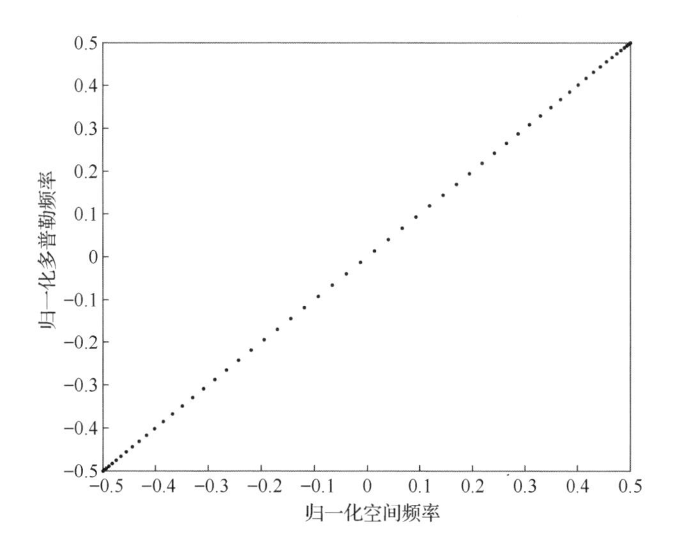

图 5.15　MIMO 声呐混响在归一化空时平面的分布图

图 5.16 给出了 K=20 时两种知识基 MIMO-STAP 的输出信混比曲线。由图 5.16（a）可以看出，在多普勒域 SLIM 的输出信混比最大值更接近性能上限，比 Per-MIAA 要高约 1.3dB；在零多普勒附近，Per-MIAA 的零限宽度比 SLIM 要

窄，说明此时 Per-MIAA 的输出信混比优于 SLIM。由图 5.16（b）可以看出，SLIM 的输出信混比在整个空域均优于 Per-MIAA。

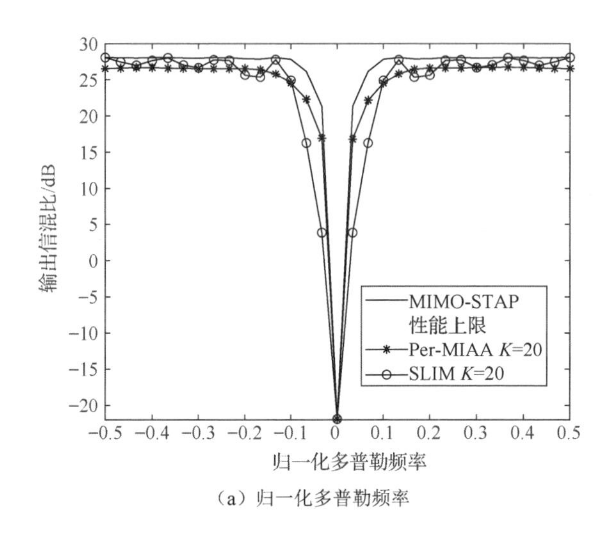

（a）归一化多普勒频率

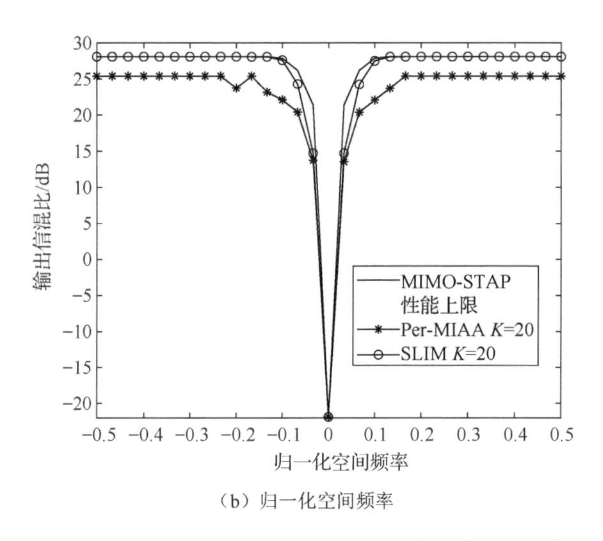

（b）归一化空间频率

图 5.16　$K=20$ 时知识基 MIMO-STAP 的输出信混比曲线

进一步减小辅助数据长度至 $K=1$，仿真结果如图 5.17 所示。图中曲线表明，在单个辅助数据情况下，Per-MIAA 的输出信混比在多普勒域和空域均存在明显下降，而 SLIM 在辅助数据长度减小时的输出信混比基本保持不变，仍然具有良好的混响抑制性能。

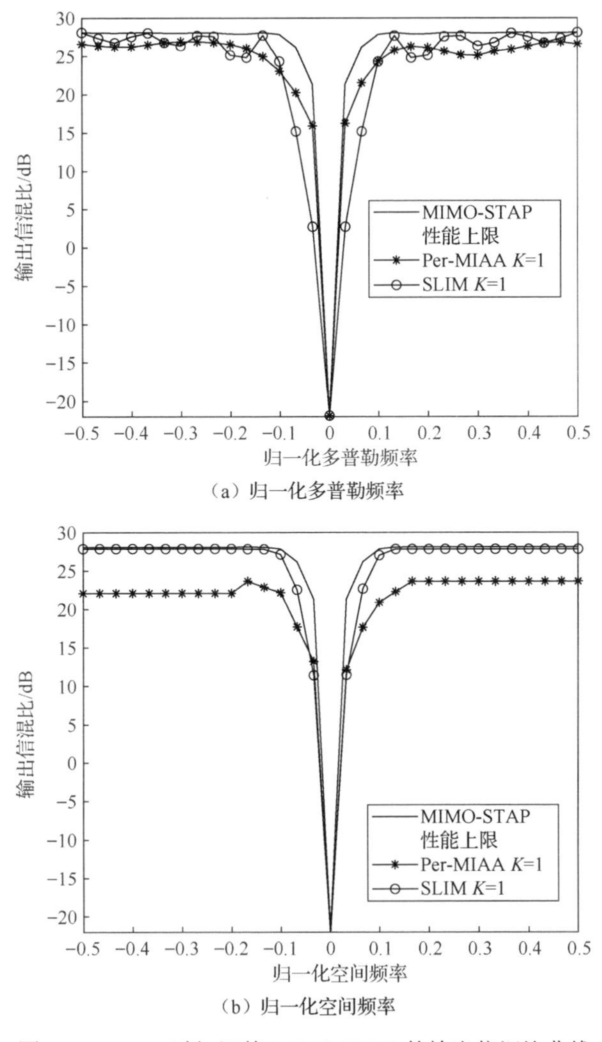

（a）归一化多普勒频率

（b）归一化空间频率

图5.17 $K=1$时知识基MIMO-STAP的输出信混比曲线

参考文献

[1] 刘雄厚, 孙超, 杨益新, 等. 单基地多输入多输出声呐的方位分辨力[J]. 声学学报, 2016, 41(2): 163-173.

[2] Bliss D W, Forsythe K W. Multiple-input multiple-output(MIMO) radar and imaging: degrees of freedom and resolution[C]// The Thrity-Seventh Asilomar Conference on Signals, Systems & Computers, 2003: 54-59.

[3] 孙超, 刘雄厚. MIMO声纳: 概念与技术特点探讨[J]. 声学技术, 2012, 31(2): 117-124.

[4] Bekkerman I, Tabrikian J. Spatially coded signal model for active arrays[C]//2004 IEEE International Conference on Acoustics, Speech, and Signal Processing, 2004: 209-210.

[5] Pailhas Y, Petillot Y, Brown K, et al. Spatially distributed MIMO sonar systems: principles and capabilities[J]. IEEE Journal of Oceanic Engineering, 2016, 42(3): 738-751.

[6] 李宇, 王彪, 黄海宁, 等. MIMO 探测声纳研究[C]//中国声学学会 2007 年青年学术会议论文集(下), 2007: 53-54.

[7] Pailhas Y, Houssineau J, Petillot Y R, et al. Tracking with MIMO sonar systems: applications to harbour surveillance[J]. IET Radar, Sonar & Navigation, 2017, 11(4): 629-639.

[8] Pailhas Y, Petillot Y. Large MIMO sonar systems: a tool for underwater surveillance[C]//2014 Sensor Signal Processing for Defence(SSPD), 2014: 1-5.

[9] Li W H, Chen G S, Blasch E, et al. Cognitive MIMO sonar based robust target detection for harbor and maritime surveillance applications[C]//IEEE Aerospace Conference, 2009: 1-9.

[10] Jiang J N, Pan X, Zheng Z. Applying MIMO concept to time reversal method on target resolving in shallow water[C]//OCEANS, 2015: 1-6.

[11] 张小凤, 张光斌. 双/多基地声呐系统[M]. 北京: 科学出版社, 2014.

[12] 姜景宁. 分布式 MIMO 声呐目标检测和成像方法研究[D]. 杭州: 浙江大学, 2020.

[13] 李锐. 多基地声纳系统探测信号波形设计及信号处理方法研究[D]. 哈尔滨: 哈尔滨工程大学, 2017.

[14] Monzingo R A, Miller T W. Introduction to adaptive arrays[M]. New York: Wiley Interscience, John Wiley & Sons, 2002.

[15] Bekkermsn I, Tabrikian J. Target detection and localization using MIMO radars and sonars[J]. IEEE Transactions on Signal Processing, 2006, 54(10): 3873-3883.

[16] Zhou C W, Gu Y J, Fan X, et al. Direction-of-arrival estimation for coprime array via virtual array interpolation[J]. IEEE Transactions on Signal Processing, 2018, 66(22): 5956-5971.

[17] Qin S, Zhang Y D, Amin M G. Generalized coprime array configurations for direction-of-arrival estimation[J]. IEEE Transactions on Signal Processing, 2015, 63(6): 1377-1390.

[18] Liu Y H, Nie Z P, Liu Q H. Reducing the number of elements in a linear antenna array by the matrix pencil method[J]. IEEE Transactions on Antennas and Propagation, 2008, 56(9): 2955-2962.

[19] Oliveri G, Massa A. Bayesian compressive sampling for pattern synthesis with maximally sparse non-uniform linear arrays[J]. IEEE Transactions on Antennas and Propagation, 2010, 59(2): 467-481.

[20] Chen C Y, Vaidyanathan P P. MIMO radar space-time adaptive using prolate spheroidal wave functions[J]. IEEE Transactions on Signal Processing, 2008, 56(2): 623-635.

[21] Klemm R. Principles of space-time adaptive processing[M]. London: IET Press, 2002.

[22] Ward J. Space-time adaptive processing for airborne radar[R]. Lexington: Lincoln Laboratory, 1994.

[23] 陈世进, 闫晟, 郝程鹏, 等. 一种适用于多输入多输出声呐的稳健空时自适应检测方法[J]. 声学学报, 2022, 47(6): 777-788.

第 6 章　双基地声呐 STAP

双基地声呐采用收发分置工作方式，接收阵列通常部署在前沿区域，而发射阵列则置于安全区域，这一特点使得它比单基地声呐具有隐蔽性好、抗干扰能力强、机动灵活等优势[1-4]。然而，收发阵列的分置使得双基地声呐混响的空时耦合特性更为复杂，给 STAP 技术应用提出了新的挑战。本章在分析双基地声呐混响空时特性基础上，着重介绍两类典型的双基地 STAP，即基于平台信息补偿的 STAP 和基于自适应补偿的 STAP，并采用先验知识进一步提高其稳健性。

6.1　双基地声呐混响的空时特性

双基地声呐混响的空时分布具有距离依赖性[5-7]，即不同距离单元的辅助数据不再满足 IID 条件，这导致单基地 STAP 方法难以直接扩展应用。本小节对双基地声呐混响的空时特性进行分析，以便为 STAP 方法的改进设计提供依据。

6.1.1　几何配置关系

典型双基地声呐场景的几何配置关系如图 6.1 所示，它给出了收发阵列相位中心与混响散射体之间的几何关系。图中双基地声呐采用拖曳线列阵接收[8-9]，收发阵列处于同一水平面，且采用正侧视工作方式。其中，H_R 和 H_T 分别为接收阵列 R_x 和发射阵列 T_x 距离海底的垂直高度；接收阵列以速度 v_R 和方位角 δ_R（相对于基线 BL）运动。发射阵列以速度 v_T 和方位角 δ_T（相对于基线 BL）运动。发射阵列发出的脉冲经过 R_T 距离后到达散射体 P，发生散射后经 R_R 距离到达接收阵列，收发距离之和称为“距离和”，即 $R_{\text{sum}} = R_T + R_R$；$\varphi_R$ 和 φ_T 分别为散射体与收发射阵列之间的方位角，θ_R 和 θ_T 为对应的俯仰角；Ψ_R 和 Ψ_T 分别为基线 BL 与收发射阵列相对散射体 P 的斜距夹角。

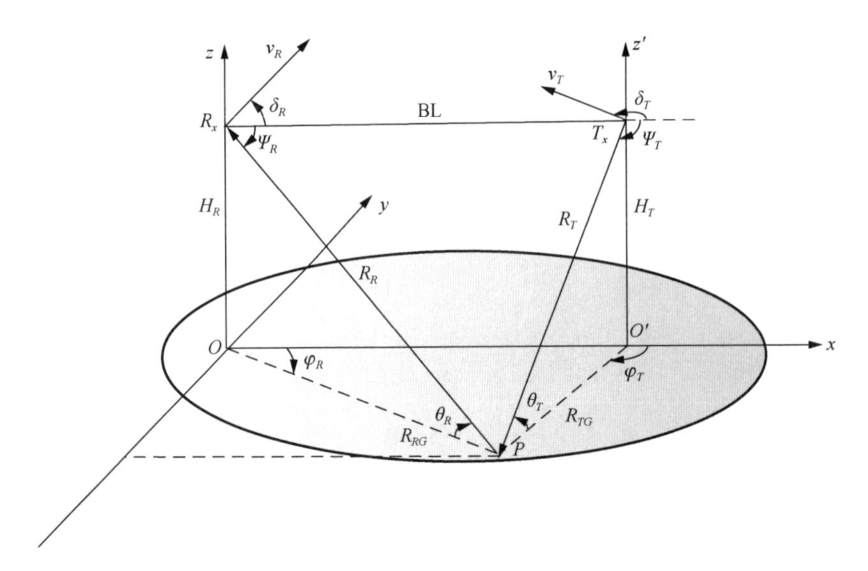

图 6.1　典型双基地声呐场景的几何配置关系

P 处混响的多普勒频率是 $\varphi_T,\theta_T;\varphi_R,\theta_R$ 函数[5]，具体如下：

$$
\begin{aligned}
f_{d,b} &= \frac{v_T f_0 \cos(\varphi_T-\delta_T)\cos\theta_T}{c}+\frac{v_R f_0 \cos(\varphi_R-\delta_R)\cos\theta_R}{c} \\
&= \frac{v_T f_0 \cos\Psi_T}{c}+\frac{v_R f_0 \cos\Psi_R}{c}
\end{aligned}
\tag{6.1}
$$

进一步假设收发射阵列的最大运动速度分别为 $v_{R,\max}$ 和 $v_{T,\max}$，则散射体 P 的归一化多普勒频率可以写为

$$
v_d=\frac{f_{d,b}c}{4f_0\left(v_{T,\max}+v_{R,\max}\right)}=\frac{v_T\cos\Psi_T}{4\left(v_{T,\max}+v_{R,\max}\right)}+\frac{v_R\cos\Psi_R}{4\left(v_{T,\max}+v_{R,\max}\right)} \tag{6.2}
$$

式（6.2）显示 v_d 由两部分组成，分别是由发射阵列运动引入的归一化多普勒频率和接收阵列运动引入的归一化多普勒频率。

6.1.2　混响空时分布

首先通过图 6.2 介绍混响谱中心的概念，用以描述混响的能量分布。该图给出的是混响谱中心对应的散射点位置示意图，图中的椭圆线为等“距离和”曲线，它是由“距离和”相等的点连接而成，也称为“距离和”单元。对于某一特定的“距离和”单元，其混响功率谱的峰值位置即为混响谱中心。

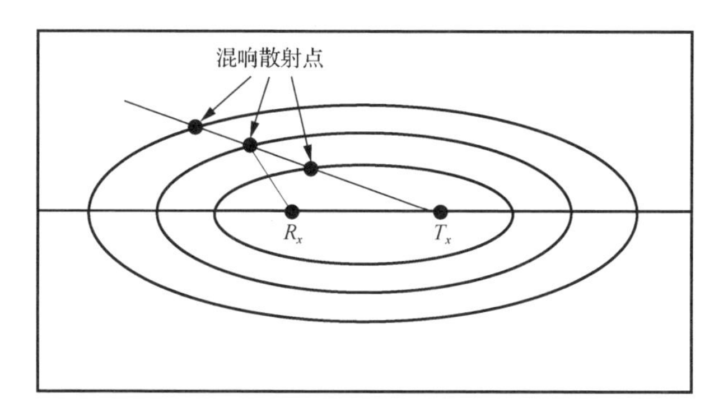

图 6.2　混响谱中心对应的散射点位置示意图

1. 发射阵列静止

当发射阵列静止时，首先考虑接收阵列与基线平行运动的场景，如图 6.3 所示，其中波束与“距离和”单元的交点称为场景中心，此时式（6.2）退化为

$$v_d = \frac{f_{d,b}c}{4f_0 v_{R,\max}} = \frac{v_R \cos\varPsi_R}{4v_{R,\max}} \tag{6.3}$$

式中，$\cos\varPsi_R$ 对应归一化空间频率，可以观察到 v_d 与 $\cos\varPsi_R$ 呈线性关系。

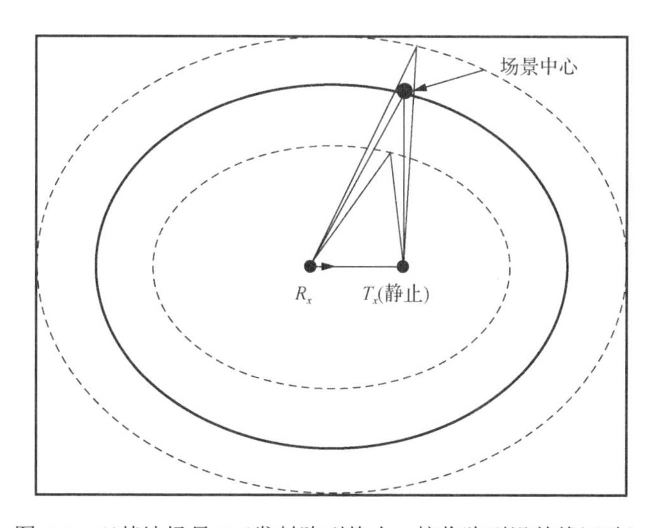

图 6.3　双基地场景 1（发射阵列静止，接收阵列沿基线运动）

结合实例进行分析，主要参数设置为：$T_p = 20\text{ms}$，$N = 9$，$f_0 = 15\text{kHz}$，$v_{rs} = 10\text{m/s}$，$f_s = 400\text{Hz}$，$\varPsi_T = 90^\circ$，$\text{BL} = 1000\text{m}$。一般而言，将“距离和”

$R_{\text{sum}} \leqslant 5\text{BL}$ 时称为小“距离和”，$R_{\text{sum}} > 5\text{BL}$ 时称为大“距离和”。图 6.4 给出了不同“距离和”单元的混响空时分布与混响谱中心位置，其中不同颜色的“o”符号表示该颜色对应的“距离和”单元的混响谱中心。由图可以看到在该双基地配置方式下，混响的空时分布与单基地声呐基本一致，不同“距离和”单元的混响空时分布相互重合，即该场景中的混响空时分布与“距离和”无关。与单基地场景不同的是，各“距离和”单元的谱中心并不重合，尤其是小“距离和”情况，其原因是此时混响回波对应的入射锥角易受“距离和”变化的影响，从而造成混响谱中心位置的分散。随着“距离和”增大，这一现象逐渐缓解，混响谱中心趋于重合。

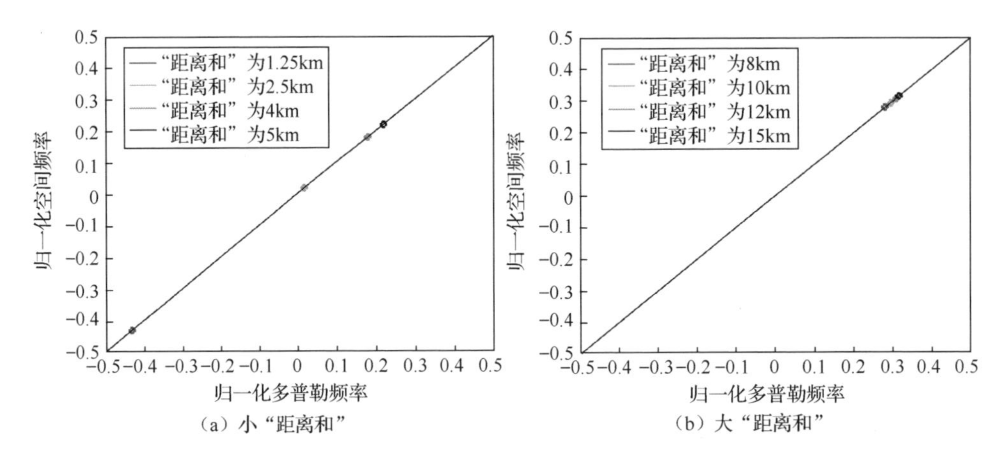

图 6.4　双基地场景 1 对应的混响空时分布和谱中心位置（彩图附书后）

当接收阵列的运动方向不与基线平行时，混响的空时分布将不再与单基地声呐相同。图 6.5 给出的是接收阵列垂直基线运动的场景，此时式（6.2）退化为

$$v_d = \frac{v_T \cos \Psi_T}{4 v_{T,\max}} \tag{6.4}$$

注意，式（6.4）间接包含了 Ψ_R 与 v_d 的关系，但此时二者不再为线性关系。

图 6.6 给出了该场景下不同“距离和”单元对应的混响空时分布，结果表明混响的空时分布仍然与“距离和”无关，但不再是直线。对于混响谱中心，其结果也与图 6.4 相同，小“距离和”时谱中心相对分散，大“距离和”时谱中心趋向重合。

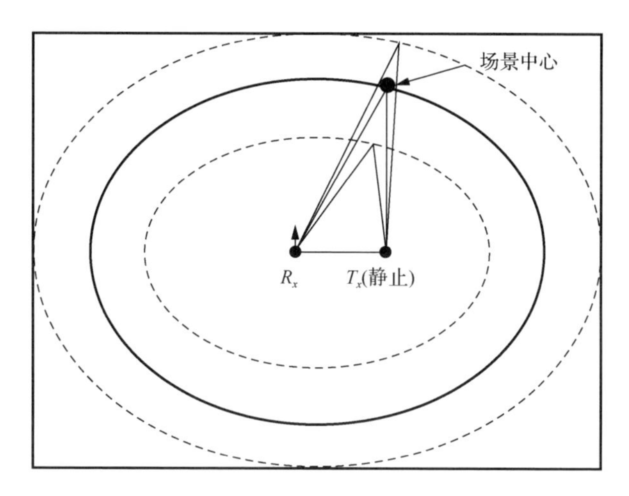

图 6.5　双基地场景 2（发射阵列静止，接收阵列垂直基线运动）

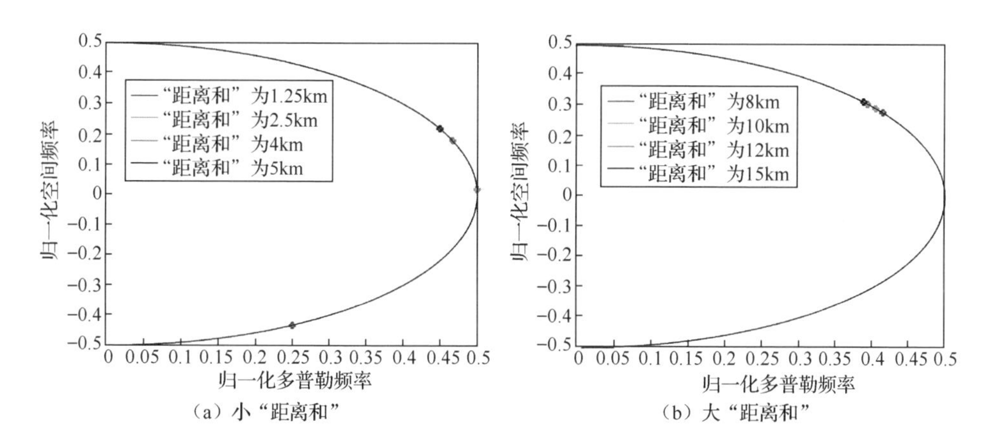

（a）小"距离和"　（b）大"距离和"

图 6.6　双基地场景 2 对应的混响空时分布和谱中心位置（彩图附书后）

2. 发射阵列运动

发射阵列运动时，归一化多普勒频率与空间频率之间的关系仍由式（6.2）给出。假设 $v_{ts}=10\text{ m/s}$，发射波束指向垂直于阵列运动方向，其余参数与"1. 发射阵列静止"中一致。图 6.7 给出了收发阵列同向运动时的双基地场景。图 6.8 给出的是不同"距离和"单元对应的混响空时分布，可以看到：对于小"距离和"情况，混响的空时分布曲线是分散的，混响谱中心的扩展现象也十分明显；对于大"距离和"情况，混响的空时分布曲线逐渐被拉直并重叠在一起，混响谱中心也趋于重合。

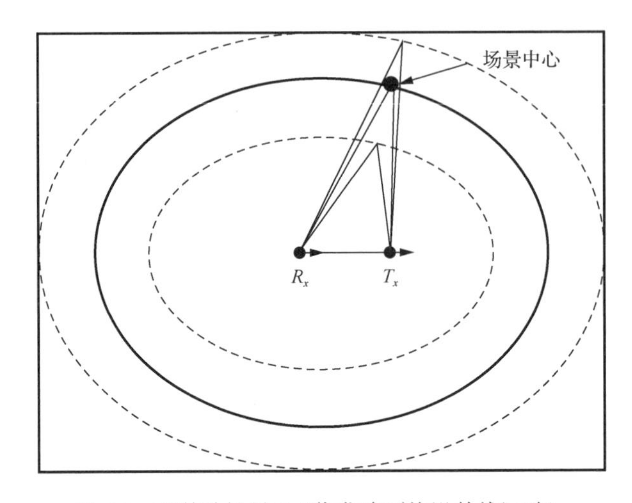

图 6.7　双基地场景 3（收发阵列均沿基线运动）

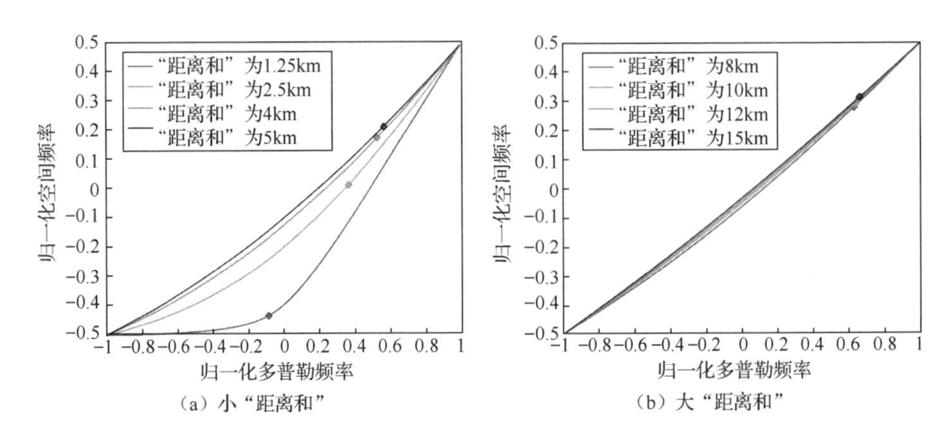

（a）小"距离和"　　（b）大"距离和"

图 6.8　双基地场景 3 对应的混响空时分布和谱中心位置（彩图附书后）

图 6.9 和图 6.11 分别给出了收发阵列垂直和交叉运动的场景，图 6.10 和图 6.12 是它们对应的混响空时分布和谱中心位置，其中交叉运动时 $\delta_R = 30^\circ$，$\delta_T = 60^\circ$。由图 6.10 和图 6.12 可以得到与图 6.8 相同的结论：不同"距离和"单元的混响空时分布出现扩展现象，并且随着"距离和"不断减小，扩展程度也更明显；而当"距离和"增大时，混响空时分布曲线及谱中心位置趋向重合。

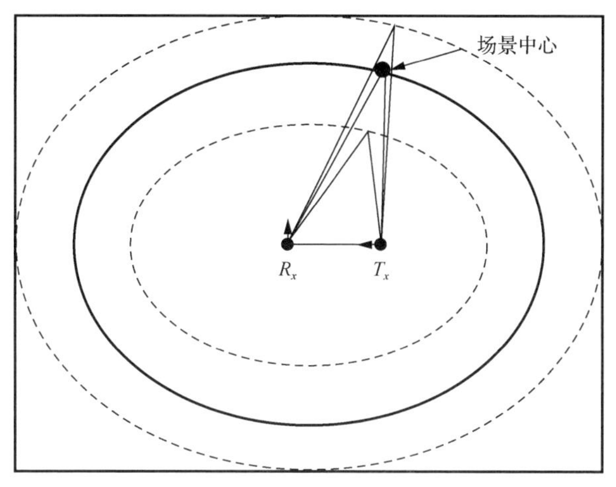

图 6.9　双基地场景 4（接收阵列垂直基线运动，发射阵列沿基线运动）

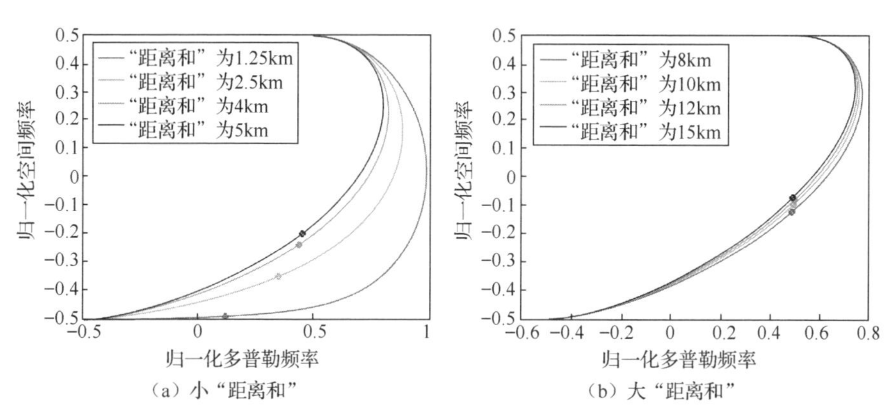

（a）小"距离和"　　　　（b）大"距离和"

图 6.10　双基地场景 4 对应的混响空时分布和谱中心位置（彩图附书后）

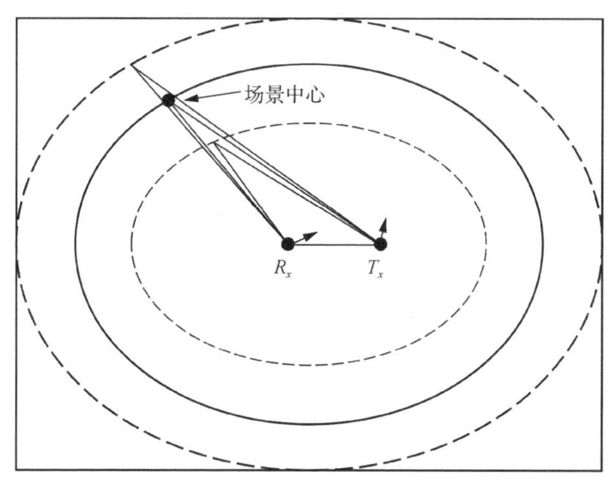

图 6.11　双基地场景 5（收发阵列交叉运动，发射波束垂直发射阵列运动方向）

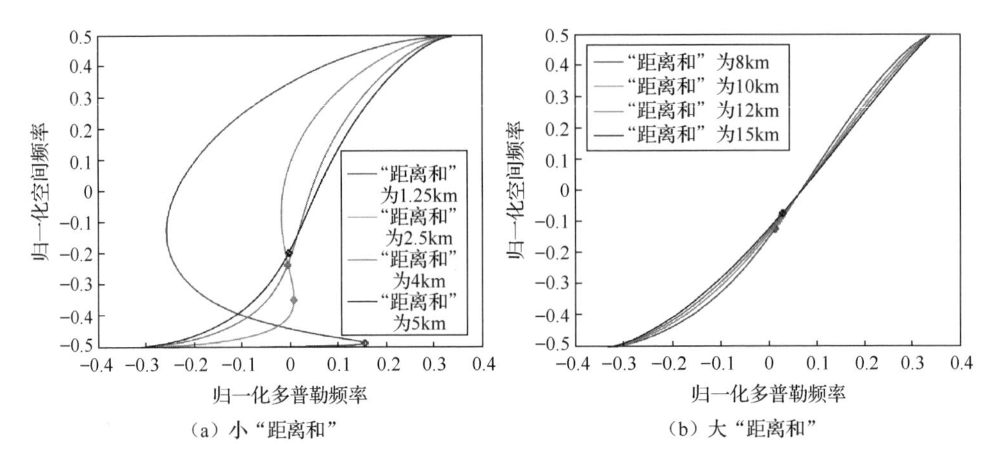

图 6.12　双基地场景 5 对应的混响空时分布和谱中心位置（彩图附书后）

6.2　基于平台信息的辅助数据补偿

式（6.2）表明双基地声呐混响的归一化空间频率与多普勒频率之间存在确定关系，若加以合理利用，可对不同“距离和”单元的混响进行补偿，使其空时分布趋于一致，从而为 STAP 的应用奠定基础。本节介绍两种常用的基于平台信息的补偿方法，分别是多普勒补偿（Doppler compensate, DC）方法[10-11]和角度-多普勒补偿（angle-Doppler compensate, ADC）方法[12-14]。该类方法需要已知双基地声呐的几何配置关系，据此采用确定性方法来构造与距离相关的变换矩阵，完成对不同“距离和”单元混响的补偿[15-16]。

6.2.1　DC

DC 方法的基本思想是利用一个与距离相关的变换把波束中心处的辅助“距离和”单元（辅助数据）和主“距离和”单元（主数据）混响的归一化多普勒频率对齐。图 6.13 给出了一个典型 DC 效果示意图，其中“o”符号表示对应数据的混响谱中心，可以看到补偿前混响的空时分布沿距离维出现了严重的扩展现象，而经 DC 后，混响谱中心的归一化多普勒频率被校正在同一频率值上，但是在空间频率上仍存在扩展现象。

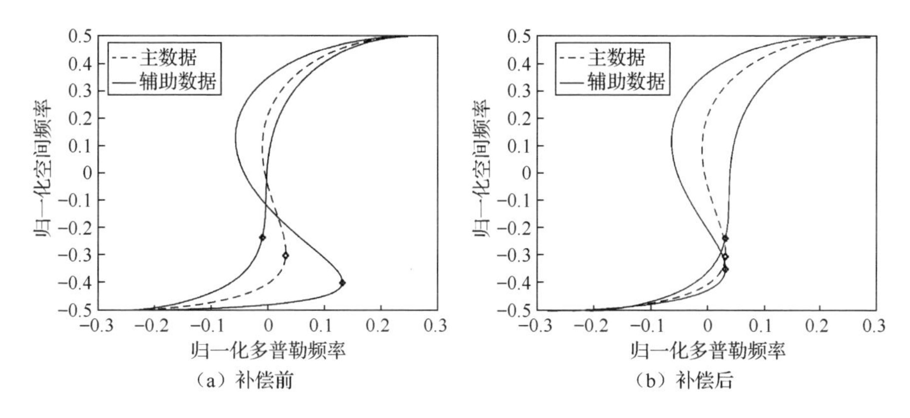

（a）补偿前　（b）补偿后

图 6.13　典型 DC 效果示意图

实际上，DC 相当于对辅助数据做频移变换，定义补偿矩阵如下：

$$\boldsymbol{T}_{\text{DC}}(r,k)=\boldsymbol{T}_{\text{DC},t}(r,k)\otimes\mathbf{1}_{N\times1} \tag{6.5}$$

式中，$\mathbf{1}_{N\times1}$ 为 N 维全 1 列向量；$\boldsymbol{T}_{\text{DC},t}(r,k)$ 的表达式为

$$\boldsymbol{T}_{\text{DC},t}(r,k)=\begin{bmatrix}t_0(r,k) & t_1(r,k) & \cdots & t_{M-1}(r,k)\end{bmatrix}^{\text{T}} \tag{6.6}$$

其中，$t_m(r,k)$ 为第 r 个与第 k 个“距离和”单元的第 m 个时域采样点之间的相位差，其表达式为

$$t_m(r,k)=\mathrm{e}^{\frac{\mathrm{j}\pi F_{\text{shift}}(r,k)m}{f_D}} \tag{6.7}$$

$$F_{\text{shift}}(r,k)=f_{d,r}(\varPsi_{R,r})-f_{d,k}(\varPsi_{R,k}) \tag{6.8}$$

$\varPsi_{R,r}$ 和 $\varPsi_{R,k}$ 分别为第 r 个和第 k 个“距离和”单元混响谱中心与接收阵列之间的方位角，$f_{d,r}(\varPsi_{R,r})$ 和 $f_{d,k}(\varPsi_{R,k})$ 分别为第 r 个和第 k 个“距离和”单元混响的多普勒频率。

进一步使用多普勒补偿矩阵 $\boldsymbol{T}_{\text{DC}}(r,k)$ 对第 k 个“距离和”单元的辅助数据 $\boldsymbol{\gamma}_k$ 进行变换，即

$$\boldsymbol{\gamma}_{k,\text{DC}}=\boldsymbol{T}_{\text{DC}}^{\text{H}}(r,k)\odot\boldsymbol{\gamma}_k \tag{6.9}$$

假设主数据位于第 r 个“距离和”单元，经 DC 后，混响空时协方差矩阵的最大似然估计为

$$\begin{aligned}\hat{\boldsymbol{R}}_{\mathrm{DC}} &= \frac{1}{K}\sum_{k=1}^{K}\boldsymbol{\gamma}_{k,\mathrm{DC}}\boldsymbol{\gamma}_{k,\mathrm{DC}}^{\mathrm{H}} \\ &= \frac{1}{K}\sum_{k=1}^{K}\left[\boldsymbol{T}_{\mathrm{DC}}^{\mathrm{H}}\left(r,k\right)\odot\boldsymbol{\gamma}_{k}\right]\left[\boldsymbol{T}_{\mathrm{DC}}^{\mathrm{H}}\left(r,k\right)\odot\boldsymbol{\gamma}_{k}\right]^{\mathrm{H}}\end{aligned} \tag{6.10}$$

得到 $\hat{\boldsymbol{R}}_{\mathrm{DC}}$ 后，根据式（2.47）可计算出 STAP 权向量，从而完成滤波。

6.2.2　ADC

为了使图 6.13 所示的混响谱中心完全重合，文献[12]提出了 ADC 方法，从空域和多普勒域同时对混响进行补偿。图 6.14 给出的是 ADC 效果示意图，其中“o”符号表示对应数据的混响谱中心，结果显示补偿后的混响谱中心在空时平面上完全重合。

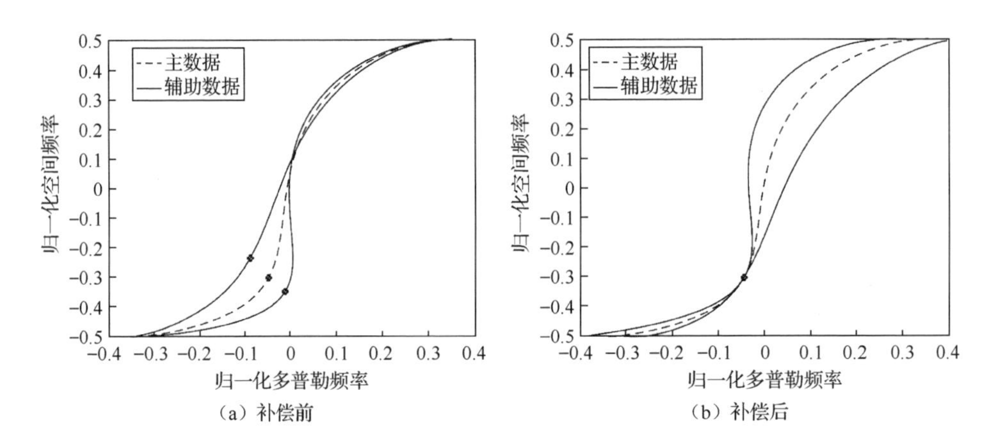

图 6.14　ADC 效果示意图

定义第 r 个和第 k 个“距离和”单元之间的角度-多普勒补偿矩阵为 $\boldsymbol{T}_{\mathrm{ADC}}\left(f_r^s,f_r^d;f_k^s,f_k^d\right)$，利用该矩阵可对第 k 个“距离和”单元数据进行补偿，补偿后两个单元数据的混响谱中心重合。补偿方法可表示为

$$\boldsymbol{T}_{\mathrm{ADC}}\left(f_r^s,f_r^d;f_k^s,f_k^d\right)\odot\boldsymbol{\gamma}_k\left(f_k^s,f_k^d\right)=\boldsymbol{\gamma}_r\left(f_r^s,f_r^d\right) \tag{6.11}$$

式中，$\left(f_k^s, f_k^d\right)$ 和 $\left(f_r^s, f_r^d\right)$ 分别为第 k 个和第 r 个“距离和”单元混响谱中心的归一化空间频率与多普勒频率。$\boldsymbol{T}_{\text{ADC}}\left(f_r^s, f_r^d; f_k^s, f_k^d\right)$ 可以通过下式获得：

$$\boldsymbol{T}_{\text{ADC}}\left(f_r^s, f_r^d; f_k^s, f_k^d\right)=\begin{bmatrix} t_0^d & t_1^d & \cdots & t_{M-1}^d \end{bmatrix}^{\text{T}} \otimes \begin{bmatrix} t_0^s & t_1^s & \cdots & t_{N-1}^s \end{bmatrix}^{\text{T}} \tag{6.12}$$

式中，t_m^d 和 t_n^s 分别为两个“距离和”单元回波在第 m 个时域采样点的相位差以及在第 n 个阵元上的相位差，即

$$\begin{cases} t_m^d\left(f_r^d, f_k^d\right)=\mathrm{e}^{\frac{\mathrm{j}2\pi F_{\text{shift}}(r,k)m}{2f_D}} \\ t_n^s\left(f_r^s, f_k^s\right)=\mathrm{e}^{\mathrm{j}2\pi\beta V_{\text{shift}}(r,k)n} \end{cases} \tag{6.13}$$

其中，$V_{\text{shift}}(r,k)$ 为归一化空间频率，其表达式为

$$V_{\text{shift}}(r,k)=\cos\Psi_{R,r}-\cos\Psi_{R,k} \tag{6.14}$$

经 ADC 后，假设主数据位于第 r 个“距离和”单元，则混响空时协方差矩阵的最大似然估计为

$$\hat{\boldsymbol{R}}_{\text{ADC}}=\frac{1}{K}\sum_{k=1}^{K}\left[\boldsymbol{\gamma}_r\left(f_r^s, f_r^d\right)\right]\left[\boldsymbol{\gamma}_r\left(f_r^s, f_r^d\right)\right]^{\text{H}} \tag{6.15}$$

6.2.3　性能分析

本小节通过仿真实验验证 DC、ADC 及对应 STAP 方法的性能。双基地声呐的主要参数设置为：$T_p=20\text{ms}$，$f_0=15\text{kHz}$，$v_{ts}=5\text{m/s}$，$v_{rs}=5\text{m/s}$，$N=9$，$f_s=400\text{Hz}$，$H_R=H_T=100\text{m}$，$\text{BL}=1000\text{m}$，RNR=30dB，$\Psi_T=90^\circ$，$\delta_R=\delta_T=45^\circ$。

首先考虑小“距离和”情况，令 $R_{\text{sum}}=3000\text{m}<5\text{BL}$。图 6.15 给出了补偿前后的混响空时分布和谱中心。结果表明：与补偿前相比，经 DC 的混响谱中心在多普勒域对齐，但在空域仍然分散；经 ADC 的混响谱中心在空时平面上完全重合，混响的空时扩展得到了有效抑制。以上结果与 6.2.2 小节的分析完全一致。

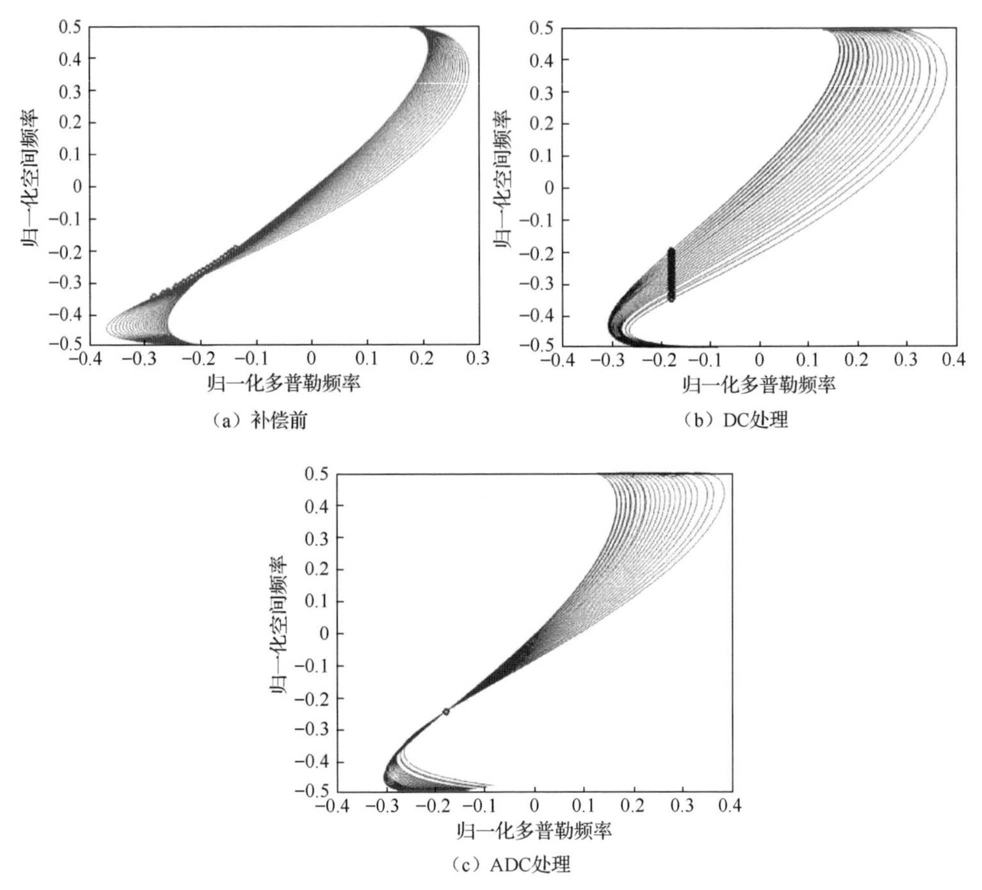

（a）补偿前

（b）DC处理

（c）ADC处理

图 6.15　$R_{\text{sum}} = 3000\text{m}$ 时基于平台信息补偿的混响空时分布和谱中心

图 6.16 给出的是小“距离和”情况基于平台信息补偿的双基地 STAP 的输出信混比曲线，并与未经补偿的 SMI-STAP 进行对比。结果表明，将 SMI-STAP 直接应用于双基地场景，其滤波性能会大幅下降，尤其是凹槽较性能上限有很大展宽。采用了 DC 或 ADC 后，STAP 的滤波性能得到明显提升，其中 ADC 带来的改善效果更好。

接着考虑大“距离和”情况，令 $R_{\text{sum}} = 7500\text{m} > 5\text{BL}$。补偿前后的混响空时分布和谱中心如图 6.17 所示。由图可以看到，当“距离和”变大时，混响空时分布的扩展程度在减小，谱中心的频移也随之变小，相应地，补偿效果没有小“距离和”情况明显。图 6.18 给出的是大“距离和”情况双基地 STAP 的输出信混比曲线，结果表明补偿前 STAP 的滤波性能已接近上限，所以补偿效果有限。

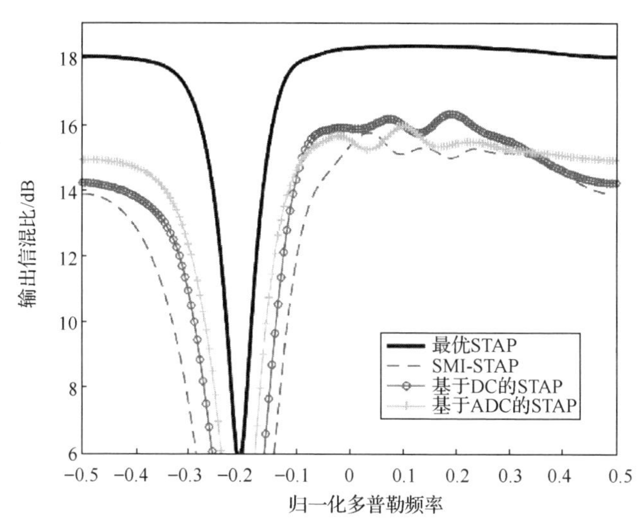

图 6.16 小“距离和”情况基于平台信息补偿的双基地 STAP 输出信混比曲线

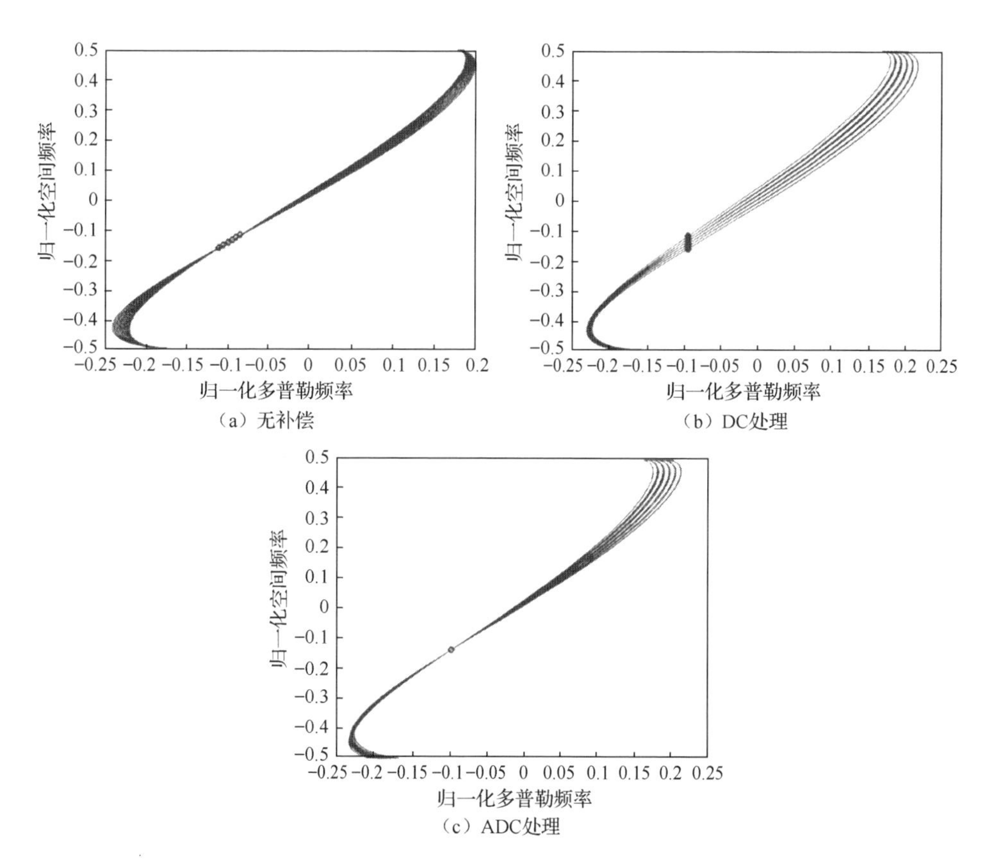

图 6.17 $R_{\mathrm{sum}}=7500\mathrm{m}$ 时基于平台信息补偿的混响空时分布和谱中心

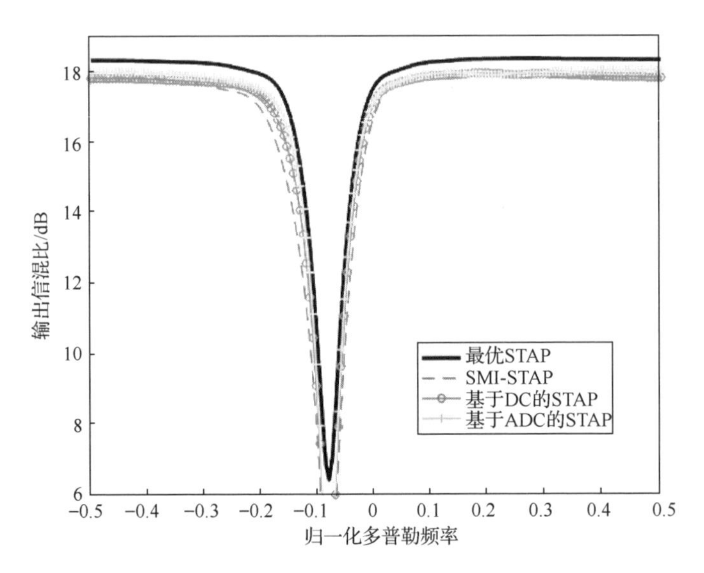

图 6.18 大“距离和”情况基于平台信息补偿的双基地 STAP 输出信混比曲线

6.3 自适应辅助数据补偿

与基于平台信息的补偿方法不同，自适应补偿方法无须已知双基地声呐的几何配置信息，就可实现对主数据和辅助数据混响的有效补偿。本节介绍三种常用自适应补偿方法，分别是导数更新（derivative based updating, DBU）方法[5,17]、非线性时变加权（nonlinear time-varying weighting, NTW）方法[18-20]和自适应角度-多普勒补偿（adaptive ADC, AADC）方法[21-22]。其中，DBU 和 NTW 是将 STAP 模型扩展成时变模型，AADC 则是对 6.2.2 小节的角度-多普勒补偿进行自适应处理。

6.3.1 DBU

DBU 方法是一种线性时变加权法，主要思想是将 STAP 权向量看成“距离和”单元的函数，构造出可随“距离和”线性变化的 STAP 权向量，以跟踪混响空时分布的变化特性。

假设第 r 个“距离和”单元为主数据，可在其附近取 $K = 2K_0$ 个“距离和”单元作为辅助数据。将这 $K+1$ “距离和”单元从 $-K_0$ 到 K_0 排列，其中 0 号单元为主数据，其余为辅助数据。进一步将随“距离和”单元变化的权向量进行泰勒展开，则第 k 个“距离和”单元的权向量[17]可表示为

$$\boldsymbol{w}(k)=\boldsymbol{w}_0+k\dot{\boldsymbol{w}}_0+\frac{k^2}{2}\ddot{\boldsymbol{w}}_0+\cdots \tag{6.16}$$

式中，$k=-K_0,-K_0+1,\cdots,K_0-1,K_0$；$\boldsymbol{w}_0=\boldsymbol{w}(0)$是$k=0$时 STAP 权值；$\dot{\boldsymbol{w}}_0=\dot{\boldsymbol{w}}(0)$、$\ddot{\boldsymbol{w}}_0=\ddot{\boldsymbol{w}}(0)$分别是$k=0$时权值对“距离和”单元的一、二阶导数。若$k^2$项及更高阶项较小且可以忽略，则基于 DBU 方法的权向量表达式仅剩零阶项和一阶项，即

$$\boldsymbol{w}_{\text{DBU}}(k)=\boldsymbol{w}_0+k\dot{\boldsymbol{w}}_0 \tag{6.17}$$

相应地，STAP 滤波输出为

$$y_{\text{DBU}}(k)=\boldsymbol{w}_{\text{DBU}}^{\text{H}}(k)\boldsymbol{\gamma}_k=\boldsymbol{w}_0^{\text{H}}\boldsymbol{\gamma}_k+k\dot{\boldsymbol{w}} \tag{6.18}$$

定义扩展数据向量$\boldsymbol{\gamma}_{\text{DBU}}(k)=\begin{bmatrix}\boldsymbol{\gamma}_k & k\boldsymbol{\gamma}_k\end{bmatrix}^{\text{T}}$，则式（6.18）变为

$$y_{\text{DBU}}(k)=\begin{bmatrix}\boldsymbol{w}_0\\ \dot{\boldsymbol{w}}_0\end{bmatrix}^{\text{H}}\begin{bmatrix}\boldsymbol{\gamma}_k\\ k\boldsymbol{\gamma}_k\end{bmatrix}=\tilde{\boldsymbol{w}}_{\text{DBU}}^{\text{H}}\boldsymbol{\gamma}_{\text{DBU}}(k) \tag{6.19}$$

式中，$\tilde{\boldsymbol{w}}_{\text{DBU}}$与距离无关；$\boldsymbol{\gamma}_{\text{DBU}}(k)$则包含了“距离和”单元信息。按式（6.19）所定义的扩展模型可将扩展导向向量$\boldsymbol{v}_{t,\text{DBU}}$和第$k$个“距离和”单元混响的扩展空时协方差矩阵$\boldsymbol{R}_{\text{DBU}}$分别表示为

$$\boldsymbol{v}_{t,\text{DBU}}=\begin{bmatrix}\boldsymbol{v}_t\\ \boldsymbol{0}\end{bmatrix} \tag{6.20}$$

和

$$\boldsymbol{R}_{\text{DBU}}(k)=E\left[\boldsymbol{\gamma}_{\text{DBU}}(k)\boldsymbol{\gamma}_{\text{DBU}}^{\text{H}}(k)\right] \tag{6.21}$$

$\boldsymbol{R}_{\text{DBU}}$可由$\boldsymbol{\gamma}_{\text{DBU}}$的样本协方差矩阵获得，即

$$\begin{aligned}\hat{\boldsymbol{R}}_{\text{DBU}}&=\frac{1}{K}\sum_{\substack{k=-K_0\\ k\neq r}}^{k=K_0}\boldsymbol{\gamma}_{\text{DBU}}(k)\boldsymbol{\gamma}_{\text{DBU}}^{\text{H}}(k)\\ &=\frac{1}{K}\sum_{\substack{k=-K_0\\ k\neq r}}^{k=K_0}\begin{bmatrix}\boldsymbol{\gamma}_k\\ k\boldsymbol{\gamma}_k\end{bmatrix}\begin{bmatrix}\boldsymbol{\gamma}_k\\ k\boldsymbol{\gamma}_k\end{bmatrix}^{\text{H}}\\ &=\frac{1}{K}\sum_{\substack{k=-K_0\\ k\neq r}}^{k=K_0}\begin{bmatrix}\tilde{\boldsymbol{R}}(k) & k\tilde{\boldsymbol{R}}(k)\\ k\tilde{\boldsymbol{R}}(k) & k^2\tilde{\boldsymbol{R}}(k)\end{bmatrix}\end{aligned} \tag{6.22}$$

式中，$\tilde{\boldsymbol{R}}(k)=\boldsymbol{\gamma}_k\boldsymbol{\gamma}_k^{\text{H}}$。

随着 K 值增大并受 $k^2\tilde{\boldsymbol{R}}(k)$ 项的影响，$\hat{\boldsymbol{R}}_{\mathrm{DBU}}$ 有可能为病态矩阵。为避免这一情况，在扩展数据中引入标量因子 ξ，即

$$\boldsymbol{\gamma}_{\mathrm{DBU}}(k)=\begin{bmatrix}\boldsymbol{\gamma}_k\\ \xi k\boldsymbol{\gamma}_k\end{bmatrix} \tag{6.23}$$

此时 $\hat{\boldsymbol{R}}_{\mathrm{DBU}}$ 变为

$$\hat{\boldsymbol{R}}_{\mathrm{DBU}}=\frac{1}{K}\sum_{k=-K_0,k\neq r}^{k=K_0}\begin{bmatrix}\boldsymbol{\gamma}_k\\ \xi k\boldsymbol{\gamma}_k\end{bmatrix}\begin{bmatrix}\boldsymbol{\gamma}_k\\ \xi k\boldsymbol{\gamma}_k\end{bmatrix}^{\mathrm{H}} \tag{6.24}$$

式中，ξ 的选取方法是使式 $\hat{\boldsymbol{R}}_{\mathrm{DBU}}$ 成为单位阵[23]，即

$$\frac{1}{K}\sum_{k=-K_0,k\neq r}^{k=K_0}|\xi k|^2=1 \tag{6.25}$$

求解式（6.26）可得

$$\xi=\sqrt{\frac{12}{K^2-1}} \tag{6.26}$$

综合以上结果，基于 DBU 补偿的 STAP 方法的权向量为

$$\tilde{\boldsymbol{w}}_{\mathrm{DBU}}=\frac{\hat{\boldsymbol{R}}_{\mathrm{DBU}}^{-1}\boldsymbol{v}_{t,\mathrm{DBU}}}{\boldsymbol{v}_{t,\mathrm{DBU}}^{\mathrm{H}}\hat{\boldsymbol{R}}_{\mathrm{DBU}}^{-1}\boldsymbol{v}_{t,\mathrm{DBU}}} \tag{6.27}$$

相应的输出信混比为

$$\begin{aligned}\mathrm{SRR}_{\mathrm{out}}&=\frac{E\left[\tilde{\boldsymbol{w}}_{\mathrm{DBU}}^{\mathrm{H}}\boldsymbol{v}_{t,\mathrm{DBU}}\boldsymbol{v}_{t,\mathrm{DBU}}^{\mathrm{H}}\tilde{\boldsymbol{w}}_{\mathrm{DBU}}\right]}{E\left[\tilde{\boldsymbol{w}}_{\mathrm{DBU}}^{\mathrm{H}}\boldsymbol{\gamma}_{\mathrm{DBU}}(r)\boldsymbol{\gamma}_{\mathrm{DBU}}^{\mathrm{H}}(r)\tilde{\boldsymbol{w}}_{\mathrm{DBU}}\right]}\\&=\frac{\tilde{\boldsymbol{w}}_{\mathrm{DBU}}^{\mathrm{H}}\boldsymbol{v}_{t,\mathrm{DBU}}\boldsymbol{v}_{t,\mathrm{DBU}}^{\mathrm{H}}\tilde{\boldsymbol{w}}_{\mathrm{DBU}}}{\tilde{\boldsymbol{w}}_{\mathrm{DBU}}^{\mathrm{H}}E\left[\boldsymbol{x}_{\mathrm{DBU}}(r)\boldsymbol{x}_{\mathrm{DBU}}^{\mathrm{H}}(r)\right]\tilde{\boldsymbol{w}}_{\mathrm{DBU}}}\end{aligned} \tag{6.28}$$

式中，

$$\begin{aligned}E\left[\boldsymbol{x}_{\mathrm{DBU}}(r)\boldsymbol{x}_{\mathrm{DBU}}^{\mathrm{H}}(r)\right]&=E\left(\begin{bmatrix}\boldsymbol{\gamma}_r\\ \xi r\boldsymbol{\gamma}_r\end{bmatrix}\begin{bmatrix}\boldsymbol{\gamma}_r\\ \xi r\boldsymbol{\gamma}_r\end{bmatrix}^{\mathrm{H}}\right)\\&=\begin{bmatrix}\boldsymbol{R}&\xi r\boldsymbol{R}\\ \xi r\boldsymbol{R}&(\xi r)^2\boldsymbol{R}\end{bmatrix}\end{aligned} \tag{6.29}$$

6.3.2 NTW

NTW 方法将泰勒展开的二阶项引入模型中，扩展了模型的非线性能力[18,24]。取式（6.16）中的零阶、一阶、二阶项，可将 STAP 权向量写为

$$\boldsymbol{w}_{\mathrm{NTW}}\left(k\right)=\boldsymbol{w}_0+k\dot{\boldsymbol{w}}_0+\frac{k^2}{2}\ddot{\boldsymbol{w}}_0 \tag{6.30}$$

此时第 k 个“距离和”单元的 STAP 滤波输出为

$$\begin{aligned}y_{\mathrm{NTW}}\left(k\right)&=\boldsymbol{w}_{\mathrm{NTW}}^{\mathrm{H}}\left(k\right)\boldsymbol{\gamma}_k\\&=\boldsymbol{w}_0^{\mathrm{H}}\boldsymbol{X}_r+k\dot{\boldsymbol{w}}_0^{\mathrm{H}}\boldsymbol{\gamma}_k+\frac{k^2}{2}\ddot{\boldsymbol{w}}_0^{\mathrm{H}}\\&=\begin{bmatrix}\boldsymbol{w}_0\\\dot{\boldsymbol{w}}_0\\\ddot{\boldsymbol{w}}_0\end{bmatrix}^{\mathrm{H}}\begin{bmatrix}\boldsymbol{\gamma}_k\\r\boldsymbol{\gamma}_k\\\dfrac{k^2}{2}\boldsymbol{\gamma}_k\end{bmatrix}=\tilde{\boldsymbol{w}}_{\mathrm{NTW}}^{\mathrm{H}}\boldsymbol{\gamma}_{\mathrm{NTW}}\left(k\right)\end{aligned} \tag{6.31}$$

式中，$\boldsymbol{\gamma}_{\mathrm{NTW}}$ 为二阶数据扩展向量，其表达式为

$$\boldsymbol{\gamma}_{\mathrm{NTW}}\left(k\right)=\begin{bmatrix}\boldsymbol{\gamma}_k\\r\boldsymbol{\gamma}_k\\\dfrac{r^2}{2}\boldsymbol{\gamma}_k\end{bmatrix} \tag{6.32}$$

定义二阶扩展导向向量 $\boldsymbol{v}_{t,\mathrm{NTW}}$ 和第 k 个“距离和”单元混响的空时协方差矩阵 $\boldsymbol{R}_{\mathrm{NTW}}\left(k\right)$ 如下：

$$\boldsymbol{v}_{t,\mathrm{NTW}}=\begin{bmatrix}\boldsymbol{v}_t\\\boldsymbol{0}\\\boldsymbol{0}\end{bmatrix} \tag{6.33}$$

$$\boldsymbol{R}_{\mathrm{NTW}}\left(k\right)=E\left[\boldsymbol{\gamma}_{\mathrm{NTW}}\left(k\right)\boldsymbol{\gamma}_{\mathrm{NTW}}^{\mathrm{H}}\left(k\right)\right] \tag{6.34}$$

则基于 NTW 方法的权向量变为

$$\tilde{\boldsymbol{w}}_{\mathrm{NTW}}=\begin{bmatrix}\boldsymbol{w}_0\\\dot{\boldsymbol{w}}_0\\\ddot{\boldsymbol{w}}_0\end{bmatrix}=\frac{\hat{\boldsymbol{R}}_{\mathrm{NTW}}^{-1}\boldsymbol{v}_{t,\mathrm{NTW}}}{\boldsymbol{v}_{t,\mathrm{NTW}}^{\mathrm{H}}\hat{\boldsymbol{R}}_{\mathrm{NTW}}^{-1}\boldsymbol{v}_{t,\mathrm{NTW}}}\tag{6.35}$$

式中，$\hat{\boldsymbol{R}}_{\mathrm{NTW}}$ 为基于 $\boldsymbol{\gamma}_{\mathrm{NTW}}(k)$ 的样本协方差矩阵，其表达式为

$$\begin{aligned}\hat{\boldsymbol{R}}_{\mathrm{NTW}}&=\frac{1}{K}\sum_{k=-K_0,k\neq r}^{k=K_0}\boldsymbol{\gamma}_{\mathrm{NTW}}(k)\boldsymbol{\gamma}_{\mathrm{NTW}}^{\mathrm{H}}(k)\\&=\frac{1}{K}\sum_{k=-K_0,k\neq r}^{k=K_0}\begin{bmatrix}\tilde{\boldsymbol{R}}(k)&k\tilde{\boldsymbol{R}}(k)&\frac{k^2}{2}\tilde{\boldsymbol{R}}(k)\\k\tilde{\boldsymbol{R}}(k)&k^2\tilde{\boldsymbol{R}}(k)&\frac{k^3}{2}\tilde{\boldsymbol{R}}(k)\\\frac{k^2}{2}\tilde{\boldsymbol{R}}(k)&\frac{k^3}{2}\tilde{\boldsymbol{R}}(k)&k^4\tilde{\boldsymbol{R}}(k)\end{bmatrix}\end{aligned}\tag{6.36}$$

同 DBU 方法一样，随着 K 值的增大，$\hat{\boldsymbol{R}}_{\mathrm{NTW}}$ 可能变为病态矩阵。为避免这一情况，在二阶扩展数据向量中引入标量因子 ξ_1 与 ξ_2，则

$$\boldsymbol{\gamma}_{\mathrm{NTW}}(k)=\begin{bmatrix}\boldsymbol{\gamma}_k\\\xi_1k\boldsymbol{\gamma}_k\\\frac{\xi_2k^2}{2}\boldsymbol{\gamma}_k\end{bmatrix}\tag{6.37}$$

$$\hat{\boldsymbol{R}}_{\mathrm{NTW}}=\frac{1}{K}\sum_{k=-K_0,k\neq r}^{k=K_0}\begin{bmatrix}\tilde{\boldsymbol{R}}(k)&\xi_1\tilde{\boldsymbol{R}}(k)&\frac{\xi_2k^2}{2}\tilde{\boldsymbol{R}}(k)\\\xi_1k\tilde{\boldsymbol{R}}(k)&\xi_1^2k^2\tilde{\boldsymbol{R}}(k)&\frac{\xi_1\xi_2k^3}{2}\tilde{\boldsymbol{R}}(k)\\\frac{\xi_2k^2}{2}\tilde{\boldsymbol{R}}(k)&\frac{\xi_1\xi_2k^3}{2}\tilde{\boldsymbol{R}}(k)&\frac{\xi_2^2k^4}{4}\tilde{\boldsymbol{R}}(k)\end{bmatrix}\tag{6.38}$$

式中，ξ_1 与 ξ_2 的确定方法是使 $\hat{\boldsymbol{R}}_{\mathrm{NTW}}$ 成为一个单位阵，即

$$\begin{cases}\dfrac{1}{K}\displaystyle\sum_{k=-K_0}^{K_0}\xi_1^2k^2=1\\\dfrac{1}{4K}\displaystyle\sum_{k=-K_0}^{K_0}\xi_2^2k^4=1\end{cases}\tag{6.39}$$

求解式（6.39），可得

$$\begin{cases} \xi_1 = \sqrt{\dfrac{12}{K^2 - 1}} \\ \xi_2 = \sqrt{\dfrac{2K}{K_0\left(6K_0{}^4 + 15K_0{}^3 + 10K_0{}^2 - 1\right)}} \end{cases} \tag{6.40}$$

该 STAP 方法的输出信混比为

$$\mathrm{SRR_{out}} = \frac{\tilde{\boldsymbol{w}}_{\mathrm{NTW}}^{\mathrm{H}} \boldsymbol{v}_{t,\mathrm{NTW}} \boldsymbol{v}_{t,\mathrm{NTW}}^{\mathrm{H}} \tilde{\boldsymbol{w}}_{\mathrm{NTW}}}{\tilde{\boldsymbol{w}}_{\mathrm{NTW}}^{\mathrm{H}} E\left[\boldsymbol{\gamma}_{\mathrm{NTW}} \boldsymbol{\gamma}_{\mathrm{NTW}}^{\mathrm{H}}\right] \tilde{\boldsymbol{w}}_{\mathrm{NTW}}} \tag{6.41}$$

式中，

$$E\left[\boldsymbol{\gamma}_{\mathrm{NTW}} \boldsymbol{\gamma}_{\mathrm{NTW}}^{\mathrm{H}}\right] = \begin{bmatrix} \boldsymbol{R} & \xi_1 \boldsymbol{R} & \dfrac{\xi_2 k^2}{2} \boldsymbol{R} \\ \xi_1 k \boldsymbol{R} & \xi_1{}^2 k^2 \boldsymbol{R} & \dfrac{\xi_1 \xi_2 k^3}{2} \boldsymbol{R} \\ \dfrac{\xi_2 k^2}{2} \boldsymbol{R} & \dfrac{\xi_1 \xi_2 k^3}{2} \boldsymbol{R} & \dfrac{\xi_2{}^2 k^4}{4} \boldsymbol{R} \end{bmatrix} \tag{6.42}$$

6.3.3 AADC

首先对辅助数据 $\boldsymbol{\gamma}_k$ 进行如下变换：

$$\boldsymbol{T}_{\mathrm{ADC}}(k) \odot \boldsymbol{\gamma}_k = \boldsymbol{\gamma}_r \tag{6.43}$$

AADC 方法的基本思想是首先依据式（6.43）计算出 $\boldsymbol{T}_{\mathrm{ADC}}(k)$，进而采用补偿矩阵分别对各“距离和”单元进行 ADC 补偿。具体来说，为了估计出第 k 个“距离和”单元混响最大能量对应的角度值与多普勒频率值，需要将该“距离和”单元内的所有空时快拍重新组织为一个 $M \times N$ 的矩阵，即

$$\boldsymbol{X}_k = \begin{bmatrix} x_{k,0}^0 & x_{k,0}^1 & \cdots & x_{k,0}^{N-1} \\ x_{k,1}^0 & x_{k,1}^1 & \cdots & x_{k,1}^{N-1} \\ \vdots & \vdots & & \vdots \\ x_{k,M-1}^0 & x_{k,M-1}^1 & \cdots & x_{k,M-1}^{N-1} \end{bmatrix} \tag{6.44}$$

式中，$x_{k,m}^n$ 含义同第 2 章，表示在第 k 个“距离和”单元中第 n 个阵元对应的第 m 个时域数据。

由于接收阵列为等间距线阵，可以按 $L_0 = l_1 l_2$ 个数据为一组对 $\boldsymbol{X}_k$ 进行平滑，从而获得多个子数据阵，并将其按空时快拍进行重排。若 $l_1 = l_2 = 2$，第一个子阵变为下式黑框选中的数据组，即

$$\boldsymbol{X}_k = \begin{bmatrix} \boxed{\begin{matrix} x_{k,0}^0 & x_{k,0}^1 \\ x_{k,1}^0 & x_{k,1}^1 \end{matrix}} & \cdots & x_{k,0}^{N-1} \\ & \cdots & x_{k,1}^{N-1} \\ \vdots \quad \vdots & & \vdots \\ x_{k,M-1}^0 \quad x_{k,M-1}^1 & \cdots & x_{k,M-1}^{N-1} \end{bmatrix} \tag{6.45}$$

将该数据组记为 $\tilde{\boldsymbol{X}}_{k,1}$。以 L_0 长度滑动黑框，共可获得 $L_1 = (M+1-l_1)(N+1-l_2)$ 个子数据组。对 $\tilde{\boldsymbol{X}}_{k,1}$ 按列重排，可以得到如下空时快拍：

$$\tilde{\boldsymbol{\gamma}}_{k,1} = \mathrm{vec}\left(\tilde{\boldsymbol{X}}_{k,1}\right) = \left[x_{k,0}^0 \quad x_{k,1}^0 \quad x_{k,0}^1 \quad x_{k,1}^1\right]^{\mathrm{T}} \tag{6.46}$$

基于 $\tilde{\boldsymbol{\gamma}}_{k,1}$ 的样本协方差矩阵为

$$\hat{\boldsymbol{R}}_k = \frac{1}{L_1} \sum_{l_0=1}^{l_0=L_1} \tilde{\boldsymbol{\gamma}}_{k,l_0} \tilde{\boldsymbol{\gamma}}_{k,l_0}^{\mathrm{H}} \tag{6.47}$$

式中，$L_1 = (M+1-l_1)(N+1-l_2)$。进一步搜索混响的最小方差功率谱，可获得峰值功率对应的归一化空间频率 $\hat{f}_k^s$ 和多普勒频率 $\hat{f}_k^d$，即

$$\left(\hat{f}_k^s, \hat{f}_k^d\right) = \underset{\left(f_k^s, f_k^d\right)}{\arg\max} \frac{1}{\boldsymbol{v}_{t,\mathrm{sm}}^{\mathrm{H}}\left(f_k^s, f_k^d\right) \hat{\boldsymbol{R}}_k^{-1} \boldsymbol{v}_{t,\mathrm{sm}}\left(f_k^s, f_k^d\right)} \tag{6.48}$$

式中，$\boldsymbol{v}_{t,\mathrm{sm}}\left(f_k^s, f_k^d\right)$ 为平滑后的空时导向向量，由 $\boldsymbol{v}_t\left(f_k^s, f_k^d\right)$ 中的前 L_0 个元素构成。

值得注意的是，式（6.47）中 l_1 和 l_2 的选取需要对 $\hat{f}_k^s$ 和 $\hat{f}_k^d$ 的分辨率和准确性进行权衡。l_1 和 l_2 越小，频率估计的准确性越高，但分辨率随之降低。获得 $\hat{f}_k^s$ 和 $\hat{f}_k^d$ 后，将其分别与主数据的归一化空间频率和多普勒频率相减可获得相对频移，进而依据式（6.12）计算补偿矩阵 $\boldsymbol{T}_{\mathrm{ADC}}(k)$。随后的处理步骤同 6.2.2 小节，这里不再赘述。

6.3.4　性能分析

本小节通过仿真实验验证 DBU、NTW、AADC 及对应 STAP 方法的性能。双基地声呐的主要参数设置与 6.2.3 小节相同，相应地，小“距离和”与大“距离和”的混响空时分布如图 6.15 和图 6.17 所示。图 6.19 显示的是基于 DBU 和 NTW 的双基地 STAP 输出信混比曲线，由图可以看到，两种 STAP 方法均可以较好地对双基地声呐的混响特性进行跟踪，其凹槽明显小于 SMI-STAP，其中 NTW 补偿的性能更优。

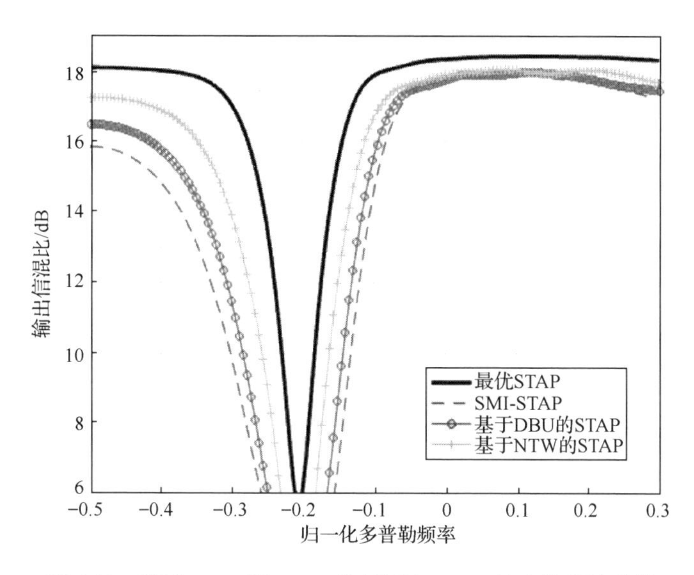

图 6.19　基于 DBU 和 NTW 的双基地 STAP 输出信混比曲线

进一步对 AADC 和 ADC 的补偿性能进行对比，如图 6.20 所示。对于 AADC，设置 $l_1=\dfrac{M}{3}$、$l_2=\dfrac{N}{3}$，其余参数同图 6.19。可以看出，AADC 谱中心的对齐效果已非常接近 ADC，所存在的偏差是由角度和多普勒估计误差带来的。图 6.21 给出了基于 AADC、ADC 的双基地 STAP 输出信混比曲线，结果表明，相比未补偿的 SMI-STAP，AADC 的凹槽更窄且非常接近 ADC。例如在归一化多普勒频率为 0.3 时，AADC 相对于 ADC 的信混比损失仅有 1dB。

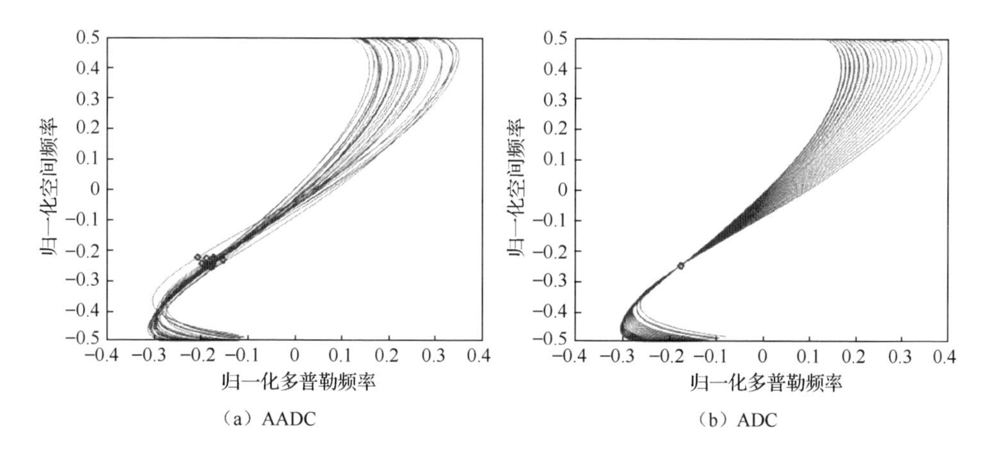

图 6.20　AADC 和 ADC 的补偿效果对比图

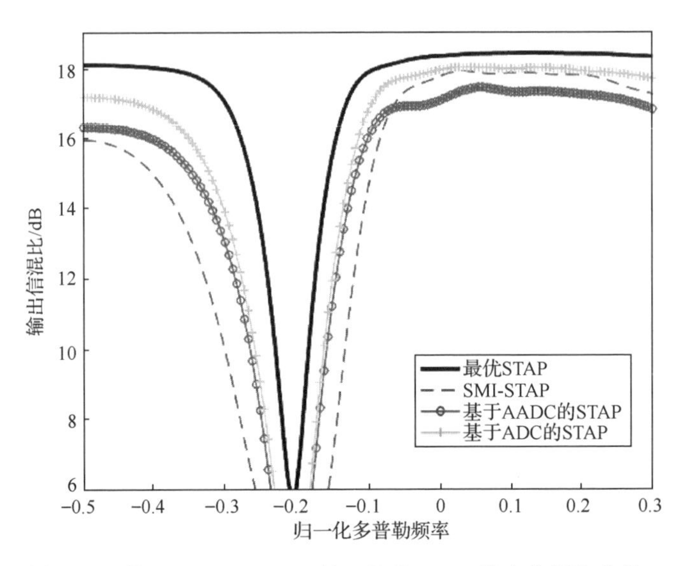

图 6.21　基于 AADC、ADC 的双基地 STAP 输出信混比曲线 1

最后考虑平台配置信息存在误差的情况，设置 $v_{ts} = 4.8\text{m/s}$ 、 $v_{rs} = 5.2\text{m/s}$ 、 $\text{BL} = 990\text{m}$ ，其余参数与图 6.21 保持一致，仿真结果由图 6.22 给出。可以看到基于 ADC 的 STAP 方法在性能上出现了一定衰减，其凹槽变得更宽，已经差于基于 AADC 的 STAP 方法。

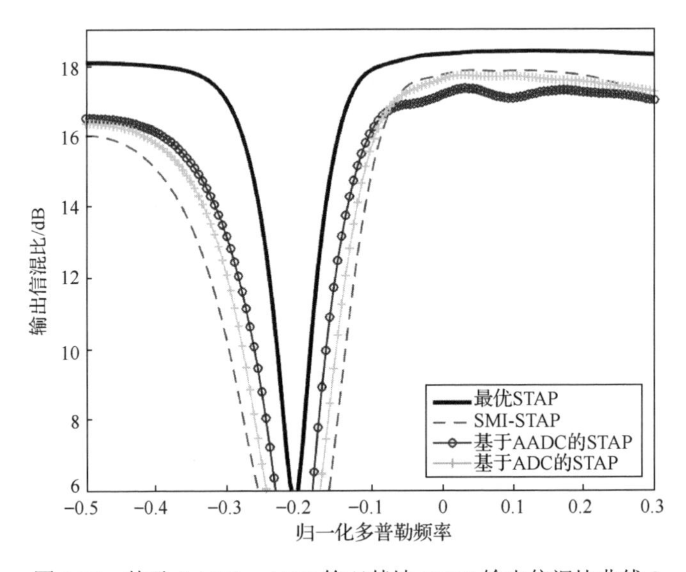

图 6.22　基于 AADC、ADC 的双基地 STAP 输出信混比曲线 2

6.4 知识基双基地 STAP

当辅助数据不足时，双基地 STAP 的滤波性能也将大幅下降。可引入第 4 章的知识基方法，并与上述补偿措施相结合来解决这一问题。本节介绍三种知识基双基地 STAP，即双基地斜对称 STAP、MIAA-STAP 和 SPICE-STAP。

6.4.1 双基地斜对称 STAP

利用 4.1.1 小节所示的斜对称特性，可将辅助数据长度扩展为原来的两倍[25]。本节将该特性与 DC 方法相结合，得到双基地斜对称 STAP 方法。

具体来说，式（4.12）给出了经等价变换后的主数据 $\boldsymbol{\gamma}_p$ 和辅助数据 $\boldsymbol{\gamma}_{pk}$，其中矩阵 $\boldsymbol{T}$ 和辅助数据 $\boldsymbol{\gamma}_{pk}$ 需要分别进行如下 DC 处理：

$$\boldsymbol{T}_{p,\mathrm{DC}}(r,k)=\boldsymbol{T}_{\mathrm{DC}}(r,k) \tag{6.49}$$

$$\boldsymbol{\gamma}_{p,k,\mathrm{DC}}=\boldsymbol{T}_{p,\mathrm{DC}}^{\mathrm{H}}(r,k)\odot\boldsymbol{\gamma}_{pk} \tag{6.50}$$

则混响协方差矩阵的最大似然估计[25]为

$$\begin{aligned}\hat{\boldsymbol{R}}_{p,\mathrm{DC}}&=\frac{1}{K}\mathrm{Re}\left(\sum_{k=1}^{K}\boldsymbol{\gamma}_{p,k,\mathrm{DC}}\boldsymbol{\gamma}_{p,k,\mathrm{DC}}^{\mathrm{H}}\right)\\&=\frac{1}{K}\mathrm{Re}\left\{\sum_{k=1}^{K}\left[\boldsymbol{T}_{p,\mathrm{DC}}^{\mathrm{H}}(r,k)\odot\boldsymbol{\gamma}_{pk}\right]\left[\boldsymbol{T}_{p,\mathrm{DC}}^{\mathrm{H}}(r,k)\odot\boldsymbol{\gamma}_{pk}\right]^{\mathrm{H}}\right\}\end{aligned} \tag{6.51}$$

双基地斜对称 STAP 的权向量为

$$\hat{\boldsymbol{w}}_{p,\mathrm{DC}}=\frac{\hat{\boldsymbol{R}}_{p,\mathrm{DC}}^{-1}\boldsymbol{v}_p}{\boldsymbol{v}_p^{\mathrm{H}}\hat{\boldsymbol{R}}_{p,\mathrm{DC}}^{-1}\boldsymbol{v}_p} \tag{6.52}$$

相应地，STAP 滤波输出为

$$y_{p,\mathrm{DC}}=\hat{\boldsymbol{w}}_{p,\mathrm{DC}}^{\mathrm{H}}\boldsymbol{\gamma}_p \tag{6.53}$$

6.4.2 双基地 MIAA-STAP

在使用 DC 之后，可利用稀疏恢复的相关算法对空时协方差矩阵进行估计。若采用 MIAA 方法，则可以得到双基地 MIAA-STAP。

首先回顾 4.2 节中稀疏恢复的基本模型。经过预处理后，接收信号可稀疏表示为

$$\boldsymbol{\gamma} = \boldsymbol{\Phi}\boldsymbol{\alpha} + \boldsymbol{n} \tag{6.54}$$

式中，$\boldsymbol{\Phi} = \left[\boldsymbol{v}\left(f_{d,1}, f_{s,1}\right) \ \cdots \ \boldsymbol{v}\left(f_{d,1}, f_{s,N_s}\right) \ \cdots \ \boldsymbol{v}\left(f_{d,N_d}, f_{s,N_s}\right) \right]$称为空时字典。空时协方差矩阵 $\boldsymbol{R} = E\left[\boldsymbol{\gamma}\boldsymbol{\gamma}^{\mathrm{H}}\right] = \boldsymbol{\Phi}\boldsymbol{\Gamma}\boldsymbol{\Phi}^{\mathrm{H}}$，其中，$\boldsymbol{\Gamma} = \mathrm{diag}\left(\boldsymbol{p}\right)$，且$\boldsymbol{p} = \left[p_{1,1} \ \ p_{1,2} \ \ \cdots \ \ p_{N_d,N_s} \right]$为稀疏空时功率谱。

使用多普勒补偿矩阵 $\boldsymbol{T}_{\mathrm{DC}}\left(r,k\right)$ 对辅助数据进行补偿后，便可采用 MIAA 方法来估计 $\boldsymbol{R}$ [26]。假设补偿后的辅助数据服从高斯分布，其似然函数为

$$p\left(\boldsymbol{\gamma}_{1,\mathrm{DC}}, \cdots, \boldsymbol{\gamma}_{K,\mathrm{DC}}\right) = \frac{1}{\pi^{MNL} \det\left(\boldsymbol{R}\right)^{K}} \exp\left[\sum_{k=1}^{K} \boldsymbol{\gamma}_{k,\mathrm{DC}}^{\mathrm{H}} \boldsymbol{R}^{-1} \boldsymbol{\gamma}_{k,\mathrm{DC}} \right] \tag{6.55}$$

式中，

$$\boldsymbol{\gamma}_{k,\mathrm{DC}} = \boldsymbol{T}_{\mathrm{DC}}^{\mathrm{H}}\left(r,k\right) \odot \boldsymbol{\gamma}_{k} \tag{6.56}$$

式（6.55）对 p_{k_d,k_s} 求导并令结果等于零，可得

$$\hat{p}_{k_d,k_s}^{\mathrm{ML}} = \arg\min\left(K \ln\det\left(\boldsymbol{R}\right) + \sum_{K=1}^{K} \boldsymbol{\gamma}_{k}^{\mathrm{H}} \boldsymbol{R}^{-1} \boldsymbol{\gamma}_{k} \right) \tag{6.57}$$

式中，$\hat{p}_{k_d,k_s}^{\mathrm{ML}}$ 为 p_{k_d,k_s} 的最大似然估计，$k_d = 1,2,\cdots,N_d$，$k_s = 1,2,\cdots,N_s$。

式（6.57）可进一步展开为

$$\begin{aligned} \hat{p}_{k_d,k_s}^{\mathrm{ML}} = \arg\min \Bigg\{ & K \ln\left[1 + \boldsymbol{v}^{\mathrm{H}}\left(f_{d,k_d}, f_{s,k_s}\right) \boldsymbol{Q}_{k_d,k_s}^{-1} \boldsymbol{v}\left(f_{d,k_d}, f_{s,k_s}\right) \right] \\ & - \mathrm{tr}\left[\frac{P_{k_d,k_s} \sum_{K=1}^{K} \boldsymbol{\gamma}_{k}^{\mathrm{H}} \boldsymbol{Q}_{k_d,k_s}^{-1} \boldsymbol{v}\left(f_{d,k_d}, f_{s,k_s}\right) \boldsymbol{v}^{\mathrm{H}}\left(f_{d,k_d}, f_{s,k_s}\right) \boldsymbol{Q}_{k_d,k_s}^{-1} \boldsymbol{\gamma}_{k}}{1 + \boldsymbol{v}^{\mathrm{H}}\left(f_{d,k_d}, f_{s,k_s}\right) \boldsymbol{Q}_{k_d,k_s}^{-1} \boldsymbol{v}\left(f_{d,k_d}, f_{s,k_s}\right)} \right] \Bigg\} \end{aligned} \tag{6.58}$$

式中，

$$\boldsymbol{Q}_{k_d,k_s} = \boldsymbol{R} - p_{k_d,k_s} \boldsymbol{v}\left(f_{d,k_d}, f_{s,k_s}\right) \boldsymbol{v}^{\mathrm{H}}\left(f_{d,k_d}, f_{s,k_s}\right) \tag{6.59}$$

式（6.58）对 p_{k_d,k_s} 进行求导并令结果等于零，有

$$\hat{p}_{k_d,k_s}^{\mathrm{ML}} = \frac{\boldsymbol{v}^{\mathrm{H}}\left(f_{d,k_d}, f_{s,k_s}\right) \boldsymbol{Q}_{k_d,k_s}^{-1} \left(\hat{\boldsymbol{R}}_{\mathrm{DC}} - \boldsymbol{Q}_{k_d,k_s} \right) \boldsymbol{Q}_{k_d,k_s}^{-1} \boldsymbol{v}\left(f_{d,k_d}, f_{s,k_s}\right)}{\left[\boldsymbol{v}^{\mathrm{H}}\left(f_{d,k_d}, f_{s,k_s}\right) \boldsymbol{Q}_{k_d,k_s}^{-1} \boldsymbol{v}\left(f_{d,k_d}, f_{s,k_s}\right) \right]^{2}} \tag{6.60}$$

式中，$\hat{\boldsymbol{R}}_{\mathrm{DC}}$ 由式（6.10）给出。式（6.60）可拆分为

$$\hat{p}_{k_d,k_s}^{\mathrm{ML}}=\hat{p}_{k_d,k_s}^{\mathrm{MIAA}}+p_{k_d,k_s}-p_{k_d,k_s}^{\mathrm{Capon}} \tag{6.61}$$

式中，

$$\hat{p}_{k_d,k_s}^{\mathrm{MIAA}}=\frac{\boldsymbol{v}^{\mathrm{H}}\left(f_{d,k_d},f_{s,k_s}\right)\boldsymbol{R}^{-1}\hat{\boldsymbol{R}}_{\mathrm{DC}}\boldsymbol{R}^{-1}\boldsymbol{v}\left(f_{d,k_d},f_{s,k_s}\right)}{\left[\boldsymbol{v}^{\mathrm{H}}\left(f_{d,k_d},f_{s,k_s}\right)\boldsymbol{R}^{-1}\boldsymbol{v}\left(f_{d,k_d},f_{s,k_s}\right)\right]^2} \tag{6.62}$$

MIAA 方法采用以下启发式迭代对空时功率谱进行更新：

$$\hat{p}_{k_d,k_s}^{\mathrm{ML}}(j+1)=\frac{\boldsymbol{v}^{\mathrm{H}}\left(f_{d,k_d},f_{s,k_s}\right)\boldsymbol{R}^{-1}(j)\hat{\boldsymbol{R}}_{\mathrm{DC}}\boldsymbol{R}^{-1}(j)\boldsymbol{v}\left(f_{d,k_d},f_{s,k_s}\right)}{\left[\boldsymbol{v}^{\mathrm{H}}\left(f_{d,k_d},f_{s,k_s}\right)\boldsymbol{R}^{-1}(j)\boldsymbol{v}\left(f_{d,k_d},f_{s,k_s}\right)\right]^2} \tag{6.63}$$

综上所述，双基地 MIAA-STAP 的实现流程可归结为算法 6.1，其中 ϵ 是估计准确度阈值，为简化符号表示，记 $\boldsymbol{v}\left(f_{d,k_d},f_{s,k_s}\right)$ 为 $\boldsymbol{v}_{k_d,k_s}$。

算法 6.1　双基地 MIAA-STAP 的实现流程

1．采用 DC 对辅助数据进行处理，并计算样本协方差矩阵

$$\hat{\boldsymbol{R}}_{\mathrm{DC}}=\frac{1}{K}\sum_{k=1}^{K}\left[\boldsymbol{T}_{\mathrm{DC}}^{\mathrm{H}}(r,k)\odot\boldsymbol{\gamma}_k\right]\left[\boldsymbol{T}_{\mathrm{DC}}^{\mathrm{H}}(r,k)\odot\boldsymbol{\gamma}_k\right]^{\mathrm{H}}$$

2．设置混响功率初始值，即

$$p_{k_d,k_s}(0)=\boldsymbol{v}_{k_d,k_s}^{\mathrm{H}}\hat{\boldsymbol{R}}_{\mathrm{DC}}\boldsymbol{v}_{k_d,k_s},\quad k_d=1,2,\cdots,N_d,\quad k_s=1,2,\cdots,N_s$$

3．计算初始混响空时协方差 $\boldsymbol{R}(0)=\sum_{k_d=1}^{N_d}\sum_{k_s=1}^{N_s}p_{k_d,k_s}(0)\boldsymbol{v}_{k_d,k_s}\boldsymbol{v}_{k_d,k_s}^{\mathrm{H}}$

4．设置 $j=0$

5．do

6．计算 $\hat{p}_{k_d,k_s}^{\mathrm{ML}}(j+1)=\dfrac{\boldsymbol{v}_{k_d,k_s}^{\mathrm{H}}\boldsymbol{R}^{-1}(j)\hat{\boldsymbol{R}}_{\mathrm{DC}}\boldsymbol{R}^{-1}(j)\boldsymbol{v}_{k_d,k_s}}{\left[\boldsymbol{v}_{k_d,k_s}^{\mathrm{H}}\boldsymbol{R}^{-1}(j)\boldsymbol{v}_{k_d,k_s}\right]^2}$

7．更新混响空时协方差 $\boldsymbol{R}(j+1)=\sum_{k_d=1}^{N_d}\sum_{k_s=1}^{N_s}\hat{p}_{k_d,k_s}^{\mathrm{ML}}(j+1)\boldsymbol{v}_{k_d,k_s}\boldsymbol{v}_{k_d,k_s}^{\mathrm{H}}$

8．$j=j+1$

9．while $\left\|\boldsymbol{R}(j)-\boldsymbol{R}(j-1)\right\|^2<\epsilon$

10．计算滤波器权向量：$\hat{\boldsymbol{w}}=\dfrac{\boldsymbol{R}^{-1}(j)\boldsymbol{v}_t}{\boldsymbol{v}_t^{\mathrm{H}}\boldsymbol{R}^{-1}(j)\boldsymbol{v}_t}$

6.4.3 双基地 SPICE-STAP

将 4.2.3 小节的 SPICE 方法与 DC 方法相结合[27]，可以得到双基地 SPICE-STAP。具体来说，通过以下准则估计 $\boldsymbol{R}$ 中的功率 $\boldsymbol{p}$，即

$$\underset{\{p_{k_d,k_s}\geqslant 0\}}{\arg\min}\left\|\boldsymbol{R}^{-\frac{1}{2}}\left(\hat{\boldsymbol{R}}-\boldsymbol{R}\right)\hat{\boldsymbol{R}}_{\mathrm{DC}}^{-\frac{1}{2}}\right\|^2 \tag{6.64}$$

优化问题（6.64）可等价表示为

$$\begin{aligned}&\operatorname{tr}\left(\boldsymbol{R}^{-1}\hat{\boldsymbol{R}}_{\mathrm{DC}}^{-1}\right)+\operatorname{tr}\left(\hat{\boldsymbol{R}}_{\mathrm{DC}}^{-1}\boldsymbol{R}\right)\\&=\operatorname{tr}\left(\boldsymbol{R}^{-1}\hat{\boldsymbol{R}}_{\mathrm{DC}}\right)+\sum_{k_d=1}^{N_d}\sum_{k_s=1}^{N_s}p_{k_d,k_s}\boldsymbol{v}^{\mathrm{H}}\left(f_{d,k_d},f_{s,k_s}\right)\hat{\boldsymbol{R}}_{\mathrm{DC}}^{-1}\boldsymbol{v}\left(f_{d,k_d},f_{s,k_s}\right)\end{aligned} \tag{6.65}$$

注意到式（6.65）中的第二项具有以下性质：

$$\begin{aligned}&\lim_{MN\to\infty}\left[\sum_{k_d=1}^{N_d}\sum_{k_s=1}^{N_s}p_{k_d,k_s}\boldsymbol{v}^{\mathrm{H}}\left(f_{d,k_d},f_{s,k_s}\right)\hat{\boldsymbol{R}}_{\mathrm{DC}}^{-1}\boldsymbol{v}\left(f_{d,k_d},f_{s,k_s}\right)\right]\\&=\lim_{MN\to\infty}\operatorname{tr}\left[\hat{\boldsymbol{R}}_{\mathrm{DC}}^{-1}\sum_{k_d=1}^{N_d}\sum_{k_s=1}^{N_s}p_{k_d,k_s}\boldsymbol{v}\left(f_{d,k_d},f_{s,k_s}\right)\boldsymbol{v}^{\mathrm{H}}\left(f_{d,k_d},f_{s,k_s}\right)\right]\\&=\operatorname{tr}\left[\lim_{MN\to\infty}\left(\hat{\boldsymbol{R}}_{\mathrm{DC}}^{-1}\right)\boldsymbol{R}\right]\\&=MN\end{aligned} \tag{6.66}$$

因此，可以将优化问题（6.64）转化为以下渐进等价优化问题：

$$\begin{cases}\underset{\{p_{k_d,k_s}\geqslant 0\}}{\min}\operatorname{tr}\left(\hat{\boldsymbol{R}}_{\mathrm{DC}}^{-\frac{1}{2}}\boldsymbol{R}^{-1}\hat{\boldsymbol{R}}_{\mathrm{DC}}^{-\frac{1}{2}}\right)\\\text{s.t.}\ \sum_{k_d=1}^{N_d}\sum_{k_s=1}^{N_s}\sigma_{k_d,k_s}p_{k_d,k_s}=MN\end{cases} \tag{6.67}$$

式中，

$$\sigma_{k_d,k_s}=\boldsymbol{v}^{\mathrm{H}}\left(f_{d,k_d},f_{s,k_s}\right)\hat{\boldsymbol{R}}_{\mathrm{DC}}^{-1}\boldsymbol{v}\left(f_{d,k_d},f_{s,k_s}\right),\quad k_d=1,2,\cdots,N_d,\quad k_s=1,2,\cdots,N_s \tag{6.68}$$

式（6.68）的优化问题具有稀疏约束，可以通过循环优化方法求解。

双基地 SPICE-STAP 的实现流程可归结为算法 6.2。

算法 6.2　双基地 SPICE-STAP 的实现流程

1．进行 DC 处理后，估计主数据混响的空时协方差矩阵，即

$$\hat{\boldsymbol{R}}_{\mathrm{DC}}=\frac{1}{K}\sum_{k=1}^{K}\left[\boldsymbol{T}_{\mathrm{DC}}^{\mathrm{H}}(r,k)\odot\gamma_k\right]\left[\boldsymbol{T}_{\mathrm{DC}}^{\mathrm{H}}(r,k)\odot\gamma_k\right]^{\mathrm{H}}$$

2．设置混响功率初始值

$$p_{k_d,k_s}(0)=\boldsymbol{v}_{k_d,k_s}^{\mathrm{H}}\hat{\boldsymbol{R}}_{\mathrm{DC}}\boldsymbol{v}_{k_d,k_s},\quad k_d=1,2,\cdots,N_d,\quad k_s=1,2,\cdots,N_s$$

3．计算初始混响空时协方差 $\boldsymbol{R}(0)=\sum_{k_d=1}^{N_d}\sum_{k_s=1}^{N_s}p_{k_d,k_s}(0)\boldsymbol{v}_{k_d,k_s}\boldsymbol{v}_{k_d,k_s}^{\mathrm{H}}$

4．设置 $j=0$

5．do

6．计算 $\varrho(j)=\sum_{k=1}^{N_d}\sum_{i=1}^{N_s}\sigma_{k_d,k_s}^{\frac{1}{2}}p_{k_d,k_s}(j)\left\|\boldsymbol{v}_{k_d,k_s}^{\mathrm{H}}\boldsymbol{R}^{-1}(j)\hat{\boldsymbol{R}}_{\mathrm{DC}}^{\frac{1}{2}}\right\|$

7．计算

$$p_{k_d,k_s}(j+1)=\frac{p_{k_d,k_s}(j)\|\boldsymbol{v}_{k_d,k_s}^{\mathrm{H}}\boldsymbol{R}^{-1}(j)\hat{\boldsymbol{R}}_{\mathrm{DC}}^{\frac{1}{2}}\|}{\sigma_{k_d,k_s}^{\frac{1}{2}}\varrho(j)},\quad k_d=1,2,\cdots,N_d,\quad k_s=1,2,\cdots,N_s$$

8．更新 $\boldsymbol{R}(j+1)=\sum_{k_d=1}^{N_d}\sum_{k_s=1}^{N_s}p_{k_d,k_s}(j+1)\boldsymbol{v}_{k_d,k_s}\boldsymbol{v}_{k_d,k_s}^{\mathrm{H}}$

9．$j=j+1$

10．while $\left\|\boldsymbol{R}(j)-\boldsymbol{R}(j-1)\right\|^2<\epsilon$

11．计算滤波器权向量：$\hat{\boldsymbol{w}}=\dfrac{\boldsymbol{R}^{-1}(j)\boldsymbol{v}_t}{\boldsymbol{v}_t^{\mathrm{H}}\boldsymbol{R}^{-1}(j)\boldsymbol{v}_t}$

6.4.4　性能分析

本小节通过仿真实验验证知识基双基地 STAP 的性能，主要参数设置与 6.2.3 小节相同。图 6.23 和图 6.24 给出的是 $K=108$ 和 $K=72$ 时双基地斜对称 STAP 和 SMI-STAP 的输出信混比曲线。由两图可以看到，随着辅助数据长度的减小，斜对称 STAP 相较 SMI-STAP 的性能优势在增大，说明利用斜对称特性可以有效减少双基地 STAP 对辅助数据的需求量。另外，对比图 6.23 与图 4.2 可以看出，双

基地 STAP 的凹槽相比单基地情况有所展宽，这是由其混响的空时分布扩展特性所带来的。

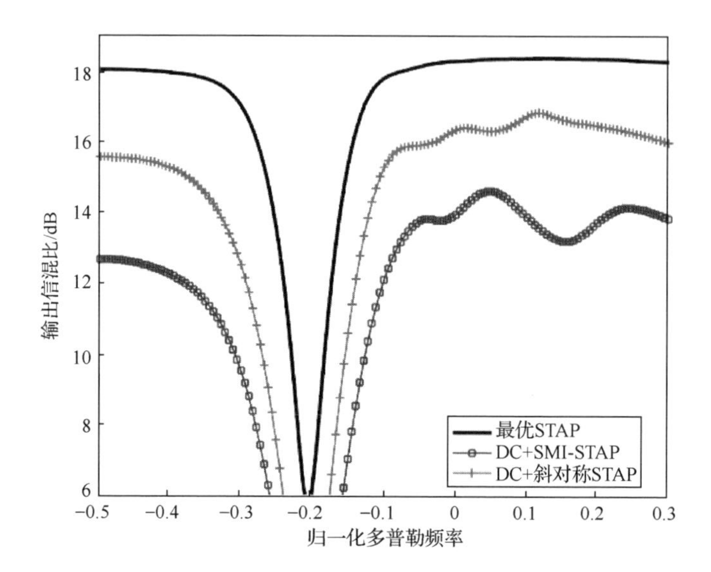

图 6.23 $K=108$ 时双基地 STAP 的输出信混比曲线

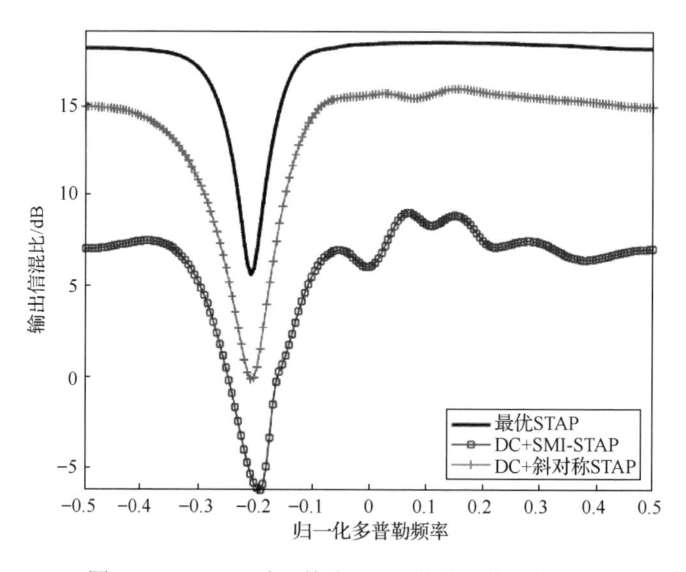

图 6.24 $K=72$ 时双基地 STAP 的输出信混比曲线

图 6.25 与图 6.26 分别给出了双基地 MIAA-STAP 和 SPICE-STAP 在 $K=10$ 和 $K=1$ 时的输出信混比曲线。图 6.25 的结果表明，当 $K=10$ 时两种 STAP 方法均

具有较好的输出信混比，其中 SPICE-STAP 的性能更好。图 6.26 显示，当 $K=1$ 时 SPICE-STAP 的信混比损失更为严重，说明它对 K 值变化比较敏感，而 MIAA-STAP 仍然具有较好的性能曲线，其稳健性更好。

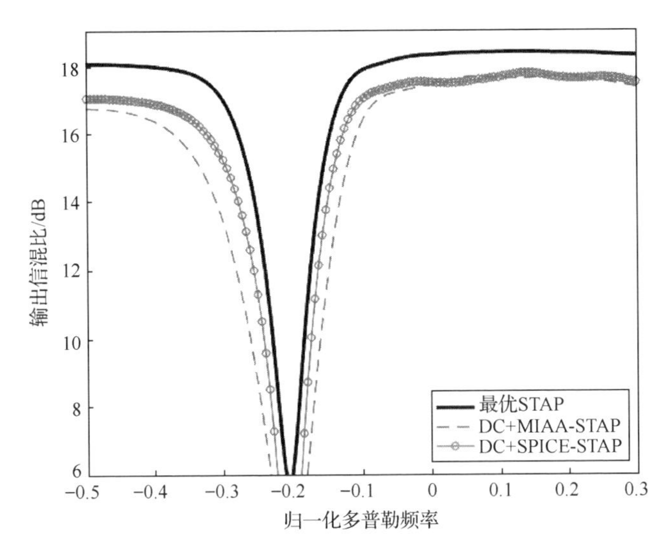

图 6.25　$K=10$ 时双基地 MIAA-STAP 和 SPICE-STAP 的输出信混比曲线

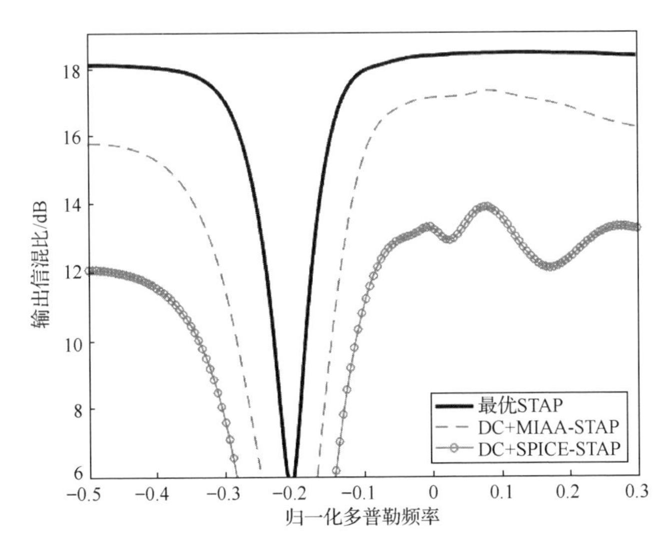

图 6.26　$K=1$ 时双基地 MIAA-STAP 和 SPICE-STAP 的输出信混比曲线

参 考 文 献

[1] 赵宝庆. 双基地声呐混响特性研究[D]. 西安: 西北工业大学, 2006.

[2] Cox H. Fundamentals of bistatic active sonar[J]. Underwater Acoustic Data Processing, 1989, 161: 3-24.

[3] Broetje M, Broetje L, Ehlers F. Parameter state estimation for bistatic sonar systems[J]. IET Radar, Sonar & Navigation, 2018, 12(8): 821-832.

[4] 张小凤. 双/多基地声呐定位及目标特性研究[D]. 西安: 西北工业大学, 2003.

[5] 段锐. 机载双基地雷达杂波仿真与抑制技术研究[D]. 成都: 电子科技大学, 2009.

[6] 王南, 沈正一, 刘洪生. 一种浅海双基地声呐混响功率谱建模方法[J]. 声学与电子工程, 2009(4): 28-30.

[7] Klemm R. Comparison between monostatic and bistatic antenna configurations for STAP[J]. IEEE Transactions on Aerospace and Electronic Systems, 2000, 36(2): 596-608.

[8] 张雨杭, 鞠建波, 李沛宗. 舰机协同下双基地声呐搜潜建模与效能仿真分析[J]. 中国电子科学研究院学报, 2019, 14(4): 360-367, 380.

[9] 王红萍. 双基地声呐中匹配滤波旁瓣抑制的优化方法[J]. 电声技术, 2014, 38(11): 60-63.

[10] Kreyenkamp O, Klemm R. Doppler compensation in forward-looking STAP radar[J]. Radar, Sonar and Navigation, 2001, 148(5): 253-258.

[11] Himed B, Michels J H, Zhang Y. Bistatic STAP performance analysis in radar applications[C]//IEEE Radar Conference, 2001: 198-203.

[12] Himed B, Zhang Y, Hajjari A. STAP with angle-doppler compensation for bistatic airborne radars[C]//IEEE Radar Conference, 2002: 311-317.

[13] Shen M W, Yu J, Wu D, et al. An efficient adaptive angle-doppler compensation approach for non-sidelooking airborne radar STAP[J]. Sensors, 2015, 15(6): 13121-13131.

[14] 刘雪阳. 双基地雷达高速微弱目标检测算法研究[D]. 成都: 电子科技大学, 2018.

[15] Borsari G K. Mitigating effects on STAP processing caused by an inclined array[C]//IEEE Radar Conference, 1998: 135-140.

[16] Kogon S M, Zatman M A. Bistatic STAP for airborne radar systems[C]//Proceeding of Adaptive Sensor Array Processing (ASAP) Workshop, 2000: 1-6.

[17] Beau S, Marcos S. Taylor series expansions for airborne radar space-time adaptive processing[J]. IET Radar, Sonar & Navigation, 2011, 5(3): 266-278.

[18] Duan R, Wang X G, Chen Z M. Time-varying weighting techniques for airborne bistatic radar clutter suppression[C]//Applied Computing, Computer Science, and Advanced Communication: First International Conference on Future Computer and Communication, 2009: 171-178.

[19] Zatman M. The properties of adaptive algorithms with time varying weights[C]//IEEE Sensor Array and Multichannel Signal, 2000: 82-86.

[20] 段锐, 汪学刚, 陈祝明, 等. 机载双基 STAP 非线性时变加权技术的研究[J]. 电波科学学报, 2009, 24(1): 157-162.

[21] Fallah A, Bakhshi H. Extension of adaptive angle-doppler compensation (AADC) in STAP to increase homogeneity of data in airborne bistatic radar[C]//6th International Symposium on Telecommunications (IST), 2012: 367-372.

[22] Jia F, He Z, Li J, et al. Adaptive angle-doppler compensation in airborne phased radar for planar array[C]// International Conference on Signal Processing (ICSP), 2016: 1585-1588.

[23] Melvin W L, Davis M E. Adaptive cancellation method for geometry-induced nonstationary bistatic clutter environments[J]. IEEE Transactions on Aerospace and Electronic Systems, 2007, 43(2): 651-672.

[24] Melvin W L, Callahan M J, Wicks M C. Bistatic STAP: application to airborne radar[C]//IEEE Radar Conference, 2002: 1-7.

[25] Pailloux G, Forster P, Ovarlez J P, et al. Persymmetric adaptive radar detectors[J]. IEEE Transactions on Aerospace and Electronic Systems, 2011, 47(4): 2376-2390.

[26] Yang Z C, Li X, Wang H Q, et al. Adaptive clutter suppression based on iterative adaptive approach for airborne radar[J]. Signal Processing, 2013, 93(12): 3567-3577.

[27] Stoica P, Babu P, Li J. SPICE: a sparse covariance-based estimation method for array processing[J]. IEEE Transactions on Signal Processing, 2010, 59(2): 629-638.

第 7 章　主动声呐空时自适应检测

正如第 1 章所介绍的，主动声呐进行混响抑制的最终目的是要完成对水中目标的可靠检测，而 STAD 技术是实现这一目的的有效手段。该技术将混响抑制与目标检测合二为一，相比于先 STAP 滤波后 CFAR 检测的传统级联处理方式，具有检测流程简单、设计灵活、对观测数据利用充分等优点[1-7]。本章对适用于主动声呐的 STAD 基本模型与方法进行系统介绍，主要包括二元假设检验问题构建、经典 STAD 检测器设计等内容。

7.1　二元假设检验问题

本节在第 2 章单脉冲 STAP 模型基础上，构建适用于主动声呐目标检测的二元假设检验问题。假设目标回波能量集中于某一距离单元，即目标为常见的点目标模型，STAD 问题可表述为如下的二元假设检验：

$$
\begin{cases}
H_0:\begin{cases}\boldsymbol{\gamma}=\boldsymbol{n}\\ \boldsymbol{\gamma}_k=\boldsymbol{n}_k, \quad k=1,2,\cdots,K\end{cases}\\
H_1:\begin{cases}\boldsymbol{\gamma}=\alpha\boldsymbol{v}_t+\boldsymbol{n}\\ \boldsymbol{\gamma}_k=\boldsymbol{n}_k, \quad k=1,2,\cdots,K\end{cases}
\end{cases}
\tag{7.1}
$$

式中，H_0 和 H_1 分别为无目标假设和有目标假设；$\boldsymbol{\gamma}$ 为主数据；$\boldsymbol{\Gamma}=\begin{bmatrix}\boldsymbol{\gamma}_1 & \cdots & \boldsymbol{\gamma}_K\end{bmatrix}$ 为辅助数据，用以估计主数据混响的空时协方差矩阵，$\boldsymbol{\gamma}_k$ 的定义见式(2.9)；α 为目标回波的复幅度，是一个未知的确定性参数，与发射信号能量、传播损失、反射系数等因素有关；$\boldsymbol{v}_t=\boldsymbol{b}(v_d)\otimes\boldsymbol{a}(v_s)$ 为目标信号的空时导向向量，$\boldsymbol{b}(v_d)$ 和 $\boldsymbol{a}(v_s)$ 分别为目标时域导向向量和空域导向向量，其定义分别由式（2.15）和式（2.16）给出；$\boldsymbol{n}$ 和 $\boldsymbol{n}_k$ 为混响干扰，它们是满足 IID 条件的零均值复高斯随机向量。在部分均匀环境下，$\boldsymbol{n}$ 和 $\boldsymbol{n}_k$ 的空时协方差矩阵结构相同且仅相差一个未知的比例因子 $\mu(\mu>0)$，即 $\boldsymbol{n}\sim\mathcal{CN}_{MN}(0,\boldsymbol{R})$，$\boldsymbol{n}_k\sim\mathcal{CN}_{MN}(0,\mu\boldsymbol{R})$，当 $\mu=1$ 时，部分均匀环境退化为均匀环境（homogeneous environment, HE）。

对于二元假设检验问题，共有四种可能的判决结果，用 $(H_i|H_j)$（$i,j=0,1$）

来表示，其含义是在 H_j 假设为真条件下，判决 H_i 假设成立的结果。相应地，判决概率可以写为

$$P\left(H_i|H_j\right)=\int_{R_i} f\left(\boldsymbol{x}|H_j\right)\mathrm{d}\boldsymbol{x}, \quad i,j=0,1 \tag{7.2}$$

式中，$f\left(\boldsymbol{x}|H_j\right)$ 为观测量 $\left(\boldsymbol{x}|H_j\right)$ 的概率密度函数；R_i 为判决域。

在上述四种判决概率中：$P\left(H_1|H_1\right)$ 和 $P\left(H_0|H_0\right)$ 是正确判决的概率，其中 $P\left(H_1|H_1\right)$ 称为检测概率（probability of detection, P_{d}），$P\left(H_0|H_0\right)$ 称为拒绝概率；$P\left(H_1|H_0\right)$ 是第一类错误概率，称为虚警概率（probability of false alarm, P_{fa}），即目标实际不存在却判定目标存在的概率；$P\left(H_0|H_1\right)$ 是第二类错误概率，称为漏检概率，即目标实际存在却判定目标不存在的概率[8]。

以标量观测量为例，图 7.1 给出了二元假设检验的判决域划分与判决概率，图中的观测量 x 在 H_0 假设和 H_1 假设下分别服从均值为 $-\mu_x$ 和 μ_x 的正态分布，$\left(-\infty,x_0\right)$ 为判决域 R_0，$\left[x_0,+\infty\right)$ 为判决域 R_1。每一个 x_0 对应着一组判决域划分，并直接影响判决概率 $P\left(H_i|H_j\right)$。正确划分观测空间中的各判决域对提高检测性能至关重要，而判决域的划分与所采用的检测器设计准则密切相关[9]。

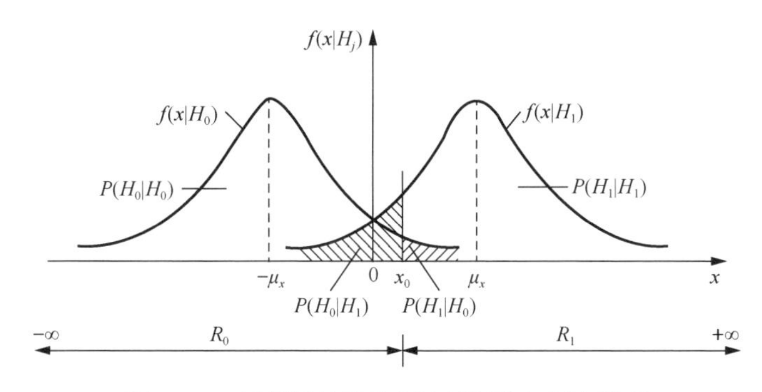

图 7.1　二元假设检验的判决域划分与判决概率

7.2　常用检验准则

常用的 STAD 检测器设计准则有四种，分别是一步 GLRT 准则、两步 GLRT 准则、Rao 准则和 Wald 准则。利用这些准则求解二元假设检验问题（7.1），可以得到不同的检测器，统一表示为

$$t\left(\boldsymbol{\gamma},\boldsymbol{\Gamma}\right)\underset{H_0}{\overset{H_1}{\gtrless}}\eta_t \tag{7.3}$$

式中，$t\left(\boldsymbol{\gamma},\boldsymbol{\Gamma}\right)$ 为检验统计量，它是主数据和辅助数据的函数；η_t 是为了确保 P_{fa} 值

而设定的门限阈值，后文若无特殊说明，对该门限阈值所进行的任何修正仍用η_t表示。式（7.3）的具体判决过程是：将$t(\boldsymbol{\gamma},\boldsymbol{\Gamma})$与$\eta_t$进行比较，若$t(\boldsymbol{\gamma},\boldsymbol{\Gamma})\geqslant\eta_t$，判定$H_1$假设成立，即认为目标存在；若$t(\boldsymbol{\gamma},\boldsymbol{\Gamma})<\eta_t$，判定$H_0$假设成立，即认为目标不存在。

7.2.1 一步 GLRT 准则

一步 GLRT 准则的设计过程是：分别在H_1和H_0两种假设下，基于主数据和辅助数据的联合条件概率密度函数（也称为似然函数）求取未知参数的最大似然估计，进一步将估计值带回似然函数以计算似然比，得到检验统计量[10]，即

$$\frac{\max\limits_{\alpha}\max\limits_{\mu}\max\limits_{\boldsymbol{R}} f\left(\boldsymbol{\gamma},\boldsymbol{\Gamma};\alpha,\mu,\boldsymbol{R},H_1\right)}{\max\limits_{\mu}\max\limits_{\boldsymbol{R}} f\left(\boldsymbol{\gamma},\boldsymbol{\Gamma};0,\mu,\boldsymbol{R},H_0\right)}\underset{H_0}{\overset{H_1}{\gtrless}}\eta_t \tag{7.4}$$

式中，

$$f\left(\boldsymbol{\gamma},\boldsymbol{\Gamma};i\alpha,\mu,\boldsymbol{R},H_i\right)=\frac{\exp\left[-\operatorname{tr}\left(\boldsymbol{R}^{-1}\boldsymbol{T}_i\right)\right]}{\mu^{MNK}\left[\pi^{MN}\det\left(\boldsymbol{R}\right)\right]^{K+1}},\quad i=0,1 \tag{7.5}$$

为$\boldsymbol{\gamma}$和$\boldsymbol{\Gamma}$在H_i假设下的似然函数，且有

$$\boldsymbol{T}_i=\left(\boldsymbol{\gamma}-i\alpha\boldsymbol{v}_t\right)\left(\boldsymbol{\gamma}-i\alpha\boldsymbol{v}_t\right)^{\mathrm{H}}+\frac{1}{\mu}\boldsymbol{S},\quad i=0,1 \tag{7.6}$$

式中，$\boldsymbol{S}=\boldsymbol{\Gamma}\boldsymbol{\Gamma}^{\mathrm{H}}=\sum\limits_{k=1}^{K}\boldsymbol{\gamma}_k\boldsymbol{\gamma}_k^{\mathrm{H}}$为基于$\boldsymbol{\Gamma}$的样本协方差矩阵。

7.2.2 两步 GLRT 准则

两步 GLRT 准则是一步 GLRT 准则的一个变种，其设计过程包括以下两个步骤：

（1）假设$\boldsymbol{R}$已知，采用主数据构造 GLRT 检验统计量。具体是在H_1和H_0两种假设下，基于主数据的似然函数求取未知参数的最大似然估计，随后计算似然比得到检验统计量。

（2）基于辅助数据计算$\boldsymbol{S}$，并用该值替换前述检验统计量中的$\boldsymbol{R}$，得到自适应检验统计量[11]。

可以看到，两步 GLRT 准则对主数据和辅助数据的利用及未知参数的优化是分开进行的，所以相对于一步 GLRT，两步 GLRT 具有推导简单、设计方便的优

点。在很多一步 GLRT 难以求解的场景，两步 GLRT 往往都可求解。其不足之处是检测性能稍逊于一步 GLRT，尤其是在辅助数据严重不足的情况，详见 7.4 节的性能分析。

为便于后文推导，这里定义 $\boldsymbol{\Sigma}=\mu\boldsymbol{R}$，则有 $\boldsymbol{R}=\varrho\boldsymbol{\Sigma}$ 且 $\varrho=1/\mu$，可得

$$\boldsymbol{n}\sim\mathcal{CN}_{MN}\left(0,\varrho\boldsymbol{\Sigma}\right),\quad \boldsymbol{n}_k\sim\mathcal{CN}_{MN}\left(0,\boldsymbol{\Sigma}\right),\quad k=1,2,\cdots,K \tag{7.7}$$

在 $\boldsymbol{\Sigma}$ 已知假设下，基于主数据的 GLRT 准则可以表示为

$$\frac{\max\limits_{\varrho}\max\limits_{\alpha} f\left(\boldsymbol{\gamma};\alpha,\varrho,\boldsymbol{\Sigma},H_1\right)}{\max\limits_{\varrho} f\left(\boldsymbol{\gamma};0,\varrho,\boldsymbol{\Sigma},H_0\right)}\underset{H_0}{\overset{H_1}{\gtrless}}\eta_t \tag{7.8}$$

式中，

$$f\left(\boldsymbol{\gamma};i\alpha,\varrho,\boldsymbol{\Sigma},H_i\right)=\frac{\exp\left\{-\mathrm{tr}\left[\left(\varrho\boldsymbol{\Sigma}\right)^{-1}\left(\boldsymbol{\gamma}-i\alpha\boldsymbol{v}_t\right)\left(\boldsymbol{\gamma}-i\alpha\boldsymbol{v}_t\right)^{\mathrm{H}}\right]\right\}}{\left(\pi\varrho\right)^{MN}\det\left(\boldsymbol{\Sigma}\right)},\quad i=0,1 \tag{7.9}$$

为 $\boldsymbol{\gamma}$ 在 H_i 假设下的似然函数。采用 $\boldsymbol{S}$ 替代式（7.8）中的 $\boldsymbol{\Sigma}$，就可以得到两步 GLRT 的检验统计量。

7.2.3　Rao 准则

如文献[12]所述，最优的一致最大势（uniformly most powerful, UMP）检验往往很难获得，因此在设计时我们通常关注次优准则。除 GLRT 准则之外，常用的次优准则还有 Rao 准则和 Wald 准则[13]。

Rao 准则的特点是只需关注 H_0 假设下的未知参数估计问题。使用 $\boldsymbol{\theta}=\begin{bmatrix}\boldsymbol{\theta}_r^{\mathrm{T}} & \boldsymbol{\theta}_s^{\mathrm{T}}\end{bmatrix}^{\mathrm{T}}$ 表示由所有未知参数组成的向量，其中，$\boldsymbol{\theta}_r$ 为待估计参数向量，也称为信号参数向量，由与目标信号相关的未知参数组成，$\boldsymbol{\theta}_s$ 为多余参数向量，由与目标信号无关的其余未知参数组成。$\boldsymbol{\theta}_r$ 和 $\boldsymbol{\theta}_s$ 的选取因问题而异，具体实例见 7.3.3 小节。基于上述定义，Rao 准则[14]可以表示为

$$\left[\left.\frac{\partial\ln f\left(\boldsymbol{\gamma},\boldsymbol{\Gamma};\boldsymbol{\theta},H_1\right)}{\partial\boldsymbol{\theta}_r}\right|_{\boldsymbol{\theta}=\tilde{\boldsymbol{\theta}}}\right]^{\mathrm{T}}\left[\boldsymbol{I}^{-1}\left(\tilde{\boldsymbol{\theta}}\right)\right]_{rr}\left.\frac{\partial\ln f\left(\boldsymbol{\gamma},\boldsymbol{\Gamma};\boldsymbol{\theta},H_1\right)}{\partial\boldsymbol{\theta}_r}\right|_{\boldsymbol{\theta}=\tilde{\boldsymbol{\theta}}}\underset{H_0}{\overset{H_1}{\gtrless}}\eta_t \tag{7.10}$$

式中，$f\left(\boldsymbol{\gamma},\boldsymbol{\Gamma};\boldsymbol{\theta},H_1\right)$ 为主数据和辅助数据在 H_1 假设下的似然函数；$\boldsymbol{I}\left(\boldsymbol{\theta}\right)$ 表示 $\boldsymbol{\theta}$ 的费希尔信息矩阵；$\tilde{\boldsymbol{\theta}}=\begin{bmatrix}\boldsymbol{\theta}_{r0}^{\mathrm{T}} & \hat{\boldsymbol{\theta}}_{s0}^{\mathrm{T}}\end{bmatrix}^{\mathrm{T}}$，$\boldsymbol{\theta}_{r0}$ 为 H_0 假设下 $\boldsymbol{\theta}_r$ 的真值，$\hat{\boldsymbol{\theta}}_{s0}$ 为 H_0 假设下 $\boldsymbol{\theta}_s$ 的最大似然估计。费希尔信息矩阵可以分块表示为

$$\boldsymbol{I}(\boldsymbol{\theta})=\begin{bmatrix}\boldsymbol{I}_{rr}(\boldsymbol{\theta}) & \boldsymbol{I}_{rs}(\boldsymbol{\theta})\\ \boldsymbol{I}_{sr}(\boldsymbol{\theta}) & \boldsymbol{I}_{ss}(\boldsymbol{\theta})\end{bmatrix} \tag{7.11}$$

且有

$$\left[\boldsymbol{I}^{-1}(\boldsymbol{\theta})\right]_{rr}=\left[\boldsymbol{I}_{rr}(\boldsymbol{\theta})-\boldsymbol{I}_{rs}(\boldsymbol{\theta})\boldsymbol{I}_{ss}^{-1}(\boldsymbol{\theta})\boldsymbol{I}_{sr}(\boldsymbol{\theta})\right]^{-1} \tag{7.12}$$

当不存在多余参数时，Rao 准则可以描述为

$$\left[\left.\frac{\partial \ln f(\boldsymbol{\gamma},\boldsymbol{\Gamma};\boldsymbol{\theta},H_1)}{\partial\boldsymbol{\theta}}\right|_{\boldsymbol{\theta}=\boldsymbol{\theta}_0}\right]^{\mathrm{T}}\boldsymbol{I}^{-1}(\boldsymbol{\theta}_0)\left.\frac{\partial \ln f(\boldsymbol{\gamma},\boldsymbol{\Gamma};\boldsymbol{\theta},H_1)}{\partial\boldsymbol{\theta}}\right|_{\boldsymbol{\theta}=\boldsymbol{\theta}_0}\underset{H_0}{\overset{H_1}{\gtrless}}\eta_t \tag{7.13}$$

式中，$\boldsymbol{\theta}_0$ 为 H_0 假设下 $\boldsymbol{\theta}$ 的真值。

值得说明的是，当 H_1 假设成立时，Rao 准则使用包含目标信号的主数据来估计 $\boldsymbol{\theta}_s$，导致其估计精度以及检测器性能下降，尤其是在高信混比和辅助数据严重不足的场景，详见 7.4 节。

7.2.4 Wald 准则

与 Rao 准则不同，Wald 准则关注的是 H_1 假设下的未知参数估计问题，该准则[15]可以表示为

$$\left(\hat{\boldsymbol{\theta}}_{r1}-\boldsymbol{\theta}_{r0}\right)^{\mathrm{T}}\left\{\left[\boldsymbol{I}^{-1}\left(\hat{\boldsymbol{\theta}}_1\right)\right]_{rr}\right\}^{-1}\left(\hat{\boldsymbol{\theta}}_{r1}-\boldsymbol{\theta}_{r0}\right)\underset{H_0}{\overset{H_1}{\gtrless}}\eta_t \tag{7.14}$$

式中，$\hat{\boldsymbol{\theta}}_1=\left[\hat{\boldsymbol{\theta}}_{r1}^{\mathrm{T}}\quad\hat{\boldsymbol{\theta}}_{s1}^{\mathrm{T}}\right]^{\mathrm{T}}$，$\hat{\boldsymbol{\theta}}_{r1}$、$\hat{\boldsymbol{\theta}}_{s1}$ 分别为 H_1 假设下 $\boldsymbol{\theta}_r$、$\boldsymbol{\theta}_s$ 的最大似然估计。

当不存在多余参数时，Wald 准则可以描述为

$$\left(\hat{\boldsymbol{\theta}}_1-\boldsymbol{\theta}_0\right)^{\mathrm{T}}\boldsymbol{I}\left(\hat{\boldsymbol{\theta}}_1\right)\left(\hat{\boldsymbol{\theta}}_1-\boldsymbol{\theta}_0\right)\underset{H_0}{\overset{H_1}{\gtrless}}\eta_t \tag{7.15}$$

比较来看，一步 GLRT 准则需要同时计算 H_0 假设和 H_1 假设下未知参数的最大似然估计，而 Rao 和 Wald 准则分别只关心其中一个假设下的未知参数估计问题，因此它们在设计上比一步 GLRT 更简单，检测器的计算复杂度往往也更低[16-17]。值得注意的是，上述结论并非在所有情况下都成立，例如有源人工干扰存在时的目标检测问题[18]。

7.3　经典 STAD 检测器

本节采用 7.2 节介绍的四种检测准则设计相应的 STAD 检测器，所考虑的背景环境是部分均匀环境，均匀环境是它的一个特例。

7.3.1　一步 GLRT 检测器

为求解式（7.4），首先对未知参数 $\boldsymbol{R}$ 进行优化，得到其在 H_0 和 H_1 假设下的最大似然估计 $\hat{\boldsymbol{R}}_0$ 和 $\hat{\boldsymbol{R}}_1$。优化表达式为

$$\begin{aligned}\max_{\boldsymbol{R}} f\left(\boldsymbol{\gamma},\boldsymbol{\Gamma};i\alpha,\mu,\boldsymbol{R},H_i\right)&=f\left(\boldsymbol{\gamma},\boldsymbol{\Gamma};i\alpha,\mu,\hat{\boldsymbol{R}}_i,H_i\right)\\&=\frac{\left(K+1\right)^{MN(K+1)}}{\mu^{MNK}\left[\left(\mathrm{e}\pi\right)^{MN}\det\left(\boldsymbol{T}_i\right)\right]^{K+1}}\end{aligned}\tag{7.16}$$

式中，

$$\hat{\boldsymbol{R}}_i=\frac{\boldsymbol{T}_i}{K+1},\quad i=0,1\tag{7.17}$$

获得 $\hat{\boldsymbol{R}}_i$ 后，通过求解 $\max\limits_{\alpha} f\left(\boldsymbol{\gamma},\boldsymbol{\Gamma};\alpha,\mu,\hat{\boldsymbol{R}}_1,H_1\right)$ 可以得到 α 的最大似然估计，即

$$\min_{\alpha}\det\left[\left(\boldsymbol{\gamma}-\alpha\boldsymbol{v}_t\right)\left(\boldsymbol{\gamma}-\alpha\boldsymbol{v}_t\right)^{\mathrm{H}}+\frac{1}{\mu}\boldsymbol{S}\right]\tag{7.18}$$

由于

$$\begin{aligned}&\det\left[\left(\boldsymbol{\gamma}-\alpha\boldsymbol{v}_t\right)\left(\boldsymbol{\gamma}-\alpha\boldsymbol{v}_t\right)^{\mathrm{H}}+\frac{1}{\mu}\boldsymbol{S}\right]\\&=\det\left(\frac{1}{\mu}\boldsymbol{S}\right)\det\left[\mu\left(\boldsymbol{\gamma}-\alpha\boldsymbol{v}_t\right)\left(\boldsymbol{\gamma}-\alpha\boldsymbol{v}_t\right)^{\mathrm{H}}\boldsymbol{S}^{-1}+\boldsymbol{I}_{MN}\right]\\&=\det\left(\frac{1}{\mu}\boldsymbol{S}\right)\left[1+\mu\left(\boldsymbol{\gamma}-\alpha\boldsymbol{v}_t\right)^{\mathrm{H}}\boldsymbol{S}^{-1}\left(\boldsymbol{\gamma}-\alpha\boldsymbol{v}_t\right)\right]\\&=\det\left(\frac{1}{\mu}\boldsymbol{S}\right)\left\{1+\mu\left[\boldsymbol{\gamma}^{\mathrm{H}}\boldsymbol{S}^{-1}\boldsymbol{\gamma}+\boldsymbol{v}_t^{\mathrm{H}}\boldsymbol{S}^{-1}\boldsymbol{v}_t\left|\alpha-\frac{\boldsymbol{v}_t^{\mathrm{H}}\boldsymbol{S}^{-1}\boldsymbol{\gamma}}{\boldsymbol{v}_t^{\mathrm{H}}\boldsymbol{S}^{-1}\boldsymbol{v}_t}\right|^2-\frac{\left|\boldsymbol{\gamma}^{\mathrm{H}}\boldsymbol{S}^{-1}\boldsymbol{v}_t\right|^2}{\boldsymbol{v}_t^{\mathrm{H}}\boldsymbol{S}^{-1}\boldsymbol{v}_t}\right]\right\}\end{aligned}\tag{7.19}$$

显然，当式（7.19）中包含α的非负项等于零时，该式获得最小值，此时

$$\hat{\alpha}=\frac{\boldsymbol{v}_t^{\mathrm{H}}\boldsymbol{S}^{-1}\boldsymbol{\gamma}}{\boldsymbol{v}_t^{\mathrm{H}}\boldsymbol{S}^{-1}\boldsymbol{v}_t} \tag{7.20}$$

将式（7.17）、式（7.20）代入式（7.4），可得

$$\frac{\min\limits_{\mu}\mu^{-\frac{MN}{K+1}}\left[1+\mu\boldsymbol{\gamma}^{\mathrm{H}}\boldsymbol{S}^{-1}\boldsymbol{\gamma}\right]}{\min\limits_{\mu}\mu^{-\frac{MN}{K+1}}\left[1+\mu\left(\boldsymbol{\gamma}^{\mathrm{H}}\boldsymbol{S}^{-1}\boldsymbol{\gamma}-\dfrac{\left|\boldsymbol{\gamma}^{\mathrm{H}}\boldsymbol{S}^{-1}\boldsymbol{v}_t\right|^2}{\boldsymbol{v}_t^{\mathrm{H}}\boldsymbol{S}^{-1}\boldsymbol{v}_t}\right)\right]}\underset{H_0}{\overset{H_1}{\gtrless}}\eta_t \tag{7.21}$$

式（7.21）还需要对μ进行优化，为此对不等号左侧分式中的两个目标函数均求取关于μ的偏导，并将其置零可得

$$\hat{\mu}_0=\frac{MN}{K+1-MN}\frac{1}{\boldsymbol{\gamma}^{\mathrm{H}}\boldsymbol{S}^{-1}\boldsymbol{\gamma}} \tag{7.22}$$

$$\hat{\mu}_1=\frac{MN}{K+1-MN}\frac{1}{\boldsymbol{\gamma}^{\mathrm{H}}\boldsymbol{S}^{-1}\boldsymbol{\gamma}-\dfrac{\left|\boldsymbol{\gamma}^{\mathrm{H}}\boldsymbol{S}^{-1}\boldsymbol{v}_t\right|^2}{\boldsymbol{v}_t^{\mathrm{H}}\boldsymbol{S}^{-1}\boldsymbol{v}_t}} \tag{7.23}$$

其中，$\hat{\mu}_0$和$\hat{\mu}_1$分别为μ在H_0和H_1假设下的最大似然估计，将式（7.22）、式（7.23）代入式（7.21），整理可得部分均匀环境下一步 GLRT 的检验统计量[19]为

$$t_{\mathrm{ACE}}=\frac{\left|\boldsymbol{\gamma}^{\mathrm{H}}\boldsymbol{S}^{-1}\boldsymbol{v}_t\right|^2}{\left(\boldsymbol{\gamma}^{\mathrm{H}}\boldsymbol{S}^{-1}\boldsymbol{\gamma}\right)\left(\boldsymbol{v}_t^{\mathrm{H}}\boldsymbol{S}^{-1}\boldsymbol{v}_t\right)} \tag{7.24}$$

t_{ACE}所对应的检测器称为 ACE，具有相对于μ和$\boldsymbol{R}$的 CFAR 性能[20]。

将式（7.17）、式（7.20）和$\mu=1$代入式（7.4），可得均匀环境下一步 GLRT 的检验统计量为

$$t_{\mathrm{GLRT}}=\frac{\left|\boldsymbol{\gamma}^{\mathrm{H}}\boldsymbol{S}^{-1}\boldsymbol{v}_t\right|^2}{\left(\boldsymbol{v}_t^{\mathrm{H}}\boldsymbol{S}^{-1}\boldsymbol{v}_t\right)\left(1+\boldsymbol{\gamma}^{\mathrm{H}}\boldsymbol{S}^{-1}\boldsymbol{\gamma}\right)} \tag{7.25}$$

式（7.25）所对应的检测器称为 GLRT 检测器[10]。

对于 GLRT 检测器，其 P_{fa} 与 η_t 的关系[10]为

$$P_{\mathrm{fa}}=\frac{1}{\left(1+\eta_0\right)^{K+1-MN}} \tag{7.26}$$

式中，$\eta_0=\dfrac{\eta_t}{1-\eta_t}$。由式（7.26）可以看到，GLRT 检测器的 P_{fa} 与 η_t、K 以及 MN 有关，而与 $\boldsymbol{R}$ 无关，所以该检测器具有相对于 $\boldsymbol{R}$ 的 CFAR 特性。

7.3.2　两步 GLRT 检测器

为求解式（7.8），首先假设 $\boldsymbol{\Sigma}$ 已知，对 α 进行优化，优化表达式为

$$\begin{aligned}&\min_{\alpha}\operatorname{tr}\left[\left(\varrho\boldsymbol{\Sigma}\right)^{-1}\left(\boldsymbol{\gamma}-\alpha\boldsymbol{v}_t\right)\left(\boldsymbol{\gamma}-\alpha\boldsymbol{v}_t\right)^{\mathrm{H}}\right]\\&=\min_{\alpha}\left(\boldsymbol{\gamma}-\alpha\boldsymbol{v}_t\right)^{\mathrm{H}}\left(\varrho\boldsymbol{\Sigma}\right)^{-1}\left(\boldsymbol{\gamma}-\alpha\boldsymbol{v}_t\right)\end{aligned} \tag{7.27}$$

对式（7.27）的目标函数求取关于 α 的偏导，并将结果置零可得

$$\hat{\alpha}=\frac{\boldsymbol{v}_t^{\mathrm{H}}\boldsymbol{\Sigma}^{-1}\boldsymbol{\gamma}}{\boldsymbol{v}_t^{\mathrm{H}}\boldsymbol{\Sigma}^{-1}\boldsymbol{v}_t} \tag{7.28}$$

进一步求解 $\max_{\varrho} f\left(\boldsymbol{\gamma};i\hat{\alpha},\varrho,\boldsymbol{\Sigma},H_i\right),i=0,1$，可得 ϱ 在 H_0 和 H_1 假设下的最大似然估计 $\hat{\varrho}_0$ 和 $\hat{\varrho}_1$。为此，分别对 $f\left(\boldsymbol{\gamma};0,\varrho,\boldsymbol{\Sigma},H_0\right)$ 和 $f\left(\boldsymbol{\gamma};\hat{\alpha},\varrho,\boldsymbol{\Sigma},H_1\right)$ 求取关于 ϱ 的偏导，并将其置零，有

$$\hat{\varrho}_0=\frac{1}{MN}\boldsymbol{\gamma}^{\mathrm{H}}\boldsymbol{\Sigma}^{-1}\boldsymbol{\gamma} \tag{7.29}$$

$$\hat{\varrho}_1=\frac{1}{MN}\left(\boldsymbol{\gamma}-\hat{\alpha}\boldsymbol{v}_t\right)^{\mathrm{H}}\boldsymbol{\Sigma}^{-1}\left(\boldsymbol{\gamma}-\hat{\alpha}\boldsymbol{v}_t\right) \tag{7.30}$$

将式（7.28）～式（7.30）代入式（7.8），并使用 $\boldsymbol{S}$ 替代 $\boldsymbol{\Sigma}$，经过整理可得两步 GLRT 的检验统计量，其表达式与式（7.24）一致。

对于均匀环境，将式（7.28）和 $\varrho=1$ 代入式（7.8），并使用 $\boldsymbol{S}$ 替代 $\boldsymbol{\Sigma}$，得到检验统计量为

$$t_{\mathrm{AMF}}=\frac{\left|\boldsymbol{\gamma}^{\mathrm{H}}\boldsymbol{S}^{-1}\boldsymbol{v}_t\right|^2}{\boldsymbol{v}_t^{\mathrm{H}}\boldsymbol{S}^{-1}\boldsymbol{v}_t} \tag{7.31}$$

t_{AMF} 所对应的检测器称为 AMF[11]，其 P_{fa} 为

$$P_{\mathrm{fa}} = \frac{1}{\left(1+\rho_L \eta_0\right)^{K+1-MN}} \tag{7.32}$$

式中，ρ_L 为损失因子，它是一个随机变量，服从与 $\boldsymbol{R}$ 无关的 β 分布。式（7.32）表明，AMF 具有相对于 $\boldsymbol{R}$ 的 CFAR 特性。

7.3.3 Rao 检测器

对于二元假设检验问题（7.1），$\boldsymbol{\theta}_r$ 和 $\boldsymbol{\theta}_s$ 可以表示为

$$\boldsymbol{\theta}_r = \begin{bmatrix} \alpha_r \\ \alpha_i \end{bmatrix}, \quad \boldsymbol{\theta}_s = \begin{bmatrix} \mu \\ \boldsymbol{g}(\boldsymbol{R}) \end{bmatrix} \tag{7.33}$$

式中，α_r 和 α_i 分别表示 α 的实部和虚部；向量 $\boldsymbol{g}(\boldsymbol{R}) \in \mathbb{R}^{(MN)^2 \times 1}$ 由 $\boldsymbol{R}$ 中所有元素的实部和虚部以特定顺序排列构成。

对于 Rao 准则（7.10），$f\left(\boldsymbol{\gamma}, \boldsymbol{\Gamma}; \boldsymbol{\theta}, H_1\right) = f\left(\boldsymbol{\gamma}, \boldsymbol{\Gamma}; \alpha, \mu, \boldsymbol{R}, H_1\right)$，且

$$\tilde{\boldsymbol{\theta}} = \begin{bmatrix} \boldsymbol{\theta}_{r0} \\ \hat{\boldsymbol{\theta}}_{s0} \end{bmatrix}, \quad \boldsymbol{\theta}_{r0} = \begin{bmatrix} 0 \\ 0 \end{bmatrix}, \quad \hat{\boldsymbol{\theta}}_{s0} = \begin{bmatrix} \hat{\mu}_0 \\ \boldsymbol{g}\left(\hat{\boldsymbol{R}}_0\right) \end{bmatrix} \tag{7.34}$$

式中，$\hat{\mu}_0$ 由式（7.22）给出；$\hat{\boldsymbol{R}}_0$ 由式（7.17）给出。

结合式（7.5）、式（7.11）和式（7.12），容易求得

$$\left[\boldsymbol{I}^{-1}(\boldsymbol{\theta})\right]_{rr} = \left(2\boldsymbol{v}_t^{\mathrm{H}} \boldsymbol{R}^{-1} \boldsymbol{v}_t \boldsymbol{I}_2\right)^{-1} \tag{7.35}$$

$$\frac{\partial \ln f\left(\boldsymbol{\gamma}, \boldsymbol{\Gamma}; \boldsymbol{\theta}, H_1\right)}{\partial \boldsymbol{\theta}_r} = \begin{bmatrix} 2\mathrm{Re}\left[\boldsymbol{v}_t^{\mathrm{H}} \boldsymbol{R}^{-1}\left(\boldsymbol{\gamma} - \alpha \boldsymbol{v}_t\right)\right] \\ 2\mathrm{Im}\left[\boldsymbol{v}_t^{\mathrm{H}} \boldsymbol{R}^{-1}\left(\boldsymbol{\gamma} - \alpha \boldsymbol{v}_t\right)\right] \end{bmatrix} \tag{7.36}$$

将式（7.34）～式（7.36）代入式（7.10），可得

$$\frac{\left|\boldsymbol{\gamma}^{\mathrm{H}}\left(\boldsymbol{\gamma}\boldsymbol{\gamma}^{\mathrm{H}} + \frac{1}{\hat{\mu}_0}\boldsymbol{S}\right)^{-1} \boldsymbol{v}_t\right|^2}{\boldsymbol{v}_t^{\mathrm{H}}\left(\boldsymbol{\gamma}\boldsymbol{\gamma}^{\mathrm{H}} + \frac{1}{\hat{\mu}_0}\boldsymbol{S}\right)^{-1} \boldsymbol{v}_t} \underset{H_0}{\overset{H_1}{\gtrless}} \eta_t \tag{7.37}$$

根据矩阵求逆引理[21]，有如下等式：

$$\left(\boldsymbol{\gamma}\boldsymbol{\gamma}^{\mathrm{H}} + \frac{1}{\hat{\mu}_0}\boldsymbol{S}\right)^{-1} = \hat{\mu}_0 \boldsymbol{S}^{-1} - \hat{\mu}_0^2 \frac{\boldsymbol{S}^{-1}\boldsymbol{\gamma}\boldsymbol{\gamma}^{\mathrm{H}}\boldsymbol{S}^{-1}}{1+\hat{\mu}_0 \boldsymbol{\gamma}^{\mathrm{H}} \boldsymbol{S}^{-1}\boldsymbol{\gamma}} \tag{7.38}$$

将式（7.38）代入式（7.37），可得

$$\frac{\hat{\mu}_0\left|\boldsymbol{\gamma}^{\mathrm{H}}\boldsymbol{S}^{-1}\boldsymbol{v}_t\right|^2}{\left(1+\hat{\mu}_0\boldsymbol{\gamma}^{\mathrm{H}}\boldsymbol{S}^{-1}\boldsymbol{\gamma}\right)\boldsymbol{v}_t^{\mathrm{H}}\boldsymbol{S}^{-1}\boldsymbol{v}_t\left(1+\hat{\mu}_0\boldsymbol{\gamma}^{\mathrm{H}}\boldsymbol{S}^{-1}\boldsymbol{\gamma}-\hat{\mu}_0\frac{\left|\boldsymbol{\gamma}^{\mathrm{H}}\boldsymbol{S}^{-1}\boldsymbol{v}_t\right|^2}{\boldsymbol{v}_t^{\mathrm{H}}\boldsymbol{S}^{-1}\boldsymbol{v}_t}\right)}\underset{H_0}{\overset{H_1}{\gtrless}}\eta_t \tag{7.39}$$

式（7.39）可进一步简化为

$$\frac{MN}{K+1}\frac{t_{\mathrm{ACE}}}{\dfrac{K+1}{K+1-MN}+\dfrac{MN}{K+1-MN}t_{\mathrm{ACE}}}\underset{H_0}{\overset{H_1}{\gtrless}}\eta_t \tag{7.40}$$

显然，式（7.40）中的检验统计量与式（7.24）相同，所以对于部分均匀环境，由 Rao 准则得到的检测器与 ACE 等价[16]。

对于均匀环境，将 $\hat{\mu}_0=1$ 代入式（7.37），可得

$$t_{\mathrm{Rao}}=\frac{\left|\boldsymbol{\gamma}^{\mathrm{H}}\left(\boldsymbol{\gamma}\boldsymbol{\gamma}^{\mathrm{H}}+\boldsymbol{S}\right)^{-1}\boldsymbol{v}_t\right|^2}{\boldsymbol{v}_t^{\mathrm{H}}\left(\boldsymbol{\gamma}\boldsymbol{\gamma}^{\mathrm{H}}+\boldsymbol{S}\right)^{-1}\boldsymbol{v}_t} \tag{7.41}$$

式（7.41）所对应的检测器通常称为 Rao 检测器[14]，容易证明

$$t_{\mathrm{Rao}}=\frac{t_{\mathrm{GLRT}}^2}{t_{\mathrm{AMF}}\left(1-t_{\mathrm{GLRT}}\right)} \tag{7.42}$$

即 t_{Rao} 可以表示为 t_{AMF} 和 t_{GLRT} 的函数，所以 Rao 检测器也具有相对于 $\boldsymbol{R}$ 的 CFAR 特性。

7.3.4　Wald 检测器

对于 Wald 准则（7.14），其参数向量由式（7.33）给出，并且

$$\hat{\boldsymbol{\theta}}_1=\begin{bmatrix}\hat{\boldsymbol{\theta}}_{r1}\\ \hat{\boldsymbol{\theta}}_{s1}\end{bmatrix},\quad \hat{\boldsymbol{\theta}}_{r1}=\begin{bmatrix}\hat{\alpha}_r\\ \hat{\alpha}_i\end{bmatrix},\quad \hat{\boldsymbol{\theta}}_{s1}=\begin{bmatrix}\hat{\mu}_1\\ \boldsymbol{g}\left(\hat{\boldsymbol{R}}_1\right)\end{bmatrix},\quad \boldsymbol{\theta}_{r0}=\begin{bmatrix}0\\0\end{bmatrix} \tag{7.43}$$

式中，$\hat{\alpha}_r$ 和 $\hat{\alpha}_i$ 分别为 $\hat{\alpha}$ 的实部与虚部；$\hat{\alpha}$、$\hat{\mu}_1$ 和 $\hat{\boldsymbol{R}}_1$ 分别由式（7.20）、式（7.23）和式（7.17）给出。

将式（7.35）和式（7.43）代入式（7.14），可得

$$\frac{\left|\boldsymbol{\gamma}^{\mathrm{H}}\boldsymbol{S}^{-1}\boldsymbol{v}_t\right|^2}{\left(\boldsymbol{v}_t^{\mathrm{H}}\boldsymbol{S}^{-1}\boldsymbol{v}_t\right)^2}\boldsymbol{v}_t^{\mathrm{H}}\left[\left(\boldsymbol{\gamma}-\hat{\alpha}\boldsymbol{v}_t\right)\left(\boldsymbol{\gamma}-\hat{\alpha}\boldsymbol{v}_t\right)^{\mathrm{H}}+\frac{1}{\hat{\mu}_1}\boldsymbol{S}\right]^{-1}\boldsymbol{v}_t\underset{H_0}{\overset{H_1}{\gtrless}}\eta_t \tag{7.44}$$

经数学推导，式（7.44）可简化为

$$\frac{\hat{\mu}_1\left|\boldsymbol{\gamma}^{\mathrm{H}}\boldsymbol{S}^{-1}\boldsymbol{v}_t\right|^2}{\boldsymbol{v}_t^{\mathrm{H}}\boldsymbol{S}^{-1}\boldsymbol{v}_t}\underset{H_0}{\overset{H_1}{\gtrless}}\eta_t \tag{7.45}$$

进一步可将式（7.45）重写为

$$\frac{MN}{K+1-MN}\frac{t_{\mathrm{ACE}}}{1-t_{\mathrm{ACE}}}\underset{H_0}{\overset{H_1}{\gtrless}}\eta_t \tag{7.46}$$

显然，式（7.46）中的检验统计量与式（7.24）相同，所以对于部分均匀环境，由Wald准则得到的检测器与ACE等价[16]。

对于均匀环境，将$\hat{\mu}_1=1$代入式（7.45），可得与t_{AMF}相同的检验统计量，即由Wald准则得到的检测器与AMF等价[15]。

7.4 性能分析

本节通过仿真实验分析上述经典STAD检测器的性能，具体参数设置如下：$P_{\mathrm{fa}}=10^{-4}$，η_t和P_{d}的仿真次数分别为$100/P_{\mathrm{fa}}$和10^4，$\mathrm{SRR}=|\alpha|^2\boldsymbol{v}_t^{\mathrm{H}}\boldsymbol{R}^{-1}\boldsymbol{v}_t$，目标信号的方位角和俯仰角分别为$30^\circ$和$0^\circ$。此外，$\boldsymbol{R}(i_1,i_2)=\sigma_r^2\rho_r^{|i_1-i_2|},i_1,i_2=1,2,\cdots,MN$，$\rho_r$为延迟相关系数且$\rho_r=0.96$。

7.4.1 均匀环境

首先分析空时维度对检测性能的影响，设置$N\in\{4,6,8,10\}$、$M=2$、$K=2MN$，GLRT检测器、AMF检测器和Rao检测器在不同空时维度下的检测概率曲线如图7.2所示。由图可以看到，在指定空时维度下，三种检测器的检测概率P_{d}均随信混比的增加而增大。当空时维度增大时，三种检测器的检测性能都有提升，并且更加接近。具体来说，GLRT具有最优的检测性能，当空时维度足够大时，AMF和Rao的检测性能趋近于GLRT。AMF和Rao相比较，AMF在高信混比时的P_{d}更高，Rao则在低信混比时性能更好。注意到当空时维度较小时，Rao检测器的P_{d}始终无法达到1，究其原因是Rao准则易受目标信号成分影响。

进一步分析辅助数据长度对检测器性能的影响，设置$N=6$、$M=2$、$K\in\{14,16,18,20,22,24\}$，不同辅助数据长度下三种检测器的检测概率曲线如图7.3所示。由图可以看到，在指定辅助数据长度下，三种检测器的P_{d}随信混比增加而增大。另外，当辅助数据长度增大时，三种检测器的检测性能也随之提升。

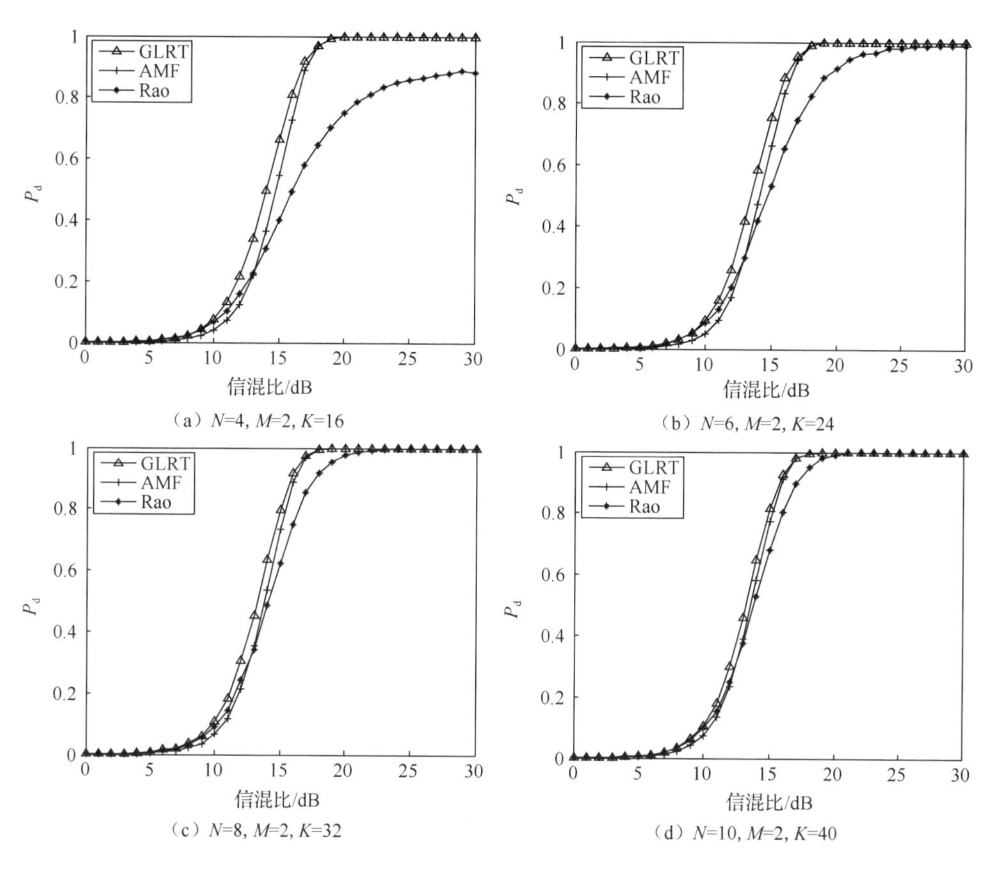

（a）N=4, M=2, K=16　（b）N=6, M=2, K=24

（c）N=8, M=2, K=32　（d）N=10, M=2, K=40

图 7.2　不同空时维度下经典 STAD 检测器的检测概率曲线

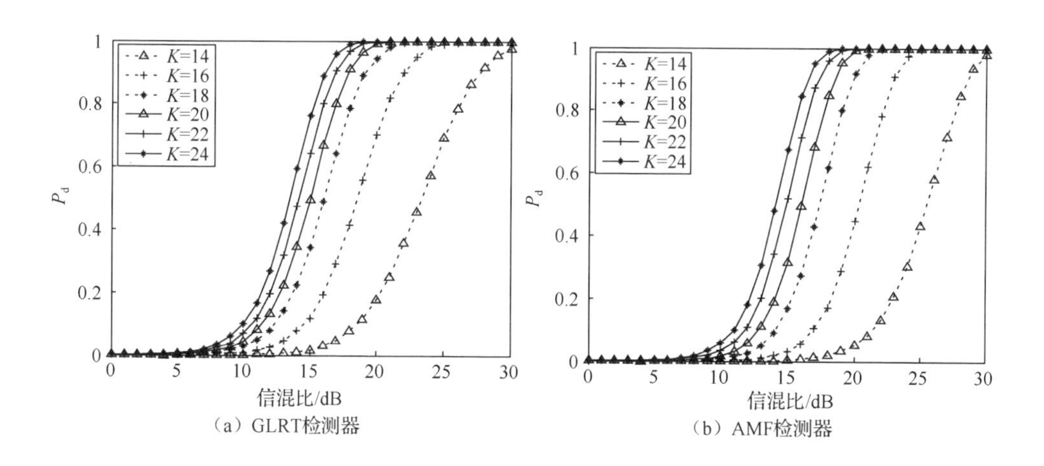

（a）GLRT检测器　（b）AMF检测器

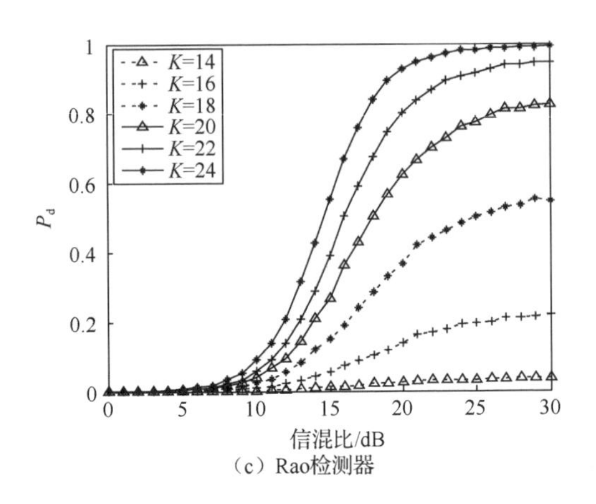

（c）Rao检测器

图 7.3 不同辅助数据长度下经典 STAD 检测器的检测概率曲线

具体来说，GLRT 具有最好的检测性能，Rao 检测器受辅助数据的影响最为明显，尤其是在辅助数据严重不足情况下，如$K=16$时，其P_d不到 0.25，$K=14$时降至 0.1 以下。

最后分析目标导向向量失配对检测器性能的影响，设置$N=10$，$M=2$，$K=40$。用失配角θ_v表示实际目标空时导向向量（记为$\boldsymbol{v}_{tr}$）和$\boldsymbol{v}_t$之间的夹角，则θ_v可由下式定义：

$$\cos^2\theta_v=\frac{\left|\boldsymbol{v}_{tr}^{\mathrm{H}}\boldsymbol{R}^{-1}\boldsymbol{v}_t\right|^2}{\left(\boldsymbol{v}_{tr}^{\mathrm{H}}\boldsymbol{R}^{-1}\boldsymbol{v}_{tr}\right)\left(\boldsymbol{v}_t^{\mathrm{H}}\boldsymbol{R}^{-1}\boldsymbol{v}_t\right)} \tag{7.47}$$

式（7.47）中，$\cos^2\theta_v$越小，表示导向向量失配程度越大；$\cos^2\theta_v=0$意味着$\boldsymbol{v}_{tr}$和$\boldsymbol{v}_t$正交，即完全失配；$\cos^2\theta_v=1$则对应$\boldsymbol{v}_{tr}$和$\boldsymbol{v}_t$完全匹配的情况。计算不同$\cos^2\theta_v$和 SRR 情况下的P_d，可以绘制出如图 7.4 所示的台面图①。

由图 7.4 可以看到，AMF 对失配信号具有非常好的宽容性，例如当$\cos^2\theta_v=0.36$时，AMF 的P_d在$\mathrm{SRR}=25\mathrm{dB}$时高达 0.99，此时 GLRT 的$P_d$不到 0.5。对于 Rao 检测器，它抑制失配信号的能力更强，例如当$\cos^2\theta_v=0.74$且$\mathrm{SRR}=25\mathrm{dB}$时，GLRT 的$P_d$约为 0.99，而 Rao 的$P_d$只有 0.01。由于 Rao 检测器的选择性过强，其

① 台面图是指P_d相对于$\cos^2\theta_v$和信混比的等高线图。理想情况是在中、高信混比和失配角为零或较小时，具有较高的P_d，这意味着对匹配信号具有较好的检测能力；当失配角较大时，P_d急剧下降，这意味着对失配信号具有较好的抑制能力[22]。

可探测区域（即 P_d 较高的区域）仅占图 7.4（c）中的很小一部分，如 $P_d>0.9$ 的区域。以上结果还表明，GLRT 对失配信号检测能力介于 AMF 和 Rao 检测器之间。

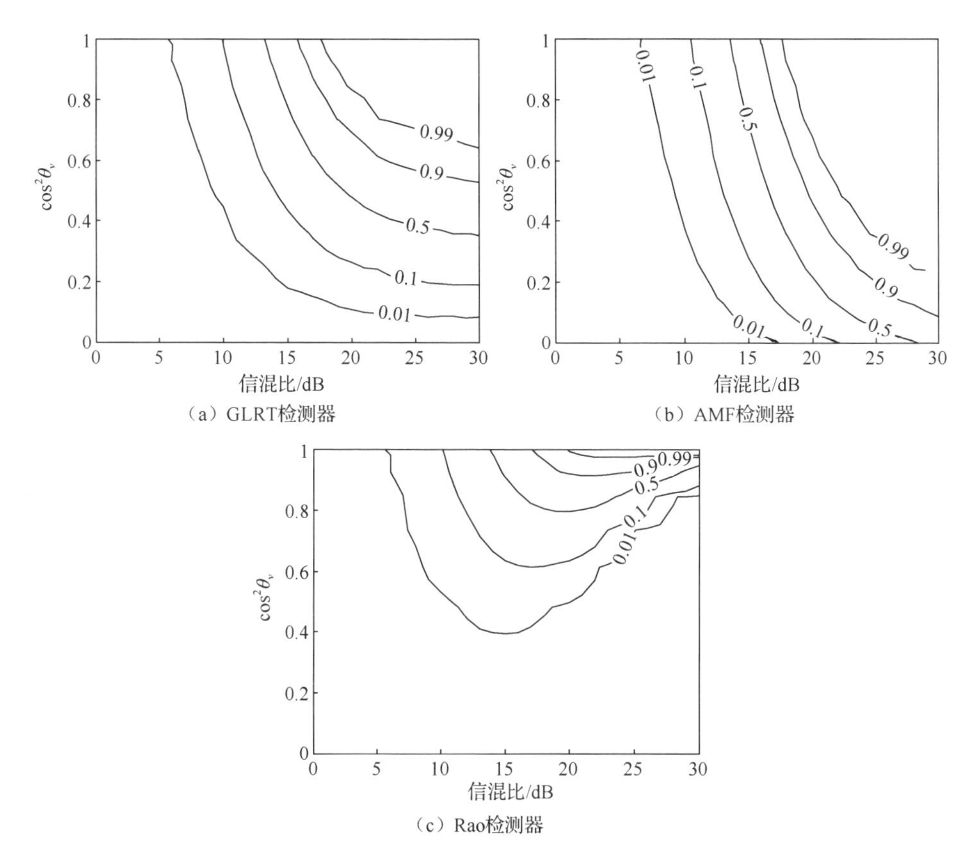

图 7.4　经典 STAD 检测器的台面图

7.4.2　部分均匀环境

首先分析空时维度对检测器性能的影响，设置 $N\in\{4,6,8,10\}$、$M=2$、$K=2MN$、$\mu=5$，不同空时维度下 ACE 的检测概率曲线如图 7.5 所示。由图可以看到，在指定空时维度下，ACE 的 P_d 随信混比的增加而增大。随着空时维度增大，ACE 的检测性能不断提升，但提升程度在变小，例如：$N=10$ 和 $N=8$ 相比，$P_d=0.9$ 时的信混比提升仅有 0.2dB；$N=6$ 相对于 $N=4$，$P_d=0.9$ 时的信混比提升超过 2dB。空时维度的增加意味着更大的辅助数据需求，因此空时维度并非越高越好，要结合实际情况合理选取。

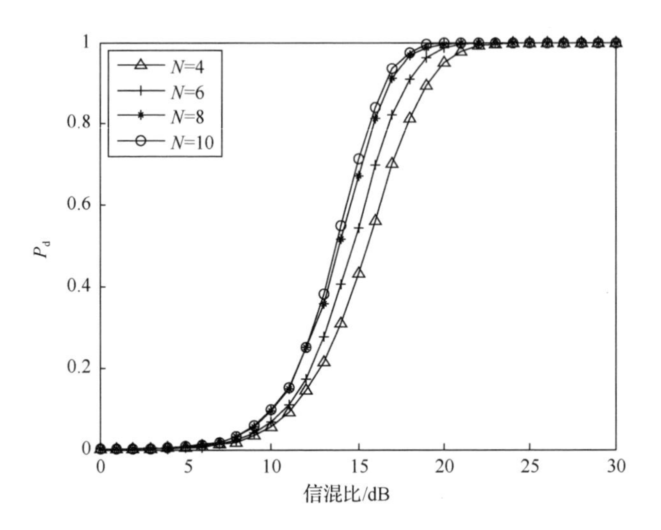

图 7.5　不同空时维度下 ACE 的检测概率曲线

进一步分析辅助数据长度对检测器性能的影响，设置 $N=6$ 、 $M=2$ 、 $K\in\{14,16,18,20,22,24\}$ 、 $\mu=5$ ，此时不同辅助数据长度下 ACE 的检测概率曲线如图 7.6 所示。由图可以看到，随着辅助数据长度的增大，ACE 的检测性能不断提升。具体来说，当辅助数据充足时，其长度变化对 ACE 的性能影响较小；当辅助数据不足时，长度变化对 ACE 的性能影响较大。例如， $K=24$ 和 $K=22$ 相比， $P_d=0.9$ 时的信混比提升约 0.4dB； $K=16$ 相对于 $K=14$ ， $P_d=0.9$ 时的信混比提升超过 8dB。

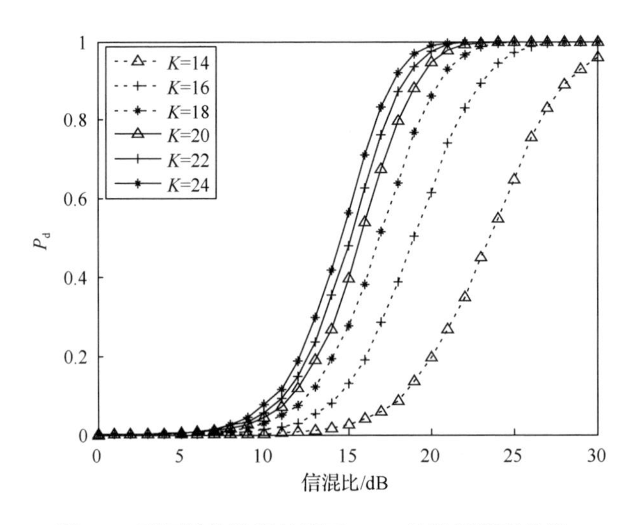

图 7.6　不同辅助数据长度下 ACE 的检测概率曲线

接着分析 μ 值对检测器性能的影响，设置 $N=6$、$M=2$、$K=24$、$\mu\in\{5,50,500,5000\}$，此时不同比例因子取值下 ACE 的检测概率曲线如图 7.7 所示。由图可以看到，当 μ 值变化时，ACE 的 P_d 曲线几乎完全重合。

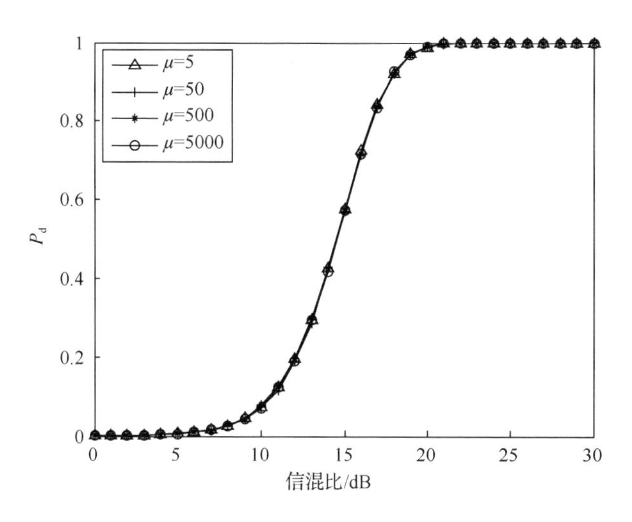

图 7.7　不同比例因子取值下 ACE 的检测概率曲线

最后分析目标导向向量失配对检测器性能的影响，设置 $N=10$、$M=2$、$K=40$、$\mu=5$，计算不同 $\cos^2\theta_v$ 和 SRR 情况下的 P_d，可以绘制出如图 7.8 所示的台面图。由图可以看出，ACE 具有较好的匹配信号检测能力，例如当 $\cos^2\theta_v=0.99$

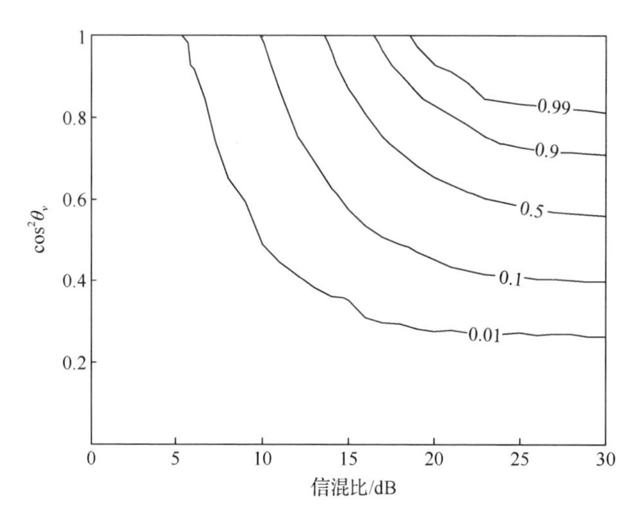

图 7.8　ACE 的台面图

且 SRR=17dB 时，ACE 的 P_d 已大于 0.9。同时 ACE 对失配信号也具有一定的抑制能力，例如 $\cos^2\theta_v = 0.4$ 且 SRR=17dB 时，P_d<0.1。

参 考 文 献

[1] 刘维建, 谢文冲, 王永良. 基于对角加载的自适应匹配滤波器和自适应相干估计器[J]. 系统工程与电子技术, 2013, 35(3): 463-468.

[2] 王永良, 刘维建, 谢文冲, 等. 机载雷达空时自适应检测方法研究进展[J]. 雷达学报, 2014, 3(2): 201-207.

[3] 施博. 水下目标空时自适应检测算法研究[D]. 北京: 中国科学院大学, 2015.

[4] 闫林杰. 多通道声呐抗水声干扰自适应检测方法研究[D]. 北京: 中国科学院大学, 2021.

[5] 郝程鹏, 施博, 闫晟, 等. 主动声纳混响抑制与目标检测技术[J]. 科技导报, 2017, 35(20): 102-108.

[6] 李娜, 郝程鹏, 施博, 等. 水下修正空时自适应检测的性能分析[J]. 水下无人系统学报, 2018, 26(2): 133-139.

[7] 王莎, 施博, 郝程鹏. 基于斜对称阵列的水下单脉冲降维空时自适应处理[J]. 水下无人系统学报, 2020, 28(2): 168-173.

[8] 郝程鹏, 闫晟, 徐达, 等. 主动声纳恒虚警处理技术[M]. 北京: 人民邮电出版社, 2021.

[9] 赵树杰, 赵建勋. 信号检测与估计理论[M]. 北京: 清华大学出版社, 2005.

[10] Kelly E J. An adaptive detection algorithm[J]. IEEE Transactions on Aerospace and Electronic Systems, 1986, 22(1): 115-127.

[11] Robey F C, Fuhrmann D R, Kelly E J, et al. A CFAR adaptive matched filter detector[J]. IEEE Transactions on Aerospace and Electronic Systems, 1992, 28(1): 208-216.

[12] de Maio A, Kay S M, Farina A. On the invariance, coincidence, and statistical equivalence of the GLRT, Rao test, and Wald test[J]. IEEE Transactions on Signal Processing, 2010, 58(4): 1967-1979.

[13] Kay S M. Fundamentals of statistical signal processing, volume II: detection theory[M]. Upper Saddle River, NJ: Prentice Hall, 1998.

[14] de Maio A. Rao test for adaptive detection in Gaussian interference with unknown covariance matrix[J]. IEEE Transactions on Signal Processing, 2007, 55(7): 3577-3584.

[15] de Maio A. A new derivation of the adaptive matched filter[J]. IEEE Signal Processing Letters, 2004, 11(10): 792-793.

[16] de Maio A, Iommelli S. Coincidence of the Rao test, Wald test, and GLRT in partially homogeneous environment[J]. IEEE Signal Processing Letters, 2008, 15: 385-388.

[17] Hao C, Orlando D, Ma X, et al. Persymmetric Rao and Wald tests for partially homogeneous environment[J]. IEEE Signal Processing Letters, 2012, 19(9): 587-590.

[18] 刘维建. 多通道雷达信号自适应检测技术研究[D]. 长沙: 国防科学技术大学, 2014.

[19] Kraut S, Scharf L L. The CFAR adaptive subspace detector is a scale-invariant GLRT[J]. IEEE Transactions on Signal Processing, 1999, 47(9): 2538-2541.

[20] Scharf L L, McWhorter L T. Adaptive matched subspace detectors and adaptive coherence estimators[C]// Conference Record of the Thirtieth Asilomar Conference on Signals, Systems and Computers, 1996: 1114-1117.

[21] Horn R A, Johnson C R. Matrix analysis[M]. Cambridge: Cambridge University Press, 1985.

[22] Pulsone N B, Rader C M. Adaptive beamformer orthogonal rejection test[J]. IEEE Transactions on Signal Processing, 2001, 49(3): 521-529.

第 8 章　主动声呐知识基空时自适应检测

如第 4 章所述，采用知识基方法可有效降低 STAP 对辅助数据的需求量，该方法同样适用于 STAD。本章对知识基 STAD 方法进行介绍，可利用的先验知识有三种，包括阵列的斜对称特性、空时功率谱对称特性及空时协方差矩阵的先验分布。还可将斜对称特性和功率谱对称特性联合利用，进一步提高 STAD 在小辅助数据情况下的稳健性。

本章研究的对象仍是混响背景下的点目标检测问题，由二元假设检验（7.1）给出，包括斜对称 STAD、谱对称 STAD、双知识基 STAD 和贝叶斯 STAD 四部分内容。

8.1　斜对称 STAD 检测器

本节在假设接收阵列具有斜对称特性基础上，采用一步 GLRT 准则、两步 GLRT 准则、Rao 准则和 Wald 准则来求解假设检验问题（7.1）。

8.1.1　问题建模与检测器设计

如 4.1 节所述，当主动声呐的接收阵列等间距布阵且等间隔采样时，$\boldsymbol{R}$ 满足式（4.9）所示的斜对称特性[1-2]。为了表述方便，下文将 $\boldsymbol{J}_{MN}$ 记为 $\boldsymbol{J}$ 。此时，目标的空时导向向量也具有斜对称特性，即 $\boldsymbol{v}_t = \boldsymbol{J}\boldsymbol{v}_t^*$ 。

利用 $\boldsymbol{R}$ 和 $\boldsymbol{v}_t$ 的斜对称特性，可将 $\mathrm{tr}\left(\boldsymbol{R}^{-1}\boldsymbol{T}_i\right)$ 展开如下：

$$\begin{aligned}\mathrm{tr}\left(\boldsymbol{R}^{-1}\boldsymbol{T}_i\right) &= \mathrm{tr}\left(\boldsymbol{R}^{-1}\frac{\boldsymbol{T}_i}{2}\right) + \mathrm{tr}\left[\boldsymbol{J}\left(\boldsymbol{R}^{-1}\right)^*\boldsymbol{J}\boldsymbol{J}\frac{\boldsymbol{T}_i^*}{2}\boldsymbol{J}\right] \\ &= \mathrm{tr}\left(\boldsymbol{R}^{-1}\frac{\boldsymbol{T}_i + \boldsymbol{J}\boldsymbol{T}_i^*\boldsymbol{J}}{2}\right), \quad i = 0,1\end{aligned} \tag{8.1}$$

将式（8.1）代入式（7.5），似然函数可改写为

$$f\left(\gamma,\boldsymbol{\Gamma};i\alpha,\mu,\boldsymbol{R},H_i\right)=\frac{\exp\left(-\mathrm{tr}\left\{\boldsymbol{R}^{-1}\left[\left(\boldsymbol{X}_p-i\boldsymbol{v}_t\boldsymbol{a}_p\right)\left(\boldsymbol{X}_p-i\boldsymbol{v}_t\boldsymbol{a}_p\right)^{\mathrm{H}}+\frac{1}{\mu}\boldsymbol{S}_p\right]\right\}\right)}{\mu^{MNK}\left[\pi^{MN}\det\left(\boldsymbol{R}\right)\right]^{K+1}},\quad i=0,1 \tag{8.2}$$

式中，

$$\boldsymbol{S}_p=\left(\boldsymbol{S}+\boldsymbol{J}\boldsymbol{S}^*\boldsymbol{J}\right)/2,\quad \boldsymbol{X}_p=\left[\gamma_e\quad \gamma_o\right],\quad \boldsymbol{a}_p=\left[\alpha_e\quad \alpha_o\right] \tag{8.3}$$

且有 $\boldsymbol{S}=\boldsymbol{\Gamma}\boldsymbol{\Gamma}^{\mathrm{T}}$，$\gamma_e=\left(\gamma+\boldsymbol{J}\gamma^*\right)/2$，$\gamma_o=\left(\gamma-\boldsymbol{J}\gamma^*\right)/2$，$\alpha_e=\left(\alpha+\alpha^*\right)/2$，$\alpha_o=\left(\alpha-\alpha^*\right)/2$。

1. 一步 GLRT 准则

将式（8.2）代入式（7.4），并对分子和分母中的 $\boldsymbol{R}$ 同时进行优化，可得

$$\frac{\min\limits_{\mu}\mu^{\frac{MNK}{K+1}}\det\left(\boldsymbol{X}_p\boldsymbol{X}_p^{\mathrm{H}}+\frac{1}{\mu}\boldsymbol{S}_p\right)}{\min\limits_{\mu}\min\limits_{\boldsymbol{a}_p}\mu^{\frac{MNK}{K+1}}\det\left[\left(\boldsymbol{X}_p-\boldsymbol{v}_t\boldsymbol{a}_p\right)\left(\boldsymbol{X}_p-\boldsymbol{v}_t\boldsymbol{a}_p\right)^{\mathrm{H}}+\frac{1}{\mu}\boldsymbol{S}_p\right]}\underset{H_0}{\overset{H_1}{\gtrless}}\eta_t \tag{8.4}$$

接着对 $\boldsymbol{a}_p$ 进行优化，为此对不等号左侧分式中的分母求取关于 $\boldsymbol{a}_p$ 的偏导，并将结果置零可得[3]

$$\hat{\boldsymbol{a}}_p=\frac{\boldsymbol{v}_t^{\mathrm{H}}\boldsymbol{S}_p^{-1}\boldsymbol{X}_p}{\boldsymbol{v}_t^{\mathrm{H}}\boldsymbol{S}_p^{-1}\boldsymbol{v}_t} \tag{8.5}$$

将 $\hat{\boldsymbol{a}}_p$ 和 $\mu=1$ 代入式（8.4），可得

$$\frac{\det\left(\boldsymbol{X}_p\boldsymbol{X}_p^{\mathrm{H}}+\boldsymbol{S}_p\right)}{\det\left[\left(\boldsymbol{X}_p-\boldsymbol{v}_t\hat{\boldsymbol{a}}_p\right)\left(\boldsymbol{X}_p-\boldsymbol{v}_t\hat{\boldsymbol{a}}_p\right)^{\mathrm{H}}+\boldsymbol{S}_p\right]}\underset{H_0}{\overset{H_1}{\gtrless}}\eta_t \tag{8.6}$$

注意到，

$$\det\left(\boldsymbol{X}_p\boldsymbol{X}_p^{\mathrm{H}}+\boldsymbol{S}_p\right)=\det\left(\boldsymbol{S}_p\right)\det\left(\boldsymbol{I}_2+\boldsymbol{X}_p^{\mathrm{H}}\boldsymbol{S}_p^{-1}\boldsymbol{X}_p\right) \tag{8.7}$$

$$\det\left[\left(\boldsymbol{X}_p-\boldsymbol{v}_t\hat{\boldsymbol{a}}_p\right)\left(\boldsymbol{X}_p-\boldsymbol{v}_t\hat{\boldsymbol{a}}_p\right)^{\mathrm{H}}+\boldsymbol{S}_p\right]=\det\left(\boldsymbol{S}_p\right)\det\left(\boldsymbol{I}_2+\boldsymbol{X}_p^{\mathrm{H}}\boldsymbol{S}_p^{-1}\boldsymbol{X}_p-\frac{\boldsymbol{X}_p^{\mathrm{H}}\boldsymbol{S}_p^{-1}\boldsymbol{v}_t\boldsymbol{v}_t^{\mathrm{H}}\boldsymbol{S}_p^{-1}\boldsymbol{X}_p}{\boldsymbol{v}_t^{\mathrm{H}}\boldsymbol{S}_p^{-1}\boldsymbol{v}_t}\right) \tag{8.8}$$

将式（8.7）和式（8.8）代入式（8.6），整理得

$$\frac{\boldsymbol{v}_t^{\mathrm{H}}\boldsymbol{S}_p^{-1}\boldsymbol{X}_p\left(\boldsymbol{I}_2+\boldsymbol{X}_p^{\mathrm{H}}\boldsymbol{S}_p^{-1}\boldsymbol{X}_p\right)^{-1}\boldsymbol{X}_p^{\mathrm{H}}\boldsymbol{S}_p^{-1}\boldsymbol{v}_t}{\boldsymbol{v}_t^{\mathrm{H}}\boldsymbol{S}_p^{-1}\boldsymbol{v}_t}\underset{H_0}{\overset{H_1}{\gtrless}}\eta_t \tag{8.9}$$

为便于描述，将式（8.9）所对应的检测器称为均匀环境斜对称 GLRT（persymmetric GLRT for HE, Per-GLRT-HE）检测器。

接下来考虑部分均匀环境，将式（8.5）代入式（8.4）可得

$$\frac{\min\limits_{\mu}\mu^{-\frac{MN}{K+1}}\det\left(\boldsymbol{I}_2+\mu\boldsymbol{X}_p^{\mathrm{H}}\boldsymbol{S}_p^{-1}\boldsymbol{X}_p\right)}{\min\limits_{\mu}\mu^{-\frac{MN}{K+1}}\det\left(\boldsymbol{I}_2+\mu\boldsymbol{X}_p^{\mathrm{H}}\boldsymbol{S}_p^{-1}\boldsymbol{X}_p-\mu\frac{\boldsymbol{X}_p^{\mathrm{H}}\boldsymbol{S}_p^{-1}\boldsymbol{v}_t\boldsymbol{v}_t^{\mathrm{H}}\boldsymbol{S}_p^{-1}\boldsymbol{X}_p}{\boldsymbol{v}_t^{\mathrm{H}}\boldsymbol{S}_p^{-1}\boldsymbol{v}_t}\right)}\underset{H_0}{\overset{H_1}{\gtrless}}\eta_t \tag{8.10}$$

令 $\boldsymbol{\Psi}_0=\boldsymbol{X}_p^{\mathrm{H}}\boldsymbol{S}_p^{-1}\boldsymbol{X}_p$，$\boldsymbol{\Psi}_1=\boldsymbol{X}_p^{\mathrm{H}}\boldsymbol{S}_p^{-1}\boldsymbol{X}_p-\dfrac{\boldsymbol{X}_p^{\mathrm{H}}\boldsymbol{S}_p^{-1}\boldsymbol{v}_t\boldsymbol{v}_t^{\mathrm{H}}\boldsymbol{S}_p^{-1}\boldsymbol{X}_p}{\boldsymbol{v}_t^{\mathrm{H}}\boldsymbol{S}_p^{-1}\boldsymbol{v}_t}$，将式（8.10）改写为

$$\frac{\min\limits_{\mu}\mu^{-\frac{MN}{K+1}}\det\left(\boldsymbol{I}_2+\mu\boldsymbol{\Psi}_0\right)}{\min\limits_{\mu}\mu^{-\frac{MN}{K+1}}\det\left(\boldsymbol{I}_2+\mu\boldsymbol{\Psi}_1\right)}\underset{H_0}{\overset{H_1}{\gtrless}}\eta_t \tag{8.11}$$

为完成式（8.11）的优化，我们引入如下命题[4]。

命题 8.1　用 $\boldsymbol{\Psi}$ 表示一个 2×2 的满秩正定矩阵，优化问题

$$\arg\min_{\mu}\mu^{-\frac{MN}{K+1}}\det\left(\boldsymbol{I}_2+\mu\boldsymbol{\Psi}\right) \tag{8.12}$$

的解为

$$\hat{\mu}=\frac{\delta-\left(K+1-MN\right)\mathrm{tr}\left(\boldsymbol{\Psi}\right)}{2\left(2K+2-MN\right)\det\left(\boldsymbol{\Psi}\right)} \tag{8.13}$$

式中，$\delta=\sqrt{\left(K+1-MN\right)^2\mathrm{tr}^2\left(\boldsymbol{\Psi}\right)+4MN\left(2K-2-MN\right)\det\left(\boldsymbol{\Psi}\right)}$。

证明：由于

$$\mu^{-\frac{MN}{K+1}}\det\left(\boldsymbol{I}_2+\mu\boldsymbol{\Psi}\right)=\mu^{-\frac{MN}{K+1}}\left[\det\left(\boldsymbol{\Psi}\right)\mu^2+\mathrm{tr}\left(\boldsymbol{\Psi}\right)\mu+1\right] \tag{8.14}$$

对式（8.14）等号右侧表达式求取关于 μ 的偏导，并将其置零，有

$$\left(2K+2-MN\right)\det\left(\boldsymbol{\Psi}\right)\mu^2+\left(K+1-MN\right)\mathrm{tr}\left(\boldsymbol{\Psi}\right)\mu-MN=0 \tag{8.15}$$

式（8.15）的正数解即为 $\hat{\mu}$。

利用命题 8.1 的结果，可得 μ 在 H_i 假设下的最大似然估计 $\hat{\mu}_i$，即

$$\hat{\mu}_i = \frac{\delta - (K+1-MN)\operatorname{tr}(\boldsymbol{\Psi}_i)}{2(2K+2-MN)\det(\boldsymbol{\Psi}_i)}, \quad i=0,1 \tag{8.16}$$

将 $\hat{\mu}_0$ 和 $\hat{\mu}_1$ 代入式（8.11），可得部分均匀环境下的一步 GLRT 准则为

$$\frac{\hat{\mu}_0^{-\frac{MN}{K+1}}\det(\boldsymbol{I}_2 + \hat{\mu}_0\boldsymbol{\Psi}_0)}{\hat{\mu}_1^{-\frac{MN}{K+1}}\det(\boldsymbol{I}_2 + \hat{\mu}_1\boldsymbol{\Psi}_1)} \underset{H_0}{\overset{H_1}{\gtrless}} \eta_t \tag{8.17}$$

为便于描述，将式（8.17）所示的检测器称为部分均匀环境斜对称 GLRT（persymmetric GLRT for PHE, Per-GLRT-PHE）检测器。

2. 两步 GLRT 准则

利用 $\boldsymbol{R}$ 和 $\boldsymbol{v}_t$ 的斜对称特性，可将式（7.9）表示为

$$f(\gamma; i\alpha, \varrho, \boldsymbol{\Sigma}, H_i) = \frac{\exp\left\{-\operatorname{tr}\left[(\varrho\boldsymbol{\Sigma})^{-1}(\boldsymbol{X}_p - i\boldsymbol{v}_t\boldsymbol{a}_p)(\boldsymbol{X}_p - i\boldsymbol{v}_t\boldsymbol{a}_p)^{\mathrm{H}}\right]\right\}}{\left[(\pi\varrho)^{MN}\det(\boldsymbol{\Sigma})\right]}, \quad i=0,1 \tag{8.18}$$

将式（8.18）代入式（7.8），有

$$\min_{\varrho}\operatorname{tr}\left[(\varrho\boldsymbol{\Sigma})^{-1}\boldsymbol{X}_p\boldsymbol{X}_p^{\mathrm{H}}\right] - \min_{\varrho}\min_{\boldsymbol{a}_p}\operatorname{tr}\left[(\varrho\boldsymbol{\Sigma})^{-1}(\boldsymbol{X}_p - \boldsymbol{v}_t\boldsymbol{a}_p)(\boldsymbol{X}_p - \boldsymbol{v}_t\boldsymbol{a}_p)^{\mathrm{H}}\right] \underset{H_0}{\overset{H_1}{\gtrless}} \eta_t \tag{8.19}$$

对不等号左侧分式中的第二项求取关于 $\boldsymbol{a}_p$ 的偏导并置零，可得

$$\hat{\boldsymbol{a}}_p = \frac{\boldsymbol{v}_t^{\mathrm{H}}\boldsymbol{\Sigma}^{-1}\boldsymbol{X}_p}{\boldsymbol{v}_t^{\mathrm{H}}\boldsymbol{\Sigma}^{-1}\boldsymbol{v}_t} \tag{8.20}$$

式中，$\hat{\boldsymbol{a}}_p$ 为 $\boldsymbol{a}_p$ 的最大似然估计。

将式（8.20）和 $\varrho=1$ 代入式（8.19），有

$$\operatorname{tr}(\boldsymbol{\Sigma}^{-1}\boldsymbol{X}_p\boldsymbol{X}_p^{\mathrm{H}}) - \operatorname{tr}\left[\boldsymbol{\Sigma}^{-1}(\boldsymbol{X}_p - \boldsymbol{v}_t\hat{\boldsymbol{a}}_p)(\boldsymbol{X}_p - \boldsymbol{v}_t\hat{\boldsymbol{a}}_p)^{\mathrm{H}}\right] \underset{H_0}{\overset{H_1}{\gtrless}} \eta_t \tag{8.21}$$

式（8.21）可进一步简化为

$$\frac{\boldsymbol{v}_t^{\mathrm{H}}\boldsymbol{\Sigma}^{-1}\boldsymbol{X}_p\boldsymbol{X}_p^{\mathrm{H}}\boldsymbol{\Sigma}^{-1}\boldsymbol{v}_t}{\boldsymbol{v}_t^{\mathrm{H}}\boldsymbol{\Sigma}^{-1}\boldsymbol{v}_t} \underset{H_0}{\overset{H_1}{\gtrless}} \eta_t \tag{8.22}$$

采用 $\boldsymbol{S}_p$ 替代式（8.22）中的 $\boldsymbol{\Sigma}$，经过整理得到

$$\frac{\boldsymbol{v}_t^{\mathrm{H}}\boldsymbol{S}_p^{-1}\boldsymbol{X}_p\boldsymbol{X}_p^{\mathrm{H}}\boldsymbol{S}_p^{-1}\boldsymbol{v}_t}{\boldsymbol{v}_t^{\mathrm{H}}\boldsymbol{S}_p^{-1}\boldsymbol{v}_t}\underset{H_0}{\overset{H_1}{\gtrless}}\eta_t \tag{8.23}$$

为便于描述，将式（8.23）所对应的检测器称为均匀环境斜对称 AMF（persymmetric AMF for HE, Per-AMF-HE）检测器。

接下来考虑部分均匀环境，将式（8.18）和式（8.20）代入式（7.8），可得

$$\frac{\max\limits_{\varrho}\dfrac{\exp\left\{-\mathrm{tr}\left[\left(\varrho\boldsymbol{\Sigma}\right)^{-1}\left(\boldsymbol{X}_p-\boldsymbol{v}_t\hat{\boldsymbol{a}}_p\right)\left(\boldsymbol{X}_p-\boldsymbol{v}_t\hat{\boldsymbol{a}}_p\right)^{\mathrm{H}}\right]\right\}}{\left[\left(\pi\varrho\right)^{MN}\det\left(\boldsymbol{\Sigma}\right)\right]}}{\max\limits_{\varrho}\dfrac{\exp\left\{-\mathrm{tr}\left[\left(\varrho\boldsymbol{\Sigma}\right)^{-1}\boldsymbol{X}_p\boldsymbol{X}_p^{\mathrm{H}}\right]\right\}}{\left[\left(\pi\varrho\right)^{MN}\det\left(\boldsymbol{\Sigma}\right)\right]}}\underset{H_0}{\overset{H_1}{\gtrless}}\eta_t \tag{8.24}$$

对式（8.24）左侧分式中的分子和分母分别求取关于 ϱ 的偏导，并将结果置零可得 ϱ 在 H_i 假设下的最大似然估计，即

$$\hat{\varrho}_0=\mathrm{tr}\left(\boldsymbol{\Sigma}^{-1}\boldsymbol{X}_p\boldsymbol{X}_p^{\mathrm{H}}\right)/\left(MN\right) \tag{8.25}$$

$$\hat{\varrho}_1=\mathrm{tr}\left[\boldsymbol{\Sigma}^{-1}\left(\boldsymbol{X}_p-\boldsymbol{v}_t\hat{\boldsymbol{a}}_p\right)\left(\boldsymbol{X}_p-\boldsymbol{v}_t\hat{\boldsymbol{a}}_p\right)^{\mathrm{H}}\right]/\left(MN\right) \tag{8.26}$$

将式（8.25）和式（8.26）代入式（8.24），可得

$$\left[1-\frac{\boldsymbol{v}_t^{\mathrm{H}}\boldsymbol{\Sigma}^{-1}\boldsymbol{X}_p\boldsymbol{X}_p^{\mathrm{H}}\boldsymbol{\Sigma}^{-1}\boldsymbol{v}_t}{\mathrm{tr}\left(\boldsymbol{X}_p^{\mathrm{H}}\boldsymbol{\Sigma}^{-1}\boldsymbol{X}_p\right)\boldsymbol{v}_t^{\mathrm{H}}\boldsymbol{\Sigma}^{-1}\boldsymbol{v}_t}\right]^{-1}\underset{H_0}{\overset{H_1}{\gtrless}}\eta_t \tag{8.27}$$

使用 $\boldsymbol{S}_p$ 替代式（8.27）中的 $\boldsymbol{\Sigma}$，经过整理有

$$\frac{\boldsymbol{v}_t^{\mathrm{H}}\boldsymbol{S}_p^{-1}\boldsymbol{X}_p\boldsymbol{X}_p^{\mathrm{H}}\boldsymbol{S}_p^{-1}\boldsymbol{v}_t}{\mathrm{tr}\left(\boldsymbol{X}_p^{\mathrm{H}}\boldsymbol{S}_p^{-1}\boldsymbol{X}_p\right)\boldsymbol{v}_t^{\mathrm{H}}\boldsymbol{S}_p^{-1}\boldsymbol{v}_t}\underset{H_0}{\overset{H_1}{\gtrless}}\eta_t \tag{8.28}$$

为便于描述，将式（8.28）所对应的检测器称为部分均匀环境斜对称 AMF（persymmetric AMF for PHE，Per-AMF-PHE）检测器。

3. Rao 准则

对于 Rao 准则（7.10），待估计参数 $\boldsymbol{\theta}_r$ 和多余参数 $\boldsymbol{\theta}_s$ 由式（7.33）给出，并且 $f\left(\boldsymbol{\gamma},\boldsymbol{\Gamma};\boldsymbol{\theta},H_1\right)=f\left(\boldsymbol{\gamma},\boldsymbol{\Gamma};\alpha,\mu,\boldsymbol{R},H_1\right)$。注意到，

$$\tilde{\boldsymbol{\theta}}=\begin{bmatrix}\boldsymbol{\theta}_{r0}\\ \hat{\boldsymbol{\theta}}_{s0}\end{bmatrix},\quad \boldsymbol{\theta}_{r0}=\begin{bmatrix}0\\0\end{bmatrix},\quad \hat{\boldsymbol{\theta}}_{s0}=\begin{bmatrix}\hat{\mu}_0\\ \boldsymbol{g}\left(\hat{\boldsymbol{R}}_0\right)\end{bmatrix} \tag{8.29}$$

式中，$\hat{\mu}_0$ 由式（8.16）给出，并且

$$\hat{\boldsymbol{R}}_0=\frac{1}{K+1}\left(\frac{1}{\hat{\mu}_0}\boldsymbol{S}_p+\boldsymbol{X}_p\boldsymbol{X}_p^{\mathrm{H}}\right) \tag{8.30}$$

结合式（7.11）、式（7.12）、式（7.33）和式（8.2），容易求得

$$\left[\boldsymbol{I}^{-1}(\boldsymbol{\theta})\right]_{rr}=\left(2\boldsymbol{v}_t^{\mathrm{H}}\boldsymbol{R}^{-1}\boldsymbol{v}_t\boldsymbol{I}_2\right)^{-1} \tag{8.31}$$

$$\frac{\partial \ln f\left(\boldsymbol{\gamma},\boldsymbol{\Gamma};\boldsymbol{\theta},H_1\right)}{\partial \boldsymbol{\theta}_r}=\begin{bmatrix}2\mathrm{Re}\left[\boldsymbol{v}_t^{\mathrm{H}}\boldsymbol{R}^{-1}\left(\boldsymbol{\gamma}-\alpha\boldsymbol{v}_t\right)\right]\\ 2\mathrm{Im}\left[\boldsymbol{v}_t^{\mathrm{H}}\boldsymbol{R}^{-1}\left(\boldsymbol{\gamma}-\alpha\boldsymbol{v}_t\right)\right]\end{bmatrix} \tag{8.32}$$

将式（8.29）～式（8.32）代入式（7.10），得到[5]

$$\frac{\left|\boldsymbol{v}_t^{\mathrm{H}}\left(\boldsymbol{S}_p/\hat{\mu}_0+\boldsymbol{X}_p\boldsymbol{X}_p^{\mathrm{H}}\right)^{-1}\boldsymbol{\gamma}\right|^2}{\boldsymbol{v}_t^{\mathrm{H}}\left(\boldsymbol{S}_p/\hat{\mu}_0+\boldsymbol{X}_p\boldsymbol{X}_p^{\mathrm{H}}\right)^{-1}\boldsymbol{v}_t}\underset{H_0}{\overset{H_1}{\gtrless}}\eta_t \tag{8.33}$$

将式(8.33)所示的检测器称为部分均匀环境斜对称 Rao(persymmetric Rao for PHE, Per-Rao-PHE）检测器。

将 $\hat{\mu}_0=1$ 代入式（8.33），得到均匀环境下的 Rao 准则为

$$\frac{\left|\boldsymbol{v}_t^{\mathrm{H}}\left(\boldsymbol{S}_p+\boldsymbol{X}_p\boldsymbol{X}_p^{\mathrm{H}}\right)^{-1}\boldsymbol{\gamma}\right|^2}{\boldsymbol{v}_t^{\mathrm{H}}\left(\boldsymbol{S}_p+\boldsymbol{X}_p\boldsymbol{X}_p^{\mathrm{H}}\right)^{-1}\boldsymbol{v}_t}\underset{H_0}{\overset{H_1}{\gtrless}}\eta_t \tag{8.34}$$

将式（8.34）所示的检测器称为均匀环境斜对称 Rao（persymmetric Rao for HE, Per-Rao-HE）检测器。

4. Wald 准则

对于式（7.14）所示的 Wald 准则，参数向量由式（7.33）给出，并且

$$\hat{\boldsymbol{\theta}}_1=\begin{bmatrix}\hat{\boldsymbol{\theta}}_{r1}\\ \hat{\boldsymbol{\theta}}_{s1}\end{bmatrix},\quad \hat{\boldsymbol{\theta}}_{r1}=\begin{bmatrix}\hat{\alpha}_r\\ \hat{\alpha}_i\end{bmatrix},\quad \hat{\boldsymbol{\theta}}_{s1}=\begin{bmatrix}\hat{\mu}_1\\ \boldsymbol{g}\left(\hat{\boldsymbol{R}}_1\right)\end{bmatrix},\quad \boldsymbol{\theta}_{r0}=\begin{bmatrix}0\\ 0\end{bmatrix} \tag{8.35}$$

式中，$\hat{\mu}_1$ 由式（8.16）给出，并且

$$\hat{\boldsymbol{R}}_1=\frac{1}{K+1}\left[\frac{1}{\hat{\mu}_1}\boldsymbol{S}_p+\left(\boldsymbol{X}_p-\boldsymbol{v}_t\hat{\boldsymbol{a}}_p\right)\left(\boldsymbol{X}_p-\boldsymbol{v}_t\hat{\boldsymbol{a}}_p\right)^{\mathrm{H}}\right] \tag{8.36}$$

$$\hat{\boldsymbol{a}}_p=\left[\hat{\alpha}_r\quad \mathrm{j}\hat{\alpha}_i\right]=\left(\boldsymbol{v}_t^{\mathrm{H}}\boldsymbol{S}_p^{-1}\boldsymbol{v}_t\right)^{-1}\left[\boldsymbol{v}_t^{\mathrm{H}}\boldsymbol{S}_p^{-1}\boldsymbol{\gamma}_e\quad \boldsymbol{v}_t^{\mathrm{H}}\boldsymbol{S}_p^{-1}\boldsymbol{\gamma}_o\right] \tag{8.37}$$

将式（8.31）、式（8.35）～式（8.37）代入式（7.14），整理可得[5]

$$\frac{\hat{\mu}_1\left[\left(\boldsymbol{v}_t^{\mathrm{H}}\boldsymbol{S}_p^{-1}\boldsymbol{\gamma}_e\right)^2-\left(\boldsymbol{v}_t^{\mathrm{H}}\boldsymbol{S}_p^{-1}\boldsymbol{\gamma}_o\right)^2\right]}{\boldsymbol{v}_t^{\mathrm{H}}\boldsymbol{S}_p^{-1}\boldsymbol{v}_t}\underset{H_0}{\overset{H_1}{\gtrless}}\eta_t \tag{8.38}$$

将式（8.38）所示的检测器称为部分均匀环境斜对称 Wald（persymmetric Wald for PHE, Per-Wald-PHE）检测器。

将 $\hat{\mu}_1=1$ 代入式（8.38），得到均匀环境下的 Wald 准则为

$$\frac{\left(\boldsymbol{v}_t^{\mathrm{H}}\boldsymbol{S}_p^{-1}\boldsymbol{\gamma}_e\right)^2-\left(\boldsymbol{v}_t^{\mathrm{H}}\boldsymbol{S}_p^{-1}\boldsymbol{\gamma}_o\right)^2}{\boldsymbol{v}_t^{\mathrm{H}}\boldsymbol{S}_p^{-1}\boldsymbol{v}_t}\underset{H_0}{\overset{H_1}{\gtrless}}\eta_t \tag{8.39}$$

将式（8.39）所示的检测器称为均匀环境斜对称 Wald（persymmetric Wald for HE, Per-Wald-HE）检测器。

8.1.2　性能分析

本小节借助仿真实验分析斜对称 STAD 检测器的性能，主要参数设置如下：$N=6$，$M=2$，$P_{\mathrm{fa}}=10^{-4}$，η_t 和 P_{d} 分别由 $100/P_{\mathrm{fa}}$ 和 10^4 次仿真试验获得，$\mathrm{SRR}=|\alpha|^2\boldsymbol{v}_t^{\mathrm{H}}\boldsymbol{R}^{-1}\boldsymbol{v}_t$，目标方位角和俯仰角分别为 $30°$ 和 $0°$。此外，$\boldsymbol{R}(i_1,i_2)=\sigma_r^2\rho_r^{|i_1-i_2|}$，$i_1,i_2=1,2,\cdots,MN$，$\rho_r=0.96$。

首先是均匀环境，考虑了 $K=13$ 和 $K=9$ 两种情况，其中 $K=9<MN$ 对应辅助数据严重不足的场景。除前述四种斜对称检测器外，还增加了与经典检测器 GLRT、AMF 和 Rao 的对比分析，它们的检测概率曲线如图 8.1 所示。

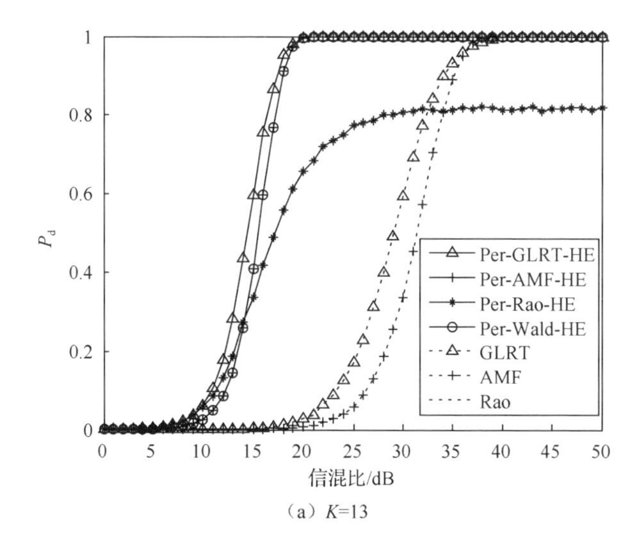

（a）K=13

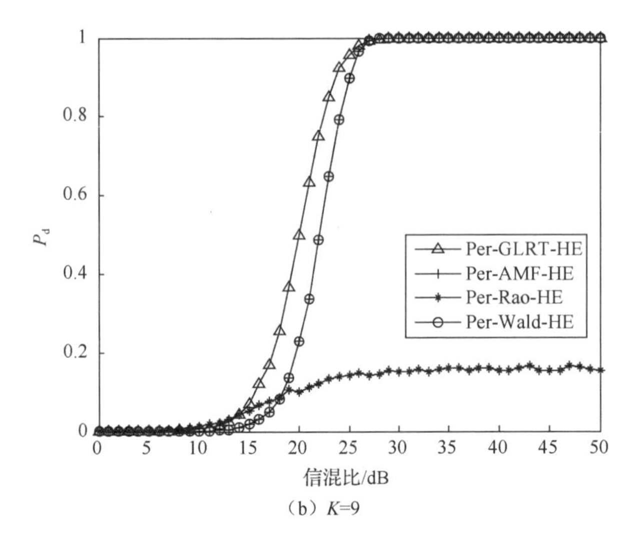

（b）K=9

图 8.1 均匀环境下斜对称 STAD 检测器的检测概率曲线

由图 8.1（a）可以看出，在均匀环境下，当辅助数据量不是特别充足时，斜对称检测器的性能明显优于经典检测器。具体来说，Per-GLRT-HE 的检测性能最好，在 $P_d = 0.9$ 处，Per-AMF-HE、Per-Wald-HE、GLRT 和 AMF 相对于 Per-GLRT-HE 分别具有约 0.6dB、0.6dB、16.6dB 和 17.8dB 的信混比损失。对于 Rao 检测器，其 P_d 基本接近于 0，完全失效。Per-Rao-HE 由于利用了斜对称特性，其性能明显提高，但 P_d 在高信混比时仍然无法达到 1。

图 8.1（b）的结果表明，当辅助数据严重不足时，多数斜对称检测器仍然可以完成检测任务，而经典检测器则无法正常工作，所以未在图中给出。具体来说，Per-GLRT-HE 仍然具有最好的检测性能，Per-AMF-HE 和 Per-Wald-HE 性能相近，且在 $P_d = 0.9$ 处，相比 Per-GLRT-HE 具有约 1.4dB 的信混比损失。Per-Rao-HE 的性能最差，其 P_d 始终未超过 0.2，这是由于当辅助数据严重不足时，目标信号成分对检测性能的影响在加剧。

接着考虑部分均匀环境，令 $\mu = 5$、$K = 13,9$，比较对象是 Per-GLRT-PHE、Per-AMF-PHE、Per-Rao-PHE 和 Per-Wald-PHE 以及经典的 ACE 检测器，它们的检测概率曲线如图 8.2 所示。

由图 8.2（a）可以看出，在部分均匀环境下，当辅助数据量不是特别充足时，斜对称检测器的性能明显优于 ACE。具体来说，四种斜对称检测器的性能近乎相同，在 $P_d = 0.9$ 处，ACE 相比斜对称检测器具有约 16.2dB 的信混比损失。

图 8.2（b）表明当辅助数据严重不足时，多数斜对称检测器仍然可以完成检测任务，此时 ACE 已无法正常工作。具体来说：Per-GLRT-PHE 的检测性能最优，在 $P_{\mathrm{d}}=0.9$ 处，Per-AMF-PHE 和 Per-Wald-PHE 相对于 Per-GLRT-PHE 分别具有约 0.5dB 和 0.9dB 的信混比损失；Per-Rao-PHE 的性能最差，它的 P_{d} 在高信混比时仍然无法达到 1。

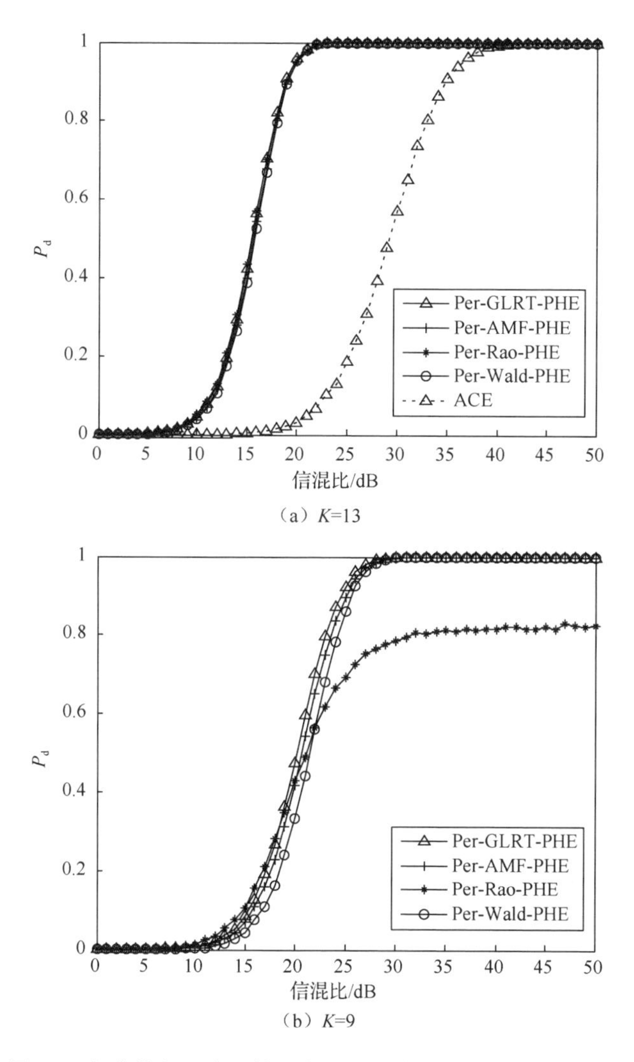

图 8.2　部分均匀环境下斜对称 STAD 检测器的检测概率曲线

8.2　谱对称 STAD 检测器

谱对称特性最初是在雷达领域针对杂波谱提出的，多项研究表明，固定单基地雷达所观测到的地杂波通常具有关于零多普勒频率对称的功率谱密度函数[6-8]。对于固定双基地和多基地雷达，其杂波功率有时也具有谱对称特性[9]。由于声呐与雷达在探测原理上的相似性，可以推测在水声领域类似场景下，其混响空时功率谱也将具有这种对称特性。

为了验证上述现象，采用某主动声呐所采集的混响数据进行统计分析，其接收阵列为等间距线阵，声呐的主要参数为：$N=15$，$T_t=100\text{ms}$，$f_0=15\text{kHz}$。第 k 个距离单元的混响数据为 $\boldsymbol{z}_k(n), n=0,1,\cdots,P-1$，其中，$P$ 为混响数据的时域点数。基于 $\boldsymbol{z}_k(n)$ 可计算出样本协方差矩阵，即

$$\hat{\boldsymbol{R}}(m)=\frac{1}{LP}\sum_{k=1}^{L}\sum_{n=0}^{P-m-1}\boldsymbol{z}_k(n)\boldsymbol{z}_k^*(n+m) \tag{8.40}$$

式中，L 为距离单元数量。

由 $\hat{\boldsymbol{R}}(m)$ 可绘制出其归一化功率谱密度函数，如图 8.3 所示。图中曲线表明，所得到的归一化功率谱密度函数是关于零多普勒对称的，说明该主动声呐的混响空时功率谱具有谱对称特性。文献[9]～[12]的研究结果表明，如果对谱对称特性加以合理利用，可有效扩展辅助数据长度，提高混响空时协方差矩阵的估计精度以及 STAD 检测器的性能。

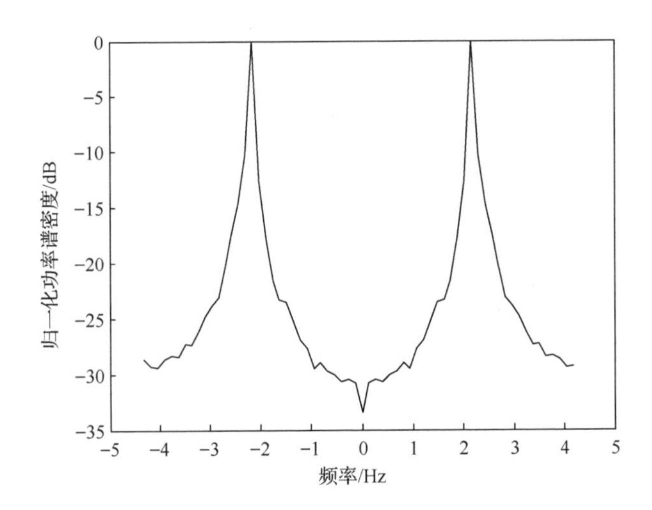

图 8.3　某主动声呐混响数据的归一化功率谱密度

8.2.1 问题建模

谱对称特性使得混响的自相关函数变为实值偶函数，相应地，其空时协方差矩阵是一个实数矩阵。为了对这一特性加以利用，需借助如下命题。

命题 8.2　对于一个零均值循环复高斯向量，若其协方差矩阵是实数矩阵，则该向量的实部和虚部均为 IID 的实高斯向量[13]。

证明：若 $\boldsymbol{x}\in\mathbb{C}^{N\times 1}$ 为循环复高斯向量，则有下式成立：

$$E\left[\boldsymbol{x}_1\boldsymbol{x}_1^{\mathrm{T}}\right]=E\left[\boldsymbol{x}_2\boldsymbol{x}_2^{\mathrm{T}}\right],\quad E\left[\boldsymbol{x}_1\boldsymbol{x}_2^{\mathrm{T}}\right]=-E\left[\boldsymbol{x}_2\boldsymbol{x}_1^{\mathrm{T}}\right] \tag{8.41}$$

式中，$\boldsymbol{x}_1=\mathrm{Re}(\boldsymbol{x})$；$\boldsymbol{x}_2=\mathrm{Im}(\boldsymbol{x})$。则 $\boldsymbol{x}$ 的协方差矩阵可以写为

$$E\left[\boldsymbol{x}\boldsymbol{x}^{\mathrm{H}}\right]=2\left(E\left[\boldsymbol{x}_1\boldsymbol{x}_1^{\mathrm{T}}\right]-\mathrm{j}E\left[\boldsymbol{x}_1\boldsymbol{x}_2^{\mathrm{T}}\right]\right)\in\mathbb{C}^{N\times N} \tag{8.42}$$

当 $E\left[\boldsymbol{x}\boldsymbol{x}^{\mathrm{H}}\right]$ 为实矩阵时，$E\left[\boldsymbol{x}_1\boldsymbol{x}_2^{\mathrm{T}}\right]=\mathbf{0}$，因此，$\boldsymbol{x}_1$ 和 $\boldsymbol{x}_2$ 是 IID 的实高斯向量。

对于二元假设检验问题（7.1），由命题 8.2 可知，$\boldsymbol{n}$ 和 $\boldsymbol{n}_k,k=1,2,\cdots,K$ 的实部与虚部均为 IID 的实高斯向量，其均值为零，空时协方差矩阵为

$$E\left[\boldsymbol{n}_1\boldsymbol{n}_1^{\mathrm{H}}\right]=E\left[\boldsymbol{n}_2\boldsymbol{n}_2^{\mathrm{H}}\right]=\boldsymbol{Q},\quad E\left[\boldsymbol{n}_{1k}\boldsymbol{n}_{1k}^{\mathrm{H}}\right]=E\left[\boldsymbol{n}_{2k}\boldsymbol{n}_{2k}^{\mathrm{H}}\right]=\mu\boldsymbol{Q} \tag{8.43}$$

式中，$\boldsymbol{n}_1=\mathrm{Re}(\boldsymbol{n})$；$\boldsymbol{n}_2=\mathrm{Im}(\boldsymbol{n})$；$\boldsymbol{n}_{1k}=\mathrm{Re}(\boldsymbol{n}_k)$；$\boldsymbol{n}_{2k}=\mathrm{Im}(\boldsymbol{n}_k)$；$\boldsymbol{Q}=\boldsymbol{R}/2$。

根据式（8.43），可将式（7.1）改写为如下等价形式：

$$\begin{cases} H_0:\begin{cases}\gamma_1=\boldsymbol{n}_1,\gamma_2=\boldsymbol{n}_2\\ \gamma_{1k}=\boldsymbol{n}_{1k},\gamma_{2k}=\boldsymbol{n}_{2k},\quad k=1,2,\cdots,K\end{cases}\\ H_1:\begin{cases}\gamma_1=\left(\alpha_1\boldsymbol{v}_{t1}-\alpha_2\boldsymbol{v}_{t2}\right)+\boldsymbol{n}_1\\ \gamma_2=\left(\alpha_1\boldsymbol{v}_{t2}+\alpha_2\boldsymbol{v}_{t1}\right)+\boldsymbol{n}_2\\ \gamma_{1k}=\boldsymbol{n}_{1k},\gamma_{2k}=\boldsymbol{n}_{2k},\quad k=1,2,\cdots,K\end{cases}\end{cases} \tag{8.44}$$

式中，$\alpha_1=\mathrm{Re}(\alpha)$；$\alpha_2=\mathrm{Im}(\alpha)$；$\boldsymbol{v}_{t1}=\mathrm{Re}(\boldsymbol{v}_t)$；$\boldsymbol{v}_{t2}=\mathrm{Im}(\boldsymbol{v}_t)$。

不难看出，式（8.44）将式（7.1）由复数域转换到实数域，相当于将辅助数据的长度增加一倍。

8.2.2 检测器设计

为了便于描述，首先定义以下变量：

（1）$\boldsymbol{\Gamma}_P=\left[\gamma_1\quad\gamma_2\right]\in\mathbb{R}^{MN\times 2}$ 表示主数据矩阵；

（2）$\boldsymbol{\Gamma}_K=\left[\boldsymbol{\gamma}_{11}\quad\cdots\quad\boldsymbol{\gamma}_{1K}\quad\boldsymbol{\gamma}_{21}\quad\cdots\quad\boldsymbol{\gamma}_{2K}\right]\in\mathbb{R}^{MN\times 2K}$ 表示辅助数据矩阵；

（3）$\boldsymbol{\theta}_r=\left[\alpha_1\quad\alpha_2\right]^{\mathrm{T}}\in\mathbb{R}^{2\times 1}$ 表示信号参数向量；

（4）$\boldsymbol{\theta}_s=\left[\mu\quad\boldsymbol{g}^{\mathrm{T}}\left(\boldsymbol{Q}\right)\right]^{\mathrm{T}}\in\mathbb{R}^{(L+1)\times 1}$ 表示多余参数向量，式中，$\boldsymbol{g}\left(\boldsymbol{Q}\right)\in\mathbb{R}^{L\times 1}$ 是一个以特定顺序涵盖 $\boldsymbol{Q}$ 中所有元素的向量，由于 $\boldsymbol{Q}$ 是对称的，因此，$L=MN\left(MN+1\right)/2$；

（5）$\boldsymbol{\theta}=\left[\boldsymbol{\theta}_r^{\mathrm{T}}\quad\boldsymbol{\theta}_s^{\mathrm{T}}\right]^{\mathrm{T}}$ 包含全部的未知参数。

基于上述定义，$\boldsymbol{\Gamma}_P$ 在 H_i 假设下的概率密度函数为

$$\begin{aligned}f\left(\boldsymbol{\Gamma}_P;\boldsymbol{\theta}_r,\boldsymbol{Q},H_i\right)&=f\left(\boldsymbol{\Gamma}_P;i\alpha_1,i\alpha_2,\boldsymbol{Q},H_i\right)\\&=\frac{\exp\left\{-\dfrac{1}{2}\mathrm{tr}\left[\boldsymbol{Q}^{-1}\boldsymbol{T}_i\left(\boldsymbol{\theta}_r\right)\right]\right\}}{\left(2\pi\right)^{MN}\det\left(\boldsymbol{Q}\right)},\quad i=0,1\end{aligned}\tag{8.45}$$

式中，

$$\boldsymbol{T}_0\left(\boldsymbol{\theta}_r\right)=\boldsymbol{\Gamma}_P\boldsymbol{\Gamma}_P^{\mathrm{T}},\ \boldsymbol{T}_1\left(\boldsymbol{\theta}_r\right)=\boldsymbol{u}_1\boldsymbol{u}_1^{\mathrm{T}}+\boldsymbol{u}_2\boldsymbol{u}_2^{\mathrm{T}}\tag{8.46}$$

并且

$$\boldsymbol{u}_1=\boldsymbol{\gamma}_1-\alpha_1\boldsymbol{v}_{t1}+\alpha_2\boldsymbol{v}_{t2},\quad \boldsymbol{u}_2=\boldsymbol{\gamma}_2-\alpha_1\boldsymbol{v}_{t2}-\alpha_2\boldsymbol{v}_{t1}\tag{8.47}$$

$\boldsymbol{\Gamma}_K$ 在 H_1 和 H_0 两种假设下的概率密度函数相同，均为

$$f\left(\boldsymbol{\Gamma}_K;\boldsymbol{\theta}_s\right)=f\left(\boldsymbol{\Gamma}_K;\mu,\boldsymbol{Q}\right)=\frac{\exp\left\{-\dfrac{1}{2}\mathrm{tr}\left[\left(\mu\boldsymbol{Q}\right)^{-1}\boldsymbol{\Gamma}_K\boldsymbol{\Gamma}_K^{\mathrm{T}}\right]\right\}}{\left[\mu^{MN}\left(2\pi\right)^{MN}\det\left(\boldsymbol{Q}\right)\right]^K}\tag{8.48}$$

1. 渐进一步 GLRT 准则

在均匀环境下，基于主数据和辅助数据的一步 GLRT 准则为

$$\frac{\max\limits_{\alpha_1}\max\limits_{\alpha_2}\max\limits_{\boldsymbol{Q}}f\left(\boldsymbol{\Gamma}_P;\boldsymbol{\theta}_r,\boldsymbol{Q},H_1\right)f\left(\boldsymbol{\Gamma}_K;1,\boldsymbol{Q}\right)}{\max\limits_{\boldsymbol{Q}}f\left(\boldsymbol{\Gamma}_P;\boldsymbol{\theta}_r,\boldsymbol{Q},H_0\right)f\left(\boldsymbol{\Gamma}_K;1,\boldsymbol{Q}\right)}\underset{H_0}{\overset{H_1}{\gtrless}}\eta_t\tag{8.49}$$

利用式（8.49）直接求取 α_1、α_2 和 $\boldsymbol{Q}$ 的最大似然估计，从数学角度来看是一个颇为棘手的问题。为此，对一步 GLRT 做如下适当修正，称为渐进一步 GLRT [9]，包括以下两个步骤：①假设 α_1 和 α_2 已知，通过式（8.49）对 $\boldsymbol{Q}$ 值进行优化，得到其在 H_1 和 H_0 假设下的最大似然估计 $\hat{\boldsymbol{Q}}_1$ 和 $\hat{\boldsymbol{Q}}_0$；②利用上一步骤得到的似然函数，通过一个循环估计算法对 α_1 和 α_2 进行优化，得到其估计值 $\tilde{\alpha}_1$ 和 $\tilde{\alpha}_2$。下面对这两个步骤具体分析。

步骤 1： 由式（8.49）对 $\boldsymbol{Q}$ 进行优化，可得

$$\hat{\boldsymbol{Q}}_1=\frac{1}{2K+2}\Big\{\big[\boldsymbol{\gamma}_1-\boldsymbol{m}_1(\alpha_1,\alpha_2)\big]\big[\boldsymbol{\gamma}_1-\boldsymbol{m}_1(\alpha_1,\alpha_2)\big]^{\mathrm{T}} +\big[\boldsymbol{\gamma}_2-\boldsymbol{m}_2(\alpha_1,\alpha_2)\big]\big[\boldsymbol{\gamma}_2-\boldsymbol{m}_2(\alpha_1,\alpha_2)\big]^{\mathrm{T}}+\boldsymbol{S}\Big\} \tag{8.50}$$

$$\hat{\boldsymbol{Q}}_0=\frac{1}{2K+2}\left(\boldsymbol{\Gamma}_P\boldsymbol{\Gamma}_P^{\mathrm{T}}+\boldsymbol{S}\right) \tag{8.51}$$

式中，

$$\boldsymbol{m}_1(\alpha_1,\alpha_2)=\alpha_1\boldsymbol{v}_{t1}-\alpha_2\boldsymbol{v}_{t2},\quad \boldsymbol{m}_2(\alpha_1,\alpha_2)=\alpha_1\boldsymbol{v}_{t2}+\alpha_2\boldsymbol{v}_{t1} \tag{8.52}$$

$$\boldsymbol{S}=\boldsymbol{\Gamma}_K\boldsymbol{\Gamma}_K^{\mathrm{T}} \tag{8.53}$$

将式（8.50）、式（8.51）代入式（8.45）和式（8.48），整理可得

$$\begin{aligned}f_1(\alpha_1,\alpha_2;\boldsymbol{\Gamma}_P,\boldsymbol{\Gamma}_K)&=\left[f\left(\boldsymbol{\Gamma}_P;\boldsymbol{\theta}_r,\hat{\boldsymbol{Q}}_1,H_1\right)f\left(\boldsymbol{\Gamma}_K;1,\hat{\boldsymbol{Q}}_1\right)\right]^{1/(K+1)}\\&\propto \det\Big\{\big[\boldsymbol{\gamma}_1-\boldsymbol{m}_1(\alpha_1,\alpha_2)\big]\big[\boldsymbol{\gamma}_1-\boldsymbol{m}_1(\alpha_1,\alpha_2)\big]^{\mathrm{T}}\\&\quad+\big[\boldsymbol{\gamma}_2-\boldsymbol{m}_2(\alpha_1,\alpha_2)\big]\big[\boldsymbol{\gamma}_2-\boldsymbol{m}_2(\alpha_1,\alpha_2)\big]^{\mathrm{T}}+\boldsymbol{S}\Big\}^{-1}\end{aligned} \tag{8.54}$$

$$f_0(\boldsymbol{\Gamma}_P,\boldsymbol{\Gamma}_K)=\left[f\left(\boldsymbol{\Gamma}_P;\boldsymbol{\theta}_r,\hat{\boldsymbol{Q}}_0,H_0\right)f\left(\boldsymbol{\Gamma}_K;1,\hat{\boldsymbol{Q}}_0\right)\right]^{1/(K+1)}\propto\det\left[\boldsymbol{\Gamma}_P\boldsymbol{\Gamma}_P^{\mathrm{T}}+\boldsymbol{S}\right]^{-1} \tag{8.55}$$

步骤 2：通过下式对 $\alpha_i,i=1,2$ 进行优化，即

$$\min_{\alpha_1,\alpha_2}f_1(\alpha_1,\alpha_2;\boldsymbol{\Gamma}_P,\boldsymbol{\Gamma}_K)=\min_{\alpha_1,\alpha_2}\det\Big\{\big[\boldsymbol{\gamma}_1-\boldsymbol{m}_1(\alpha_1,\alpha_2)\big]\big[\boldsymbol{\gamma}_1-\boldsymbol{m}_1(\alpha_1,\alpha_2)\big]^{\mathrm{T}} +\big[\boldsymbol{\gamma}_2-\boldsymbol{m}_2(\alpha_1,\alpha_2)\big]\big[\boldsymbol{\gamma}_2-\boldsymbol{m}_2(\alpha_1,\alpha_2)\big]^{\mathrm{T}}+\boldsymbol{S}\Big\} \tag{8.56}$$

式（8.56）等号右侧的式子可改写为

$$\begin{aligned}&\det(\boldsymbol{S})\det\left[\boldsymbol{I}+(\boldsymbol{\Gamma}_P-\boldsymbol{V})^{\mathrm{T}}\boldsymbol{S}^{-1}(\boldsymbol{\Gamma}_P-\boldsymbol{V})\right]\\&=\det(\boldsymbol{S})\Big(\Big\{1+\big[\boldsymbol{\gamma}_1-\boldsymbol{m}_1(\alpha_1,\alpha_2)\big]^{\mathrm{T}}\boldsymbol{S}^{-1}\big[\boldsymbol{\gamma}_1-\boldsymbol{m}_1(\alpha_1,\alpha_2)\big]\Big\}\\&\quad\times\Big\{1+\big[\boldsymbol{\gamma}_2-\boldsymbol{m}_2(\alpha_1,\alpha_2)\big]^{\mathrm{T}}\boldsymbol{S}^{-1}\big[\boldsymbol{\gamma}_2-\boldsymbol{m}_2(\alpha_1,\alpha_2)\big]\Big\}\\&\quad-\Big\{\big[\boldsymbol{\gamma}_1-\boldsymbol{m}_1(\alpha_1,\alpha_2)\big]^{\mathrm{T}}\boldsymbol{S}^{-1}\big[\boldsymbol{\gamma}_2-\boldsymbol{m}_2(\alpha_1,\alpha_2)\big]\Big\}^2\Big)\\&=\det(\boldsymbol{S})h(\alpha_1,\alpha_2)\end{aligned} \tag{8.57}$$

式中，$\boldsymbol{V}=\left[\boldsymbol{m}_1(\alpha_1,\alpha_2)\quad \boldsymbol{m}_2(\alpha_1,\alpha_2)\right]\in\mathbb{R}^{MN\times 2}$。

显然，式（8.56）与 $\min\limits_{\alpha_1,\alpha_2}h(\alpha_1,\alpha_2)$ 等价。注意到 $h(\alpha_1,\alpha_2)$ 是一个径向无界函数，它具有一个全局最小值，可以在其驻点[①]中寻找。具体来说，采用一个基于循环

① 驻点是函数的一阶导数为零的点。对于多元函数，驻点是所有一阶偏导数都为零的点。

优化的迭代过程来寻找驻点，即在 $\alpha_n, n=1,2$ 已知的情况下估计 $\alpha_m, m=1,2, m\neq n$ 。首先令 $\alpha_2=\hat{\alpha}_2^{(0)}$ ，$\hat{\alpha}_2^{(0)}$ 是一个已知的初始值①，通过函数 $h_1(\alpha_1)=h\left(\alpha_1,\hat{\alpha}_2^{(0)}\right)$ 对 α_1 进行优化。为此，求取 $h_1(\alpha_1)$ 对 α_1 的导数，并将结果置零可得

$$
\begin{aligned}
\frac{\mathrm{d}}{\mathrm{d}\alpha_1}\left[h_1(\alpha_1)\right]=&-2\boldsymbol{v}_{t1}^{\mathrm{H}}\boldsymbol{S}^{-1}\left[\boldsymbol{\gamma}_1-\boldsymbol{m}_1\left(\alpha_1,\hat{\alpha}_2^{(0)}\right)\right]\\
&\times\left\{1+\left[\boldsymbol{\gamma}_2-\boldsymbol{m}_2\left(\alpha_1,\hat{\alpha}_2^{(0)}\right)\right]^{\mathrm{T}}\boldsymbol{S}^{-1}\left[\boldsymbol{\gamma}_2-\boldsymbol{m}_2\left(\alpha_1,\hat{\alpha}_2^{(0)}\right)\right]\right\}\\
&-2\boldsymbol{v}_{t2}^{\mathrm{H}}\boldsymbol{S}^{-1}\left[\boldsymbol{\gamma}_2-\boldsymbol{m}_2\left(\alpha_1,\hat{\alpha}_2^{(0)}\right)\right]\\
&\times\left\{1+\left[\boldsymbol{\gamma}_1-\boldsymbol{m}_1\left(\alpha_1,\hat{\alpha}_2^{(0)}\right)\right]^{\mathrm{T}}\boldsymbol{S}^{-1}\left[\boldsymbol{\gamma}_1-\boldsymbol{m}_1\left(\alpha_1,\hat{\alpha}_2^{(0)}\right)\right]\right\}\\
&-2\left[\boldsymbol{\gamma}_1-\boldsymbol{m}_1\left(\alpha_1,\hat{\alpha}_2^{(0)}\right)\right]^{\mathrm{T}}\boldsymbol{S}^{-1}\left[\boldsymbol{\gamma}_2-\boldsymbol{m}_2\left(\alpha_1,\hat{\alpha}_2^{(0)}\right)\right]\\
&\times\left\{-\boldsymbol{v}_{t1}^{\mathrm{H}}\boldsymbol{S}^{-1}\left[\boldsymbol{\gamma}_2-\boldsymbol{m}_2\left(\alpha_1,\hat{\alpha}_2^{(0)}\right)\right]-\boldsymbol{v}_{t2}^{\mathrm{H}}\boldsymbol{S}^{-1}\left[\boldsymbol{\gamma}_1-\boldsymbol{m}_1\left(\alpha_1,\hat{\alpha}_2^{(0)}\right)\right]\right\}=0
\end{aligned}
\tag{8.58}
$$

经过数学推导，式（8.58）可写为

$$
\frac{\mathrm{d}}{\mathrm{d}\alpha_1}\left[h_1(\alpha_1)\right]=\sum_{n=1}^{4}b_i\alpha_1^{4-n}=0 \tag{8.59}
$$

式中，系数 $b_i, i=1,2,3,4$ 的表达式参见文献[9]的附录 C。由于式（8.59）是一个实系数三次方程，故至少有一个实数解，利用 Cardano 方法[14]可以得到该解的闭式表达式。选择使 $h_1(\alpha_1)$ 最小的实数解，记为 $\hat{\alpha}_1^{(1)}$ 。

求得 $\hat{\alpha}_1^{(1)}$ 后，令 $h_2(\alpha_2)=h\left(\hat{\alpha}_1^{(1)},\alpha_2\right)$ ，采用与求解 $\hat{\alpha}_1^{(1)}$ 相同的推理思路，通过函数 $h_2(\alpha_2)$ 对 α_2 进行优化。为此，求取 $h_2(\alpha_2)$ 对 α_2 的导数并将结果置零，有

$$
\begin{aligned}
\frac{\mathrm{d}}{\mathrm{d}\alpha_2}\left[h_2(\alpha_2)\right]=&-2\boldsymbol{v}_{t2}^{\mathrm{H}}\boldsymbol{S}^{-1}\left[\boldsymbol{\gamma}_1-\boldsymbol{m}_1\left(\hat{\alpha}_1^{(1)},\alpha_2\right)\right]\\
&\times\left\{1+\left[\boldsymbol{\gamma}_2-\boldsymbol{m}_2\left(\hat{\alpha}_1^{(1)},\alpha_2\right)\right]^{\mathrm{T}}\boldsymbol{S}^{-1}\left[\boldsymbol{\gamma}_2-\boldsymbol{m}_2\left(\hat{\alpha}_1^{(1)},\alpha_2\right)\right]\right\}\\
&-2\boldsymbol{v}_{t1}^{\mathrm{H}}\boldsymbol{S}^{-1}\left[\boldsymbol{\gamma}_2-\boldsymbol{m}_2\left(\hat{\alpha}_1^{(1)},\alpha_2\right)\right]\\
&\times\left\{1+\left[\boldsymbol{\gamma}_1-\boldsymbol{m}_1\left(\hat{\alpha}_1^{(1)},\alpha_2\right)\right]^{\mathrm{T}}\boldsymbol{S}^{-1}\left[\boldsymbol{\gamma}_1-\boldsymbol{m}_1\left(\hat{\alpha}_1^{(1)},\alpha_2\right)\right]\right\}\\
&-2\left[\boldsymbol{\gamma}_1-\boldsymbol{m}_1\left(\hat{\alpha}_1^{(1)},\alpha_2\right)\right]^{\mathrm{T}}\boldsymbol{S}^{-1}\left[\boldsymbol{\gamma}_2-\boldsymbol{m}_2\left(\hat{\alpha}_1^{(1)},\alpha_2\right)\right]\\
&\times\left\{-\boldsymbol{v}_{t2}^{\mathrm{H}}\boldsymbol{S}^{-1}\left[\boldsymbol{\gamma}_2-\boldsymbol{m}_2\left(\hat{\alpha}_1^{(1)},\alpha_2\right)\right]-\boldsymbol{v}_{t1}^{\mathrm{H}}\boldsymbol{S}^{-1}\left[\boldsymbol{\gamma}_1-\boldsymbol{m}_1\left(\hat{\alpha}_1^{(1)},\alpha_2\right)\right]\right\}=0
\end{aligned}
\tag{8.60}
$$

① 由于迭代过程是双重的，所以也可以从 $\alpha_1=\hat{\alpha}_1^{(0)}$ 开始。

对式（8.60）进行数学推导，可以得到如下三次方程：

$$\frac{\mathrm{d}}{\mathrm{d}\alpha_2}\left[h_2\left(\alpha_2\right)\right]=\sum_{n=1}^{4}d_i\alpha_2^{4-n}=0 \tag{8.61}$$

式中，实系数 $d_i, i=1,2,3,4$ 的表达式参见文献[9]的附录 C。利用 Cardano 方法[14]可以得到此方程的闭式解，选择使 $h_2\left(\alpha_2\right)$ 最小的实数解，记为 $\hat{\alpha}_2^{(1)}$。

一般而言，在最大似然估计意义上，可以重复上述迭代以获得尽可能好的结果。估计 α_1 和 α_2 的循环优化过程可归结为算法 8.1。

算法 8.1　估计 α_1 和 α_2 的循环优化过程

1. 令 $n=0$，$l=1$ 或 $l=2$
2. 若 $l=1$，令 $\hat{\alpha}_2^{(0)}=\bar{\alpha}_2$，否则令 $\hat{\alpha}_1^{(0)}=\bar{\alpha}_1$ ①
3. 令 $n=n+1$
4. 若 $l=1$，用 $\hat{\alpha}_2^{(n-1)}$ 替代 $h\left(\alpha_1,\alpha_2\right)$ 中的 α_2 以计算 $\hat{\alpha}_1^{(n)}$，并用 $\hat{\alpha}_1^{(n)}$ 更新 $\hat{\alpha}_2^{(n-1)}$ 求得 $\hat{\alpha}_2^{(n)}$，否则跳至步骤 5
5. 若 $l=2$，则用 $\hat{\alpha}_1^{(n-1)}$ 替代 $h\left(\alpha_1,\alpha_2\right)$ 中的 α_1 以计算 $\hat{\alpha}_2^{(n)}$，并用 $\hat{\alpha}_2^{(n)}$ 更新 $\hat{\alpha}_1^{(n-1)}$ 求得 $\hat{\alpha}_1^{(n)}$，否则跳至步骤 6
6. 若 $\left|\hat{\alpha}_1^{(n)}-\hat{\alpha}_1^{(n-1)}\right|<\epsilon_1$ 且 $\left|\hat{\alpha}_2^{(n)}-\hat{\alpha}_2^{(n-1)}\right|<\epsilon_2$，跳至步骤 7，否则跳至步骤 3
7. 返回 $\tilde{\alpha}_1=\hat{\alpha}_1^{(n)}$ 和 $\tilde{\alpha}_2=\hat{\alpha}_2^{(n)}$

得到 $\tilde{\alpha}_1$ 和 $\tilde{\alpha}_2$ 后，均匀环境下的渐进一步 GLRT 准则[9]可以写为

$$\begin{aligned}&\det\left(\boldsymbol{\Gamma}_P\boldsymbol{\Gamma}_P^{\mathrm{T}}+\boldsymbol{S}\right)\det\Big\{\left[\boldsymbol{\gamma}_1-\boldsymbol{m}_1\left(\tilde{\alpha}_1,\tilde{\alpha}_2\right)\right]\left[\boldsymbol{\gamma}_1-\boldsymbol{m}_1\left(\tilde{\alpha}_1,\tilde{\alpha}_2\right)\right]^{\mathrm{T}}\\&+\left[\boldsymbol{\gamma}_2-\boldsymbol{m}_2\left(\tilde{\alpha}_1,\tilde{\alpha}_2\right)\right]\left[\boldsymbol{\gamma}_2-\boldsymbol{m}_2\left(\tilde{\alpha}_1,\tilde{\alpha}_2\right)\right]^{\mathrm{T}}+\boldsymbol{S}\Big\}^{-1}\underset{H_0}{\overset{H_1}{\gtrless}}\eta_t\end{aligned} \tag{8.62}$$

将式（8.62）所示的检测器称为均匀环境谱对称迭代 GLRT（symmetric spectrum-iterative GLRT for HE, SS-IGLRT-HE）检测器。

对于部分均匀环境，渐进一步 GLRT 的设计难度较大，目前尚未见到公开文献中有相关报道。

---

① 文献[9]证明，若使用式（8.53）所示的样本协方差矩阵 $\boldsymbol{S}$ 替代式（8.70）和式（8.71）中的 $\boldsymbol{Q}$ 得到 $\hat{\alpha}_1\left(\boldsymbol{S}\right)$ 和 $\hat{\alpha}_2\left(\boldsymbol{S}\right)$，并取 $\bar{\alpha}_1=\hat{\alpha}_1\left(\boldsymbol{S}\right)$ 和 $\bar{\alpha}_2=\hat{\alpha}_2\left(\boldsymbol{S}\right)$，就有可能在似然优化的意义上获得对 $\left(\alpha_1,\alpha_2\right)$ 更好的估计。

2. 两步 GLRT 准则

1）均匀环境

假设 $\boldsymbol{Q}$ 已知，则基于主数据的 GLRT 准则为

$$\frac{\max\limits_{\alpha_1}\max\limits_{\alpha_2} f\left(\boldsymbol{\Gamma}_P;\boldsymbol{\theta}_r,\boldsymbol{Q},H_1\right)}{f\left(\boldsymbol{\Gamma}_P;\boldsymbol{\theta}_r,\boldsymbol{Q},H_0\right)}\underset{H_0}{\overset{H_1}{\gtrless}}\eta_t \tag{8.63}$$

令

$$g\left(\alpha_1,\alpha_2\right)=\frac{f\left(\boldsymbol{\Gamma}_P;\boldsymbol{\theta}_r,\boldsymbol{Q},H_1\right)}{f\left(\boldsymbol{\Gamma}_P;\boldsymbol{\theta}_r,\boldsymbol{Q},H_0\right)} \tag{8.64}$$

由于 $\ln(\cdot)$ 是自变量的递增函数，所以有

$$\underset{\alpha_1,\alpha_2}{\arg\max}\, g\left(\alpha_1,\alpha_2\right)=\underset{\alpha_1,\alpha_2}{\arg\max}\ln\left[g\left(\alpha_1,\alpha_2\right)\right] \tag{8.65}$$

式中，

$$\ln\left[g\left(\alpha_1,\alpha_2\right)\right]=-\frac{1}{2}\left(\boldsymbol{u}_1^{\mathrm{T}}\boldsymbol{Q}^{-1}\boldsymbol{u}_1+\boldsymbol{u}_2^{\mathrm{T}}\boldsymbol{Q}^{-1}\boldsymbol{u}_2-\boldsymbol{\gamma}_1^{\mathrm{T}}\boldsymbol{Q}^{-1}\boldsymbol{\gamma}_1-\boldsymbol{\gamma}_2^{\mathrm{T}}\boldsymbol{Q}^{-1}\boldsymbol{\gamma}_2\right) \tag{8.66}$$

注意到

$$g\left(\alpha_1,\alpha_2\right)\underset{H_0}{\overset{H_1}{\gtrless}}\eta_t \tag{8.67}$$

在统计意义上等价于

$$\ln\left[g\left(\alpha_1,\alpha_2\right)\right]\underset{H_0}{\overset{H_1}{\gtrless}}\eta_t \tag{8.68}$$

对 $\ln\left[g\left(\alpha_1,\alpha_2\right)\right]$ 求取关于 α_1 和 α_2 的偏导并置零，有

$$\begin{cases}\dfrac{\partial\ln\left[g\left(\alpha_1,\alpha_2\right)\right]}{\partial\alpha_1}=0\\[2ex]\dfrac{\partial\ln\left[g\left(\alpha_1,\alpha_2\right)\right]}{\partial\alpha_2}=0\end{cases} \tag{8.69}$$

求解式（8.69），可得

$$\hat{\alpha}_1\left(\boldsymbol{Q}\right)=\frac{\boldsymbol{v}_{t1}^{\mathrm{T}}\boldsymbol{Q}^{-1}\boldsymbol{\gamma}_1+\boldsymbol{v}_{t2}^{\mathrm{T}}\boldsymbol{Q}^{-1}\boldsymbol{\gamma}_2}{\boldsymbol{v}_{t1}^{\mathrm{T}}\boldsymbol{Q}^{-1}\boldsymbol{v}_{t1}+\boldsymbol{v}_{t2}^{\mathrm{T}}\boldsymbol{Q}^{-1}\boldsymbol{v}_{t2}} \tag{8.70}$$

$$\hat{\alpha}_2(\boldsymbol{Q})=\frac{\boldsymbol{v}_{t1}^{\mathrm{T}}\boldsymbol{Q}^{-1}\boldsymbol{\gamma}_2-\boldsymbol{v}_{t2}^{\mathrm{T}}\boldsymbol{Q}^{-1}\boldsymbol{\gamma}_1}{\boldsymbol{v}_{t1}^{\mathrm{T}}\boldsymbol{Q}^{-1}\boldsymbol{v}_{t1}+\boldsymbol{v}_{t2}^{\mathrm{T}}\boldsymbol{Q}^{-1}\boldsymbol{v}_{t2}} \tag{8.71}$$

式中，$\hat{\alpha}_1(\boldsymbol{Q})$和$\hat{\alpha}_2(\boldsymbol{Q})$分别是$\boldsymbol{Q}$已知情况下$\alpha_1$和$\alpha_2$的最大似然估计。

将式（8.70）和式（8.71）代入式（8.68），可得[9]

$$\frac{t_1^2(\boldsymbol{Q})+t_2^2(\boldsymbol{Q})}{t_3(\boldsymbol{Q})}\underset{H_0}{\overset{H_1}{\gtrless}}\eta_t \tag{8.72}$$

式中，$t_1(\boldsymbol{Q})=\boldsymbol{v}_{t1}^{\mathrm{T}}\boldsymbol{Q}^{-1}\boldsymbol{\gamma}_1+\boldsymbol{v}_{t2}^{\mathrm{T}}\boldsymbol{Q}^{-1}\boldsymbol{\gamma}_2$；$t_2(\boldsymbol{Q})=\boldsymbol{v}_{t1}^{\mathrm{T}}\boldsymbol{Q}^{-1}\boldsymbol{\gamma}_2-\boldsymbol{v}_{t2}^{\mathrm{T}}\boldsymbol{Q}^{-1}\boldsymbol{\gamma}_1$；$t_3(\boldsymbol{Q})=\boldsymbol{v}_{t1}^{\mathrm{T}}\boldsymbol{Q}^{-1}\boldsymbol{v}_{t1}+\boldsymbol{v}_{t2}^{\mathrm{T}}\boldsymbol{Q}^{-1}\boldsymbol{v}_{t2}$。

采用式（8.53）所示的样本协方差矩阵$\boldsymbol{S}$替代式（8.72）中的$\boldsymbol{Q}$，可将均匀环境下的两步 GLRT 准则表示为

$$\frac{t_1^2(\boldsymbol{S})+t_2^2(\boldsymbol{S})}{t_3(\boldsymbol{S})}\underset{H_0}{\overset{H_1}{\gtrless}}\eta_t \tag{8.73}$$

将式（8.73）所示的检测器称为均匀环境谱对称 AMF（symmetric spectrum AMF for HE, SS-AMF-HE）检测器。

2）部分均匀环境

考虑两种不同的设计方法：①假设$\boldsymbol{Q}$已知而α未知，基于主数据$\boldsymbol{\Gamma}_P$构造 GLRT 检验统计量；②假设α已知而$\boldsymbol{Q}$未知，同时利用主数据$\boldsymbol{\Gamma}_P$和辅助数据$\boldsymbol{\Gamma}_K$构造检验统计量。

方法 1：为便于推导，定义$\boldsymbol{\Sigma}=\mu\boldsymbol{Q}$，则有$\boldsymbol{Q}=\varrho\boldsymbol{\Sigma}$且$\varrho=1/\mu$，此时$\boldsymbol{Q}$已知相当于$\boldsymbol{\Sigma}$已知，并且

$$E\left[\boldsymbol{n}_1\boldsymbol{n}_1^{\mathrm{T}}\right]=E\left[\boldsymbol{n}_2\boldsymbol{n}_2^{\mathrm{T}}\right]=\varrho\boldsymbol{\Sigma},\ E\left[\boldsymbol{n}_{1k}\boldsymbol{n}_{1k}^{\mathrm{T}}\right]=E\left[\boldsymbol{n}_{2k}\boldsymbol{n}_{2k}^{\mathrm{T}}\right]=\boldsymbol{\Sigma} \tag{8.74}$$

则$\boldsymbol{\Gamma}_P$在H_i假设下的概率密度函数可以写为

$$f\left(\boldsymbol{\Gamma}_P;\boldsymbol{\theta}_r,\varrho,\boldsymbol{\Sigma},H_i\right)=\frac{\exp\left\{-\dfrac{1}{2}\mathrm{tr}\left[\left(\varrho\boldsymbol{\Sigma}\right)^{-1}\boldsymbol{T}_i\left(\boldsymbol{\theta}_r\right)\right]\right\}}{\left(2\pi\right)^{MN}\det\left(\varrho\boldsymbol{\Sigma}\right)},\quad i=0,1 \tag{8.75}$$

$\boldsymbol{\Sigma}$已知情况下的 GLRT 准则为

$$\frac{\max\limits_{\alpha_1,\alpha_2}\max\limits_{\varrho}f\left(\boldsymbol{\Gamma}_P;\boldsymbol{\theta}_r,\varrho,\boldsymbol{\Sigma},H_1\right)}{\max\limits_{\varrho}f\left(\boldsymbol{\Gamma}_P;\boldsymbol{\theta}_r,\varrho,\boldsymbol{\Sigma},H_0\right)}\underset{H_0}{\overset{H_1}{\gtrless}}\eta_t \tag{8.76}$$

求解 $\max_{\varrho} f\left(\boldsymbol{\Gamma}_P;\boldsymbol{\theta}_r,\varrho,\boldsymbol{\Sigma},H_i\right),i=0,1$，可得 ϱ 在 H_0 和 H_1 假设下的最大似然估计 $\hat{\varrho}_0$ 和 $\hat{\varrho}_1$，将它们代入式（8.76）有

$$\frac{\boldsymbol{\gamma}_1^{\mathrm{T}}\boldsymbol{Q}^{-1}\boldsymbol{\gamma}_1+\boldsymbol{\gamma}_2^{\mathrm{T}}\boldsymbol{Q}^{-1}\boldsymbol{\gamma}_2}{\min\limits_{\alpha_1,\alpha_2} f\left(\alpha_1,\alpha_2\right)} \underset{H_0}{\overset{H_1}{\gtrless}} \eta_t \tag{8.77}$$

式中，$f\left(\alpha_1,\alpha_2\right)=\boldsymbol{u}_1^{\mathrm{T}}\boldsymbol{\Sigma}^{-1}\boldsymbol{u}_1+\boldsymbol{u}_2^{\mathrm{T}}\boldsymbol{\Sigma}^{-1}\boldsymbol{u}_2$。

进一步对 $f\left(\alpha_1,\alpha_2\right)$ 求取关于 α_1 和 α_2 的偏导并置零，可以求得 $\boldsymbol{\Sigma}$ 已知情况下 α_1 和 α_2 的最大似然估计，即

$$\hat{\alpha}_1\left(\boldsymbol{\Sigma}\right)=t_1\left(\boldsymbol{\Sigma}\right)/t_3\left(\boldsymbol{\Sigma}\right),\quad \hat{\alpha}_2\left(\boldsymbol{\Sigma}\right)=t_2\left(\boldsymbol{\Sigma}\right)/t_3\left(\boldsymbol{\Sigma}\right) \tag{8.78}$$

将式（8.78）代入式（8.77），并使用式（8.53）所示的 $\boldsymbol{S}$ 替代 $\boldsymbol{Q}$，得到部分均匀环境下的两步 GLRT 准则[11]为

$$\frac{t_1^2\left(\boldsymbol{S}\right)+t_2^2\left(\boldsymbol{S}\right)}{t_3\left(\boldsymbol{S}\right)\left(\boldsymbol{\gamma}_1^{\mathrm{T}}\boldsymbol{S}^{-1}\boldsymbol{\gamma}_1+\boldsymbol{\gamma}_2^{\mathrm{T}}\boldsymbol{S}^{-1}\boldsymbol{\gamma}_2\right)} \underset{H_0}{\overset{H_1}{\gtrless}} \eta_t \tag{8.79}$$

将式(8.79)所对应的检测器称为部分均匀环境谱对称 GLRT1（symmetric spectrum GLRT1 for PHE，SS-GLRT1-PHE）检测器。

方法 2：假设 α 已知时，基于 $\boldsymbol{\Gamma}_P$ 和 $\boldsymbol{\Gamma}_K$ 的 GLRT 可以写为

$$\frac{\max\limits_{\mu}\max\limits_{\boldsymbol{Q}} f\left(\boldsymbol{\Gamma}_P;\boldsymbol{\theta}_r,\boldsymbol{Q},H_1\right)f\left(\boldsymbol{\Gamma}_K;\mu,\boldsymbol{Q}\right)}{\max\limits_{\mu}\max\limits_{\boldsymbol{Q}} f\left(\boldsymbol{\Gamma}_P;\boldsymbol{\theta}_r,\boldsymbol{Q},H_0\right)f\left(\boldsymbol{\Gamma}_K;\mu,\boldsymbol{Q}\right)} \underset{H_0}{\overset{H_1}{\gtrless}} \eta_t \tag{8.80}$$

令

$$f\left(\boldsymbol{\Gamma}_P,\boldsymbol{\Gamma}_K;\boldsymbol{\theta},H_i\right)=f\left(\boldsymbol{\Gamma}_P;\boldsymbol{\theta}_r,\boldsymbol{Q},H_i\right)f\left(\boldsymbol{\Gamma}_K;\mu,\boldsymbol{Q}\right),\quad i=0,1 \tag{8.81}$$

对 $\ln\left[f\left(\boldsymbol{\Gamma}_P,\boldsymbol{\Gamma}_K;\boldsymbol{\theta},H_i\right)\right],i=0,1$ 求取关于 $\boldsymbol{Q}$ 的偏导并置零，可以得到 $\boldsymbol{Q}$ 在 H_i 假设下的最大似然估计，即

$$\hat{\boldsymbol{Q}}_i=\frac{1}{2\left(K+1\right)}\left[\boldsymbol{T}_i\left(\boldsymbol{\theta}_r\right)+\boldsymbol{S}/\mu\right],\quad i=0,1 \tag{8.82}$$

将式（8.82）代入式（8.81），有

$$f\left(\boldsymbol{\Gamma}_P,\boldsymbol{\Gamma}_K;\boldsymbol{\theta},H_i\right)\propto\frac{1}{\mu^{MNK/(K+1)}\det\left[\boldsymbol{T}_i\left(\boldsymbol{\theta}_r\right)+\boldsymbol{S}/\mu\right]},\quad i=0,1 \tag{8.83}$$

显然，求解 $\max\limits_{\mu}\mu^{MNK/(K+1)}\det\left[\boldsymbol{T}_i\left(\boldsymbol{\theta}_r\right)+\boldsymbol{S}/\mu\right]$ 可得 μ 在 H_i 假设下的最大似然估计 $\hat{\mu}_i$。为此，将 $\boldsymbol{S}^{-1/2}\boldsymbol{T}_i\left(\boldsymbol{\theta}_r\right)\boldsymbol{S}^{-1/2}$ 的秩记为 r_i，且有 $r_0=\min\left(MN,2\right)=2$，

$r_1=\min(MN-1,2)=2$。由文献[3]中的命题 2 可知，在 $2(K+1)>MN$ 约束下，$\hat{\mu}_i$ 是如下方程的唯一正解：

$$\frac{\lambda_{i,1}\mu}{\lambda_{i,1}\mu+1}+\frac{\lambda_{i,2}\mu}{\lambda_{i,2}\mu+1}=\frac{MN}{K+1} \tag{8.84}$$

式中，$\lambda_{i,1}$ 和 $\lambda_{i,2}$ 为 $\boldsymbol{S}^{-1/2}\boldsymbol{T}_i(\boldsymbol{\theta}_r)\boldsymbol{S}^{-1/2}$ 的非零特征值。求取式（8.84）的正解可得

$$\hat{\mu}_i=\frac{q-Y(\lambda_{i,1}+\lambda_{i,2})}{2(2K+2-MN)\lambda_{i,1}\lambda_{i,2}},\quad i=0,1 \tag{8.85}$$

式中，$Y=K+1-MN$，且有

$$q=\sqrt{Y^2(\lambda_{i,1}+\lambda_{i,2})^2+4MN(2K+2-MN)\lambda_{i,1}\lambda_{i,2}} \tag{8.86}$$

将式（8.85）代入式（8.82），可得

$$\hat{\boldsymbol{Q}}_i=\frac{1}{2(K+1)}\left[\boldsymbol{T}_i(\boldsymbol{\theta}_r)+\boldsymbol{S}/\hat{\mu}_i\right],\quad i=0,1 \tag{8.87}$$

将式（8.85）和式（8.87）代入式（8.80），有

$$\frac{\hat{\mu}_0^{MNK/(K+1)}\det\left(\boldsymbol{\Gamma}_P\boldsymbol{\Gamma}_P^{\mathrm{T}}+\boldsymbol{S}/\hat{\mu}_0\right)}{\hat{\mu}_1^{MNK/(K+1)}\det\left[\boldsymbol{T}_1(\boldsymbol{\theta}_r)+\boldsymbol{S}/\hat{\mu}_1\right]}\underset{H_0}{\overset{H_1}{\gtrless}}\eta_t \tag{8.88}$$

使用 $\hat{\boldsymbol{\theta}}_{r,1}=\left[\hat{\alpha}_1(\boldsymbol{S})\quad\hat{\alpha}_2(\boldsymbol{S})\right]^{\mathrm{T}}$ 替代式（8.88）中的 $\boldsymbol{\theta}_r$，可将部分均匀环境下的两步 GLRT 准则[11]写为

$$\frac{\hat{\mu}_0^{MNK/(K+1)}\det\left(\boldsymbol{\Gamma}_P\boldsymbol{\Gamma}_P^{\mathrm{T}}+\boldsymbol{S}/\hat{\mu}_0\right)}{\hat{\mu}_1^{MNK/(K+1)}\det\left[\boldsymbol{T}_1\left(\hat{\boldsymbol{\theta}}_{r,1}\right)+\boldsymbol{S}/\hat{\mu}_1\right]}\underset{H_0}{\overset{H_1}{\gtrless}}\eta_t \tag{8.89}$$

$\hat{\alpha}_1(\cdot)$ 和 $\hat{\alpha}_2(\cdot)$ 由式（8.78）给出。将式（8.89）所示的检测器称为部分均匀环境谱对称 GLRT2（symmetric spectrum GLRT2 for PHE, SS-GLRT2-PHE）检测器。

3. Rao 准则

对于二元假设检验问题（8.44），Rao 准则可以表示为

$$\left[\left.\frac{\partial\ln f(\boldsymbol{\Gamma}_P,\boldsymbol{\Gamma}_K;\boldsymbol{\theta},H_1)}{\partial\boldsymbol{\theta}_r}\right|_{\boldsymbol{\theta}=\tilde{\boldsymbol{\theta}}}\right]^{\mathrm{T}}\left[\boldsymbol{I}^{-1}(\tilde{\boldsymbol{\theta}})\right]_{rr}\left.\frac{\partial\ln f(\boldsymbol{\Gamma}_P,\boldsymbol{\Gamma}_K;\boldsymbol{\theta},H_1)}{\partial\boldsymbol{\theta}_r}\right|_{\boldsymbol{\theta}=\tilde{\boldsymbol{\theta}}}\underset{H_0}{\overset{H_1}{\gtrless}}\eta_t \tag{8.90}$$

式中，

$$\tilde{\boldsymbol{\theta}}=\begin{bmatrix}\boldsymbol{\theta}_{r0}\\ \hat{\boldsymbol{\theta}}_{s0}\end{bmatrix},\quad \boldsymbol{\theta}_{r0}=\begin{bmatrix}0\\0\end{bmatrix},\quad \hat{\boldsymbol{\theta}}_{s0}=\begin{bmatrix}\hat{\mu}_0\\ \boldsymbol{g}\left(\hat{\boldsymbol{Q}}_0\right)\end{bmatrix} \tag{8.91}$$

式（8.91）中的 $\hat{\mu}_0$ 和 $\hat{\boldsymbol{Q}}_0$ 分别由式（8.85）和式（8.87）给出。

结合式（7.11）、式（7.12）和式（8.81），容易求得

$$\left[\boldsymbol{I}^{-1}(\boldsymbol{\theta})\right]_{rr}=\frac{1}{\boldsymbol{v}_{t1}^{\mathrm{T}}\boldsymbol{Q}^{-1}\boldsymbol{v}_{t1}+\boldsymbol{v}_{t2}^{\mathrm{T}}\boldsymbol{Q}^{-1}\boldsymbol{v}_{t2}}\boldsymbol{I}_2 \tag{8.92}$$

$$\frac{\partial \ln f\left(\boldsymbol{\Gamma}_P,\boldsymbol{\Gamma}_K;\boldsymbol{\theta},H_1\right)}{\partial \boldsymbol{\theta}_r}=\begin{bmatrix}\boldsymbol{v}_{t1}^{\mathrm{T}}\boldsymbol{Q}^{-1}\boldsymbol{u}_1+\boldsymbol{v}_{t2}^{\mathrm{T}}\boldsymbol{Q}^{-1}\boldsymbol{u}_2\\ \boldsymbol{v}_{t1}^{\mathrm{T}}\boldsymbol{Q}^{-1}\boldsymbol{u}_2-\boldsymbol{v}_{t2}^{\mathrm{T}}\boldsymbol{Q}^{-1}\boldsymbol{u}_1\end{bmatrix} \tag{8.93}$$

式中，$\boldsymbol{u}_1$ 和 $\boldsymbol{u}_2$ 由式（8.47）给出。将式（8.91）～式（8.93）代入式（8.90），可得部分均匀环境下的 Rao 准则[11]为

$$\frac{t_1^2\left(\hat{\boldsymbol{Q}}_0\right)+t_2^2\left(\hat{\boldsymbol{Q}}_0\right)}{t_3\left(\hat{\boldsymbol{Q}}_0\right)}\underset{H_0}{\overset{H_1}{\gtrless}}\eta_t \tag{8.94}$$

将式（8.94）所示的检测器称为部分均匀环境谱对称 Rao（symmetric spectrum Rao for PHE, SS-Rao-PHE）检测器。

将 $\hat{\mu}_0=1$ 代入式（8.94），可得均匀环境下的 Rao 准则为

$$\frac{t_1^2\left(\boldsymbol{S}_0\right)+t_2^2\left(\boldsymbol{S}_0\right)}{t_3\left(\boldsymbol{S}_0\right)}\underset{H_0}{\overset{H_1}{\gtrless}}\eta_t \tag{8.95}$$

式中，

$$\boldsymbol{S}_0=\boldsymbol{S}+\boldsymbol{\Gamma}_P\boldsymbol{\Gamma}_P^{\mathrm{T}} \tag{8.96}$$

由式（8.96）可以看出 $\boldsymbol{S}_0$ 和 $\boldsymbol{S}$ 的明显区别：$\boldsymbol{S}_0$ 同时利用了主数据和辅助数据来计算样本协方差矩阵，而 $\boldsymbol{S}$ 则与主数据无关。将式（8.95）所示的检测器称为均匀环境谱对称 Rao（symmetric spectrum Rao for HE, SS-Rao-HE）检测器。

对比式（8.95）与式（8.73）还可以看到，SS-Rao-HE 与 SS-AMF-HE 具有相同的检验统计量形式，但是所采用的样本协方差矩阵不同，SS-Rao-HE 采用 $\boldsymbol{S}_0$，而 SS-AMF-HE 用的是 $\boldsymbol{S}$。

4. Wald 准则

对于式（7.14）所示的 Wald 准则，其参数向量为

$$\hat{\boldsymbol{\theta}}_1=\begin{bmatrix}\hat{\boldsymbol{\theta}}_{r1}\\ \hat{\boldsymbol{\theta}}_{s1}\end{bmatrix},\quad \hat{\boldsymbol{\theta}}_{r1}=\begin{bmatrix}\hat{\alpha}_1\\ \hat{\alpha}_2\end{bmatrix},\quad \hat{\boldsymbol{\theta}}_{s1}=\begin{bmatrix}\hat{\mu}_1\\ \boldsymbol{g}\left(\hat{\boldsymbol{Q}}_1\right)\end{bmatrix},\quad \boldsymbol{\theta}_{r0}=\begin{bmatrix}0\\0\end{bmatrix} \tag{8.97}$$

式中，$\hat{\boldsymbol{Q}}_1$ 由式（8.50）给出。由于 $\hat{\boldsymbol{\theta}}_1$ 的闭式表达式难以获得，使用算法 8.1 求得的 $\tilde{\alpha}_1$ 和 $\tilde{\alpha}_2$ 来替代。

考虑均匀环境，即 $\hat{\mu}_1=1$，此时式（7.14）可写为

$$\begin{bmatrix}\tilde{\alpha}_1 & \tilde{\alpha}_2\end{bmatrix}\left(\left[\boldsymbol{I}^{-1}\left(\hat{\boldsymbol{\theta}}_1\right)\right]_{rr}\right)^{-1}\begin{bmatrix}\tilde{\alpha}_1 \\ \tilde{\alpha}_2\end{bmatrix}\underset{H_0}{\overset{H_1}{\gtrless}}\eta_t \tag{8.98}$$

式中，$\left[\boldsymbol{I}^{-1}\left(\hat{\boldsymbol{\theta}}_1\right)\right]_{rr}$ 由式（8.92）和式（8.97）联合给出。整理可得均匀环境下的 Wald 准则为

$$\frac{\left[\tilde{\alpha}_1\right]^2+\left[\tilde{\alpha}_2\right]^2}{\boldsymbol{v}_{t1}^{\mathrm{T}}\left[\hat{\boldsymbol{Q}}_1\left(\tilde{\alpha}_1,\tilde{\alpha}_2\right)\right]^{-1}\boldsymbol{v}_{t1}+\boldsymbol{v}_{t2}^{\mathrm{T}}\left[\hat{\boldsymbol{Q}}_1\left(\tilde{\alpha}_1,\tilde{\alpha}_2\right)\right]^{-1}\boldsymbol{v}_{t2}}\underset{H_0}{\overset{H_1}{\gtrless}}\eta_t \tag{8.99}$$

将式（8.99）所示的检测器称为均匀环境谱对称 Wald（symmetric spectrum Wald for HE, SS-Wald-HE）检测器。

对于部分均匀环境，Wald 准则的设计难度较大，目前尚未见到公开文献中有相关报道。

8.2.3　性能分析

本小节通过仿真实验分析谱对称 STAD 检测器的性能，主要参数设置与 8.1.2 小节相同。首先是均匀环境，除了四种谱对称检测器外，还增加了与 GLRT、AMF、Rao 的对比分析，检测概率曲线如图 8.4 所示。

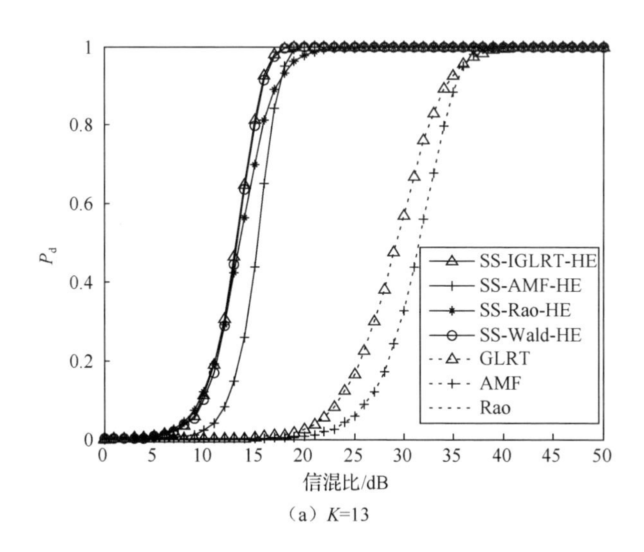

（a）K=13

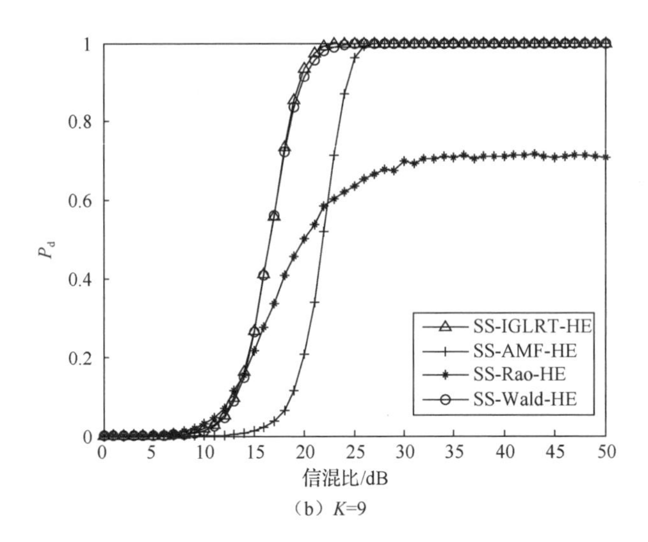

（b）K=9

图 8.4　均匀环境下谱对称 STAD 检测器的检测概率曲线

由图 8.4（a）可以看出，在均匀环境下，当辅助数据不是特别充足时，谱对称检测器的性能明显优于经典检测器。具体来说，SS-IGLRT-HE 和 SS-Wald-HE 的性能渐进相同且为最优；与之相比，在 $P_d = 0.9$ 处，SS-AMF-HE、GLRT 和 AMF 分别具有约 1.6dB、18.6dB 和 19.7dB 的信混比损失。对于 SS-Rao-HE，在低信混比下其性能与 SS-IGLRT-HE 很接近；随着信混比增大，SS-Rao-HE 出现一定的性能损失，但其 P_d 在高信混比时能够达到 1。对于 Rao 检测，其 P_d 基本接近于 0，完全失效。

图 8.4（b）的结果表明，当辅助数据严重不足时，多数谱对称检测器仍然可以完成检测任务，而经典检测器已无法正常工作，所以未在图中给出。具体来说，SS-IGLRT-HE 和 SS-Wald-HE 的检测性能相近且最优；与之相比，在 $P_d = 0.9$ 处，SS-AMF-HE 具有 5.1dB 的信混比损失。SS-Rao-HE 的性能最差，其 P_d 始终未超过 0.8。

接着考虑 $\mu = 5$ 的部分均匀环境，比较对象是 SS-GLRT1-PHE、SS-GLRT2-PHE、SS-Rao-PHE 和 ACE，检测概率曲线如图 8.5 所示。由图 8.5（a）可以看出，在部分均匀环境下，当辅助数据不是特别充足时，谱对称检测器的性能明显优于 ACE。具体来说，SS-Rao-PHE 和 SS-GLRT2-PHE 的检测性能渐进相同且为最优，与之相比，在 $P_d = 0.9$ 处，SS-GLRT1-PHE 和 ACE 分别具有约 0.8dB 和 17.9dB 的信混比损失。

图 8.5（b）的曲线表明，当辅助数据严重不足时，谱对称检测器仍然可以完成检测任务，而 ACE 已无法正常工作，所以未在图中给出。具体来说，SS-Rao-PHE

的性能最优，在 $P_{\mathrm{d}}=0.9$ 处，SS-GLRT2-PHE 和 SS-GLRT1-PHE 分别具有 1.6dB 和 3.7dB 的信混比损失。

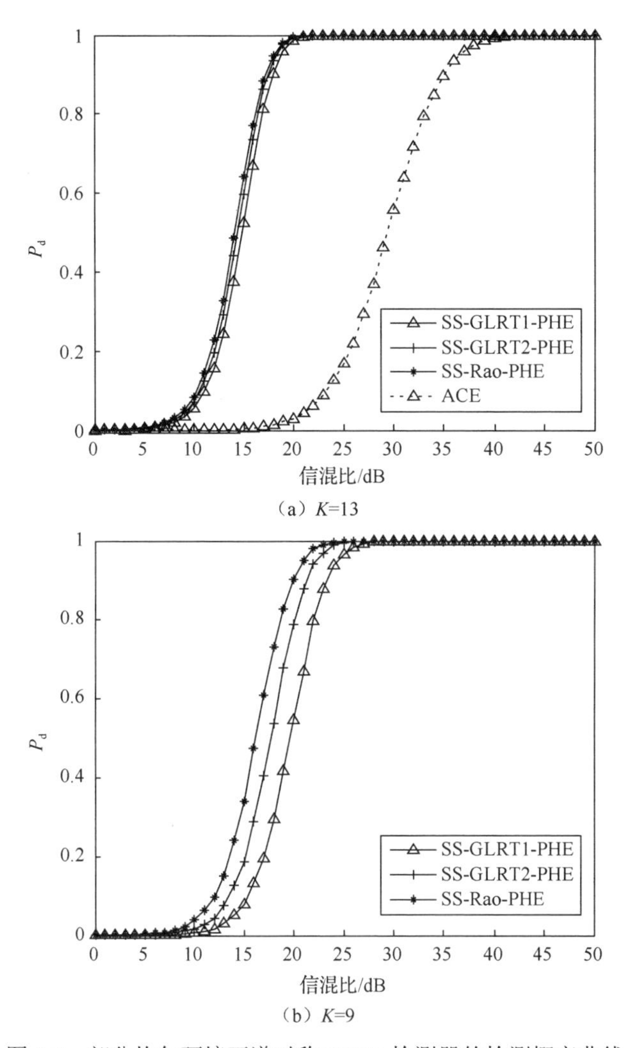

（a）K=13

（b）K=9

图 8.5　部分均匀环境下谱对称 STAD 检测器的检测概率曲线

8.3　双知识基 STAD 检测器

本节任务是实现对斜对称和谱对称特性的联合利用，以进一步提高 STAD 检测器在辅助数据不足情况下的稳健性。首先构建能够同时利用这两种先验知识的二元假设检验问题，接着利用两步 GLRT 和 Rao 准则求解该问题，得到两种双知识基 STAD 检测器。

8.3.1 问题建模

首先考虑 $\boldsymbol{R}$ 和 $\boldsymbol{v}_t$ 的斜对称特性，基于文献[15]的附录 B，可将 $\boldsymbol{\gamma}$ 和 $\boldsymbol{\Gamma}$ 改写为

$$\begin{aligned}&\boldsymbol{\gamma}_1=\frac{\boldsymbol{\gamma}+\boldsymbol{J}\boldsymbol{\gamma}^*}{2},\quad \boldsymbol{\gamma}_2=\frac{\boldsymbol{\gamma}-\boldsymbol{J}\boldsymbol{\gamma}^*}{2}\\&\boldsymbol{\gamma}_{1k}=\frac{\boldsymbol{\gamma}_k+\boldsymbol{J}\boldsymbol{\gamma}_k^*}{2},\quad \boldsymbol{\gamma}_{2k}=\frac{\boldsymbol{\gamma}_k-\boldsymbol{J}\boldsymbol{\gamma}_k^*}{2},\quad k=1,2,\cdots,K\end{aligned}\tag{8.100}$$

式中，$\boldsymbol{\gamma}_1$、$\boldsymbol{\gamma}_2$、$\boldsymbol{\gamma}_{1k}$ 和 $\boldsymbol{\gamma}_{2k}$ 均为 IID 的循环对称复高斯向量，它们的协方差矩阵为

$$E\left[\boldsymbol{\gamma}_1\boldsymbol{\gamma}_1^{\mathrm{H}}\right]=E\left[\boldsymbol{\gamma}_2\boldsymbol{\gamma}_2^{\mathrm{H}}\right]=R/2,\quad E\left[\boldsymbol{\gamma}_{1k}\boldsymbol{\gamma}_{1k}^{\mathrm{H}}\right]=E\left[\boldsymbol{\gamma}_{2k}\boldsymbol{\gamma}_{2k}^{\mathrm{H}}\right]=\mu\boldsymbol{R}/2\tag{8.101}$$

根据以上定义，可将式（7.1）改写为如下等价形式：

$$\begin{cases}H_0:\begin{cases}\boldsymbol{\gamma}_1=\boldsymbol{n}_1,\quad \boldsymbol{\gamma}_2=\boldsymbol{n}_2\\\boldsymbol{\gamma}_{1k}=\boldsymbol{n}_{1k},\quad \boldsymbol{\gamma}_{2k}=\boldsymbol{n}_{2k},\quad k=1,2,\cdots,K\end{cases}\\H_1:\begin{cases}\boldsymbol{\gamma}_1=\alpha_r\boldsymbol{v}_t+\boldsymbol{n}_1,\quad \boldsymbol{\gamma}_2=\alpha_i\boldsymbol{v}_t+\boldsymbol{n}_2\\\boldsymbol{\gamma}_{1k}=\boldsymbol{n}_{1k},\quad \boldsymbol{\gamma}_{2k}=\boldsymbol{n}_{2k},\quad k=1,2,\cdots,K\end{cases}\end{cases}\tag{8.102}$$

式中，$\alpha_r=\mathrm{Re}\{\alpha\}$，$\alpha_i=\mathrm{Im}\{\alpha\}$；且有

$$\begin{aligned}&\boldsymbol{n}_1=\frac{\boldsymbol{n}+\boldsymbol{J}\boldsymbol{n}^*}{2},\quad \boldsymbol{n}_2=\frac{\boldsymbol{n}-\boldsymbol{J}\boldsymbol{n}^*}{2}\\&\boldsymbol{n}_{1k}=\frac{\boldsymbol{n}_k+\boldsymbol{J}\boldsymbol{n}_k^*}{2},\quad \boldsymbol{n}_{2k}=\frac{\boldsymbol{n}_k-\boldsymbol{J}\boldsymbol{n}_k^*}{2},\quad k=1,2,\cdots,K\end{aligned}\tag{8.103}$$

式（8.102）已将斜对称特性融入其中，进一步考虑谱对称特性，定义如下变量：

$$\begin{aligned}&\boldsymbol{\gamma}_{1r}=\mathrm{Re}(\boldsymbol{\gamma}_1),\quad \boldsymbol{\gamma}_{1i}=\mathrm{Im}(\boldsymbol{\gamma}_1),\quad \boldsymbol{\gamma}_{2r}=\mathrm{Re}(\boldsymbol{\gamma}_2),\quad \boldsymbol{\gamma}_{2i}=\mathrm{Im}(\boldsymbol{\gamma}_2)\\&\boldsymbol{\gamma}_{1kr}=\mathrm{Re}(\boldsymbol{\gamma}_{1k}),\quad \boldsymbol{\gamma}_{1ki}=\mathrm{Im}(\boldsymbol{\gamma}_{1k})\\&\boldsymbol{\gamma}_{2kr}=\mathrm{Re}(\boldsymbol{\gamma}_{2k}),\quad \boldsymbol{\gamma}_{2ki}=\mathrm{Im}(\boldsymbol{\gamma}_{2k}),\quad k=1,2,\cdots,K\end{aligned}\tag{8.104}$$

易知，$\boldsymbol{\gamma}_{1r}$、$\boldsymbol{\gamma}_{1i}$、$\boldsymbol{\gamma}_{2r}$、$\boldsymbol{\gamma}_{2i}$、$\boldsymbol{\gamma}_{1kr}$、$\boldsymbol{\gamma}_{1ki}$、$\boldsymbol{\gamma}_{2kr}$ 和 $\boldsymbol{\gamma}_{2ki}$ 均为 IID 的实高斯向量，它们的协方差矩阵为

$$\begin{aligned}&E\left[\boldsymbol{\gamma}_{1r}\boldsymbol{\gamma}_{1r}^{\mathrm{H}}\right]=E\left[\boldsymbol{\gamma}_{1i}\boldsymbol{\gamma}_{1i}^{\mathrm{H}}\right]=E\left[\boldsymbol{\gamma}_{2r}\boldsymbol{\gamma}_{2r}^{\mathrm{H}}\right]=E\left[\boldsymbol{\gamma}_{2i}\boldsymbol{\gamma}_{2i}^{\mathrm{H}}\right]=\boldsymbol{Q}\\&E\left[\boldsymbol{\gamma}_{1kr}\boldsymbol{\gamma}_{1kr}^{\mathrm{H}}\right]=E\left[\boldsymbol{\gamma}_{1ki}\boldsymbol{\gamma}_{1ki}^{\mathrm{H}}\right]=E\left[\boldsymbol{\gamma}_{2kr}\boldsymbol{\gamma}_{2kr}^{\mathrm{H}}\right]=E\left[\boldsymbol{\gamma}_{2ki}\boldsymbol{\gamma}_{2ki}^{\mathrm{H}}\right]=\mu\boldsymbol{Q}\end{aligned}\tag{8.105}$$

式中，$\boldsymbol{Q}=\boldsymbol{R}/4\in\mathbb{R}^{MN\times MN}$。

由此，可将式（8.102）进一步改写为如下等价形式：

$$\begin{cases} H_0: \begin{cases} \gamma_{1r} = \boldsymbol{n}_{1r}, \quad \gamma_{1i} = \boldsymbol{n}_{1i}, \quad \gamma_{2r} = \boldsymbol{n}_{2r}, \quad \gamma_{2i} = \boldsymbol{n}_{2i} \\ \gamma_{1kr} = \boldsymbol{n}_{1kr}, \quad \gamma_{1ki} = \boldsymbol{n}_{1ki} \\ \gamma_{2kr} = \boldsymbol{n}_{2kr}, \quad \gamma_{2ki} = \boldsymbol{n}_{2ki} \end{cases}, \quad k = 1, 2, \cdots, K \\ H_1: \begin{cases} \gamma_{1r} = \alpha_r \boldsymbol{v}_{tr} + \boldsymbol{n}_{1r}, \quad \gamma_{1i} = \alpha_r \boldsymbol{v}_{ti} + \boldsymbol{n}_{1i} \\ \gamma_{2r} = \alpha_i \boldsymbol{v}_{tr} + \boldsymbol{n}_{2r}, \quad \gamma_{2i} = \alpha_i \boldsymbol{v}_{ti} + \boldsymbol{n}_{2i} \\ \gamma_{1kr} = \boldsymbol{n}_{1kr}, \quad \gamma_{1ki} = \boldsymbol{n}_{1ki} \\ \gamma_{2kr} = \boldsymbol{n}_{2kr}, \quad \gamma_{2ki} = \boldsymbol{n}_{2ki} \end{cases}, \quad k = 1, 2, \cdots, K \end{cases} \tag{8.106}$$

式中，$\boldsymbol{v}_{tr} = \mathrm{Re}(\boldsymbol{v}_t)$，$\boldsymbol{v}_{ti} = \mathrm{Im}(\boldsymbol{v}_t)$；

$$\begin{aligned} &\boldsymbol{n}_{1r} = \mathrm{Re}(\boldsymbol{n}_1), \quad \boldsymbol{n}_{1i} = \mathrm{Im}(\boldsymbol{n}_1), \quad \boldsymbol{n}_{2r} = \mathrm{Re}(\boldsymbol{n}_2), \quad \boldsymbol{n}_{2i} = \mathrm{Im}(\boldsymbol{n}_2) \\ &\boldsymbol{n}_{1kr} = \mathrm{Re}(\boldsymbol{n}_{1k}), \quad \boldsymbol{n}_{1ki} = \mathrm{Im}(\boldsymbol{n}_{1k}) \\ &\boldsymbol{n}_{2kr} = \mathrm{Re}(\boldsymbol{n}_{2k}), \quad \boldsymbol{n}_{2ki} = \mathrm{Im}(\boldsymbol{n}_{2k}), \quad k = 1, 2, \cdots, K \end{aligned} \tag{8.107}$$

式（8.106）同时融入了斜对称和谱对称两种先验知识，所做的两步转换等价于将辅助数据长度增加至原来的四倍。

8.3.2 检测器设计

考虑设计上的可实现性，选择两步 GLRT 和 Rao 准则来求解问题（8.106）。

首先定义如下变量：

（1）$\boldsymbol{\Gamma}_P = [\boldsymbol{\Gamma}_1 \quad \boldsymbol{\Gamma}_2] \in \mathbb{R}^{MN\times 4}$ 表示主数据矩阵，且 $\boldsymbol{\Gamma}_1 = [\gamma_{1r} \quad \gamma_{1i}] \in \mathbb{R}^{MN\times 2}$，$\boldsymbol{\Gamma}_2 = [\gamma_{2r} \quad \gamma_{2i}] \in \mathbb{R}^{MN\times 2}$；

（2）$\boldsymbol{\Gamma}_K = [\boldsymbol{\Gamma}_{1K} \quad \boldsymbol{\Gamma}_{2K}] \in \mathbb{R}^{MN\times 4K}$ 表示辅助数据矩阵，且 $\boldsymbol{\Gamma}_{1K} = [\gamma_{11r} \quad \cdots \quad \gamma_{1Kr} \quad \gamma_{11i} \quad \cdots \quad \gamma_{1Ki}] \in \mathbb{R}^{MN\times 2K}$，$\boldsymbol{\Gamma}_{2K} = [\gamma_{21r} \quad \cdots \quad \gamma_{2Kr} \quad \gamma_{21i} \quad \cdots \quad \gamma_{2Ki}] \in \mathbb{R}^{MN\times 2K}$；

（3）$\boldsymbol{V}_t = [\boldsymbol{v}_{tr} \quad \boldsymbol{v}_{ti}] \in \mathbb{R}^{MN\times 2}$ 表示目标信号的空时导向向量；

（4）$\boldsymbol{\theta}_r = [\alpha_r \quad \alpha_i]^{\mathrm{T}} \in \mathbb{R}^{2\times 1}$ 表示目标信号参数向量；

（5）$\boldsymbol{\theta}_s = [\mu \quad \boldsymbol{g}^{\mathrm{T}}(\boldsymbol{Q})]^{\mathrm{T}} \in \mathbb{R}^{(L+1)\times 1}$ 表示多余参数向量，式中，$\boldsymbol{g}(\boldsymbol{Q}) \in \mathbb{R}^{L\times 1}$ 是一个以特定顺序涵盖 $\boldsymbol{Q}$ 中所有元素的向量，且由于 $\boldsymbol{Q}$ 是正定对称矩阵，故有 $L = (MN-1)MN/2$；

（6）$\boldsymbol{\theta} = [\boldsymbol{\theta}_r^{\mathrm{T}} \quad \boldsymbol{\theta}_s^{\mathrm{T}}]^{\mathrm{T}}$ 包含全部的未知参数。

基于上述定义，可将 $\boldsymbol{\Gamma}_P$ 和 $\boldsymbol{\Gamma}_K$ 在 H_i 假设下的联合概率密度函数写为

$$f\left(\boldsymbol{\Gamma}_P,\boldsymbol{\Gamma}_K;\boldsymbol{\theta},H_i\right)=\frac{\mu^{-2MNK}}{\left[\left(2\pi\right)^{MN}\det\left(\boldsymbol{Q}\right)\right]^{2(K+1)}}\cdot\exp\left(-\frac{1}{2}\operatorname{tr}\left\{\boldsymbol{Q}^{-1}\left[\boldsymbol{T}_i\left(\boldsymbol{\theta}_r\right)+\frac{1}{\mu}\boldsymbol{S}\right]\right\}\right),\quad i=0,1 \tag{8.108}$$

式中，

$$\boldsymbol{T}_0\left(\boldsymbol{\theta}_r\right)=\boldsymbol{\Gamma}_1\boldsymbol{\Gamma}_1^{\mathrm{T}}+\boldsymbol{\Gamma}_2\boldsymbol{\Gamma}_2^{\mathrm{T}} \tag{8.109}$$

$$\boldsymbol{T}_1\left(\boldsymbol{\theta}_r\right)=\left(\boldsymbol{\Gamma}_1-\alpha_r\boldsymbol{V}_t\right)\left(\boldsymbol{\Gamma}_1-\alpha_r\boldsymbol{V}_t\right)^{\mathrm{T}}+\left(\boldsymbol{\Gamma}_2-\alpha_i\boldsymbol{V}_t\right)\left(\boldsymbol{\Gamma}_2-\alpha_i\boldsymbol{V}_t\right)^{\mathrm{T}} \tag{8.110}$$

且有 $\boldsymbol{S}=\boldsymbol{\Gamma}_K\boldsymbol{\Gamma}_K^{\mathrm{T}}$。

1. 两步 GLRT

为便于推导，定义 $\boldsymbol{\Sigma}=\mu\boldsymbol{Q}$，则 $\boldsymbol{Q}=\varrho\boldsymbol{\Sigma}$，$\varrho=\dfrac{1}{\mu}$，且

$$\begin{aligned}&E\left[\boldsymbol{n}_{1r}\boldsymbol{n}_{1r}^{\mathrm{H}}\right]=E\left[\boldsymbol{n}_{1i}\boldsymbol{n}_{1i}^{\mathrm{H}}\right]=E\left[\boldsymbol{n}_{2r}\boldsymbol{n}_{2r}^{\mathrm{H}}\right]=E\left[\boldsymbol{n}_{2i}\boldsymbol{n}_{2i}^{\mathrm{H}}\right]=\varrho\boldsymbol{\Sigma}\\&E\left[\boldsymbol{n}_{1kr}\boldsymbol{n}_{1kr}^{\mathrm{H}}\right]=E\left[\boldsymbol{n}_{1ki}\boldsymbol{n}_{1ki}^{\mathrm{H}}\right]=E\left[\boldsymbol{n}_{2kr}\boldsymbol{n}_{2kr}^{\mathrm{H}}\right]=\left[\boldsymbol{n}_{2ki}\boldsymbol{n}_{2ki}^{\mathrm{H}}\right]=\boldsymbol{\Sigma}\end{aligned} \tag{8.111}$$

则 $\boldsymbol{\Gamma}_P$ 在 H_i 假设下的概率密度函数为

$$f\left(\boldsymbol{\Gamma}_P;\boldsymbol{\theta}_r,\varrho,\boldsymbol{\Sigma},H_i\right)=\frac{1}{\left(2\pi\right)^{2MN}\left[\det\left(\varrho\boldsymbol{\Sigma}\right)\right]^2}\exp\left\{-\frac{1}{2}\operatorname{tr}\left[\frac{1}{\varrho}\boldsymbol{\Sigma}^{-1}\boldsymbol{T}_i\left(\boldsymbol{\theta}_r\right)\right]\right\},\quad i=0,1 \tag{8.112}$$

首先考虑均匀环境，即 $\varrho=1$，并假设 $\boldsymbol{\Sigma}$ 已知，此时基于主数据的 GLRT 准则为

$$\frac{\max\limits_{\alpha_r,\alpha_i}f\left(\boldsymbol{\Gamma}_P;\boldsymbol{\theta}_r,1,\boldsymbol{\Sigma},H_1\right)}{f\left(\boldsymbol{\Gamma}_P;\boldsymbol{\theta}_r,1,\boldsymbol{\Sigma},H_0\right)}\underset{H_0}{\overset{H_1}{\gtrless}}\eta_t \tag{8.113}$$

对式（8.113）中不等号左侧的分式取对数，经过数学推导可得

$$\operatorname{tr}\left(\boldsymbol{\Gamma}_1^{\mathrm{T}}\boldsymbol{\Sigma}^{-1}\boldsymbol{\Gamma}_1+\boldsymbol{\Gamma}_2^{\mathrm{T}}\boldsymbol{\Sigma}^{-1}\boldsymbol{\Gamma}_2\right)-\min_{\alpha_r,\alpha_i}f\left(\alpha_r,\alpha_i\right)\underset{H_0}{\overset{H_1}{\gtrless}}\eta_t \tag{8.114}$$

式中，

$$f\left(\alpha_r,\alpha_i\right)=\operatorname{tr}\left[\left(\boldsymbol{\Gamma}_1-\alpha_r\boldsymbol{V}_t\right)^{\mathrm{T}}\boldsymbol{\Sigma}^{-1}\left(\boldsymbol{\Gamma}_1-\alpha_r\boldsymbol{V}_t\right)+\left(\boldsymbol{\Gamma}_2-\alpha_i\boldsymbol{V}_t\right)^{\mathrm{T}}\boldsymbol{\Sigma}^{-1}\left(\boldsymbol{\Gamma}_2-\alpha_i\boldsymbol{V}_t\right)\right] \tag{8.115}$$

对 $f(\alpha_r,\alpha_i)$ 求取关于 α_r 和 α_i 的偏导并将其置零，有

$$\begin{cases}\hat{\alpha}_r(\boldsymbol{\Sigma})=\operatorname{tr}\left(\boldsymbol{V}_t^{\mathrm{T}}\boldsymbol{\Sigma}^{-1}\boldsymbol{\Gamma}_1\right)/\operatorname{tr}\left(\boldsymbol{V}_t^{\mathrm{T}}\boldsymbol{\Sigma}^{-1}\boldsymbol{V}_t\right)\\ \hat{\alpha}_i(\boldsymbol{\Sigma})=\operatorname{tr}\left(\boldsymbol{V}_t^{\mathrm{T}}\boldsymbol{\Sigma}^{-1}\boldsymbol{\Gamma}_2\right)/\operatorname{tr}\left(\boldsymbol{V}_t^{\mathrm{T}}\boldsymbol{\Sigma}^{-1}\boldsymbol{V}_t\right)\end{cases} \tag{8.116}$$

将式（8.116）代入式（8.114），并使用 $\boldsymbol{S}$ 替代 $\boldsymbol{\Sigma}$，经过整理可得均匀环境下的两步 GLRT 准则[16]为

$$\frac{\operatorname{tr}^2\left(\boldsymbol{V}_t^{\mathrm{T}}\boldsymbol{S}^{-1}\boldsymbol{\Gamma}_1\right)+\operatorname{tr}^2\left(\boldsymbol{V}_t^{\mathrm{T}}\boldsymbol{S}^{-1}\boldsymbol{\Gamma}_2\right)}{\operatorname{tr}\left(\boldsymbol{V}_t^{\mathrm{T}}\boldsymbol{S}^{-1}\boldsymbol{V}_t\right)}\underset{H_0}{\overset{H_1}{\gtrless}}\eta_t \tag{8.117}$$

将式（8.117）所示的检测器称为均匀环境双知识 AMF（double knowledge AMF for HE, DK-AMF-HE）检测器。

下面考虑部分均匀环境，当 $\boldsymbol{\Sigma}$ 已知时，基于主数据的 GLRT 准则为

$$\frac{\max\limits_{\alpha_r,\alpha_i}\max\limits_{\varrho} f\left(\boldsymbol{\Gamma}_P;\boldsymbol{\theta}_r,\varrho,\boldsymbol{\Sigma},H_1\right)}{\max\limits_{\varrho} f\left(\boldsymbol{\Gamma}_P;\boldsymbol{\theta}_r,\varrho,\boldsymbol{\Sigma},H_0\right)}\underset{H_0}{\overset{H_1}{\gtrless}}\eta_t \tag{8.118}$$

对 $f\left(\boldsymbol{\Gamma}_P;\boldsymbol{\theta}_r,\varrho,\boldsymbol{\Sigma},H_i\right),i=0,1$ 求取关于 ϱ 的偏导并置零，可得 ϱ 在 H_i 假设下的最大似然估计，即

$$\hat{\varrho}_i=\frac{1}{4MN}\operatorname{tr}\left[\boldsymbol{\Sigma}^{-1}\boldsymbol{T}_i(\boldsymbol{\theta}_r)\right],\quad i=0,1 \tag{8.119}$$

将式（8.112）和式（8.119）代入式（8.118），经过数学推导可得

$$\frac{\operatorname{tr}\left(\boldsymbol{\Gamma}_1^{\mathrm{T}}\boldsymbol{\Sigma}^{-1}\boldsymbol{\Gamma}_1+\boldsymbol{\Gamma}_2^{\mathrm{T}}\boldsymbol{\Sigma}^{-1}\boldsymbol{\Gamma}_2\right)}{\min\limits_{\alpha_r,\alpha_i} f(\alpha_r,\alpha_i)}\underset{H_0}{\overset{H_1}{\gtrless}}\eta_t \tag{8.120}$$

式中，$f(\alpha_r,\alpha_i)$ 由式（8.115）给出，α_r 和 α_i 的最大似然估计由式（8.116）给出。基于上述结果，式（8.120）可改写为

$$\frac{\operatorname{tr}^2\left(\boldsymbol{V}_t^{\mathrm{T}}\boldsymbol{\Sigma}^{-1}\boldsymbol{\Gamma}_1\right)+\operatorname{tr}^2\left(\boldsymbol{V}_t^{\mathrm{T}}\boldsymbol{\Sigma}^{-1}\boldsymbol{\Gamma}_2\right)}{\operatorname{tr}\left(\boldsymbol{V}_t^{\mathrm{T}}\boldsymbol{\Sigma}^{-1}\boldsymbol{V}_t\right)\operatorname{tr}\left(\boldsymbol{\Gamma}^{\mathrm{T}}\boldsymbol{\Sigma}^{-1}\boldsymbol{\Gamma}\right)}\underset{H_0}{\overset{H_1}{\gtrless}}\eta_t \tag{8.121}$$

使用 $\boldsymbol{S}$ 替代上式中的 $\boldsymbol{\Sigma}$，经过整理，可以得到部分均匀环境下的两步 GLRT 准则为

$$\frac{\operatorname{tr}^2\left(\boldsymbol{V}_t^{\mathrm{T}}\boldsymbol{S}^{-1}\boldsymbol{\Gamma}_1\right)+\operatorname{tr}^2\left(\boldsymbol{V}_t^{\mathrm{T}}\boldsymbol{S}^{-1}\boldsymbol{\Gamma}_2\right)}{\operatorname{tr}\left(\boldsymbol{V}_t^{\mathrm{T}}\boldsymbol{S}^{-1}\boldsymbol{V}_t\right)\operatorname{tr}\left(\boldsymbol{\Gamma}^{\mathrm{T}}\boldsymbol{S}^{-1}\boldsymbol{\Gamma}\right)}\underset{H_0}{\overset{H_1}{\gtrless}}\eta_t \tag{8.122}$$

将式(8.122)所示的检测器称为部分均匀环境双知识两步 GLRT(double knowledge 2 step GLRT for PHE, DK2S-GLRT-PHE)检测器。

2. Rao 准则

对于二元假设检验问题（8.106），Rao 准则仍由式（8.90）给出，并且

$$\left[\boldsymbol{I}^{-1}(\boldsymbol{\theta})\right]_{rr}=\frac{1}{2\operatorname{tr}\left(\boldsymbol{V}_t^{\mathrm{T}}\boldsymbol{Q}^{-1}\boldsymbol{V}_t\right)}\boldsymbol{I}_2 \tag{8.123}$$

$$\frac{\partial \ln f\left(\boldsymbol{\Gamma}_P,\boldsymbol{\Gamma}_K;\boldsymbol{\theta},H_1\right)}{\partial \boldsymbol{\theta}_r}=2\begin{bmatrix}\operatorname{tr}\left[\boldsymbol{V}_t^{\mathrm{T}}\boldsymbol{Q}^{-1}\left(\boldsymbol{\Gamma}_1-\alpha_r\boldsymbol{V}_t\right)\right]\\ \operatorname{tr}\left[\boldsymbol{V}_t^{\mathrm{T}}\boldsymbol{Q}^{-1}\left(\boldsymbol{\Gamma}_2-\alpha_i\boldsymbol{V}_t\right)\right]\end{bmatrix} \tag{8.124}$$

对 $\ln f\left(\boldsymbol{\Gamma}_P,\boldsymbol{\Gamma}_K;\boldsymbol{\theta},H_0\right)$ 求取关于 $\boldsymbol{Q}$ 的偏导并置零，可得 $\boldsymbol{Q}$ 在 H_0 假设下的最大似然估计

$$\hat{\boldsymbol{Q}}_0=\frac{1}{4(K+1)}\left(\frac{1}{\mu}\boldsymbol{S}+\boldsymbol{\Gamma}_P\boldsymbol{\Gamma}_P^{\mathrm{T}}\right) \tag{8.125}$$

将式（8.125）代入式（8.108），得到

$$\begin{aligned}f\left(\boldsymbol{\Gamma}_P,\boldsymbol{\Gamma}_K;\hat{\boldsymbol{Q}}_0,\mu,H_0\right)&\propto\left[\mu^{\frac{MNK}{K+1}}\det\left(\frac{1}{\mu}\boldsymbol{S}+\boldsymbol{\Gamma}_P\boldsymbol{\Gamma}_P^{\mathrm{T}}\right)\right]^{-2(K+1)}\\&=\left[\det(\boldsymbol{S})\mu^{4-\frac{MN}{K+1}}\det\left(\frac{1}{\mu}\boldsymbol{I}_4+\boldsymbol{\Gamma}_P^{\mathrm{T}}\boldsymbol{S}^{-1}\boldsymbol{\Gamma}_P\right)\right]^{-2(K+1)}\end{aligned} \tag{8.126}$$

显然，通过求解 $\min\limits_{\mu}\mu^{4-\frac{MN}{K+1}}\det\left(\frac{1}{\mu}\boldsymbol{I}_4+\boldsymbol{\Gamma}_P^{\mathrm{T}}\boldsymbol{S}^{-1}\boldsymbol{\Gamma}_P\right)$ 可以求得 $\hat{\mu}_0$。为此，用 r 表示 $\boldsymbol{S}^{-1/2}\boldsymbol{\Gamma}_P\boldsymbol{\Gamma}_P^{\mathrm{T}}\boldsymbol{S}^{-1/2}$ 的秩，且有 $r=\min(MN,4)\geqslant 2$。由文献[3]中的命题 2 可知，在 $r>\dfrac{MN}{K+1}$ 约束下，$\hat{\mu}_0$ 是如下方程的唯一正数解：

$$\sum_{i=1}^{r}\frac{\lambda_i\mu}{\lambda_i\mu+1}=\frac{MN}{K+1} \tag{8.127}$$

式中，$\lambda_i,i=1,2,\cdots,r$ 为 $\boldsymbol{S}^{-1/2}\boldsymbol{\Gamma}_P\boldsymbol{\Gamma}_P^{\mathrm{T}}\boldsymbol{S}^{-1/2}$ 的非零特征值。式(8.127)可以使用 MATLAB 中的“roots”函数求解，最终得到 $\hat{\mu}_0$。

使用 $\hat{\mu}_0$ 替代式（8.125）中的 μ，可以得到

$$\hat{\boldsymbol{Q}}_0=\frac{1}{4(K+1)}\left(\frac{1}{\hat{\mu}_0}\boldsymbol{S}+\boldsymbol{\Gamma}_P\boldsymbol{\Gamma}_P^{\mathrm{T}}\right) \tag{8.128}$$

将上述各项结果代入式（8.90），可得部分均匀环境下的 Rao 准则[16]为

$$\frac{\operatorname{tr}^2\left(\boldsymbol{V}_t^{\mathrm{T}}\hat{\boldsymbol{Q}}_0^{-1}\boldsymbol{\Gamma}_1\right)+\operatorname{tr}^2\left(\boldsymbol{V}_t^{\mathrm{T}}\hat{\boldsymbol{Q}}_0^{-1}\boldsymbol{\Gamma}_2\right)}{\operatorname{tr}\left(\boldsymbol{V}_t^{\mathrm{T}}\hat{\boldsymbol{Q}}_0^{-1}\boldsymbol{V}_t\right)}\underset{H_0}{\overset{H_1}{\gtrless}}\eta_t \tag{8.129}$$

将式（8.129）所示的检测器称为部分均匀环境双知识 Rao（double knowledge Rao for PHE, DK-Rao-PHE）检测器。

将 $\hat{\mu}_0=1$ 代入式（8.129），可得均匀环境下的 Rao 准则为

$$\frac{\operatorname{tr}^2\left[\boldsymbol{V}_t^{\mathrm{T}}\left(\boldsymbol{S}+\boldsymbol{\Gamma}_P\boldsymbol{\Gamma}_P^{\mathrm{T}}\right)^{-1}\boldsymbol{\Gamma}_1\right]+\operatorname{tr}^2\left[\boldsymbol{V}_t^{\mathrm{T}}\left(\boldsymbol{S}+\boldsymbol{\Gamma}_P\boldsymbol{\Gamma}_P^{\mathrm{T}}\right)^{-1}\boldsymbol{\Gamma}_2\right]}{\operatorname{tr}\left[\boldsymbol{V}_t^{\mathrm{T}}\left(\boldsymbol{S}+\boldsymbol{\Gamma}_P\boldsymbol{\Gamma}_P^{\mathrm{T}}\right)^{-1}\boldsymbol{V}_t\right]}\underset{H_0}{\overset{H_1}{\gtrless}}\eta_t \tag{8.130}$$

将式(8.130)所示的检测器称为均匀环境双知识 Rao(double knowledge Rao for HE, DK-Rao-HE）检测器。

8.3.3　性能分析

本小节通过仿真实验分析双知识基 STAD 检测器的性能。主要参数设置与 8.1.2 小节相同，且考虑了 $K=9$ 和 $K=5$ 两种辅助数据长度。

首先是均匀环境，除了 DK-AMF-HE、DK-Rao-HE 外，还考虑了前述均匀环境下的斜对称检测器与谱对称检测器，检测概率曲线如图 8.6 所示。

由图 8.6（a）可以看出，在均匀环境下，当辅助数据严重不足时，双知识基 STAD 检测器的检测性能优于斜对称检测器和谱对称检测器。具体来说，DK-Rao-HE 在低信混比下的检测性能最优，DK-AMF-HE 次之且它的 P_{d} 最先达到 1；

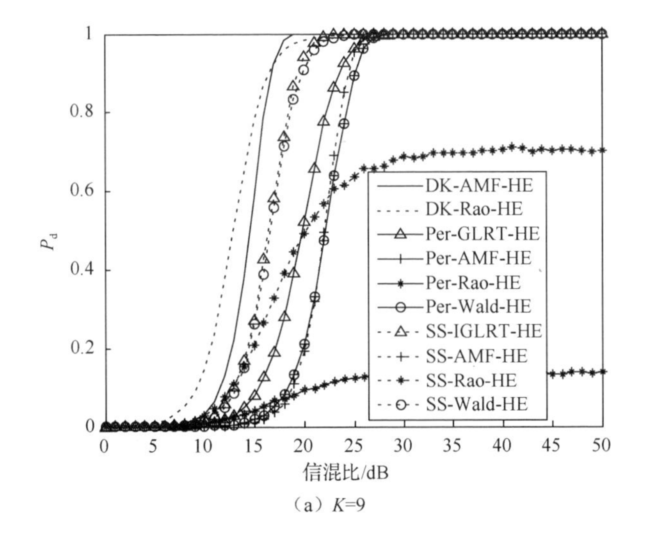

（a）K=9

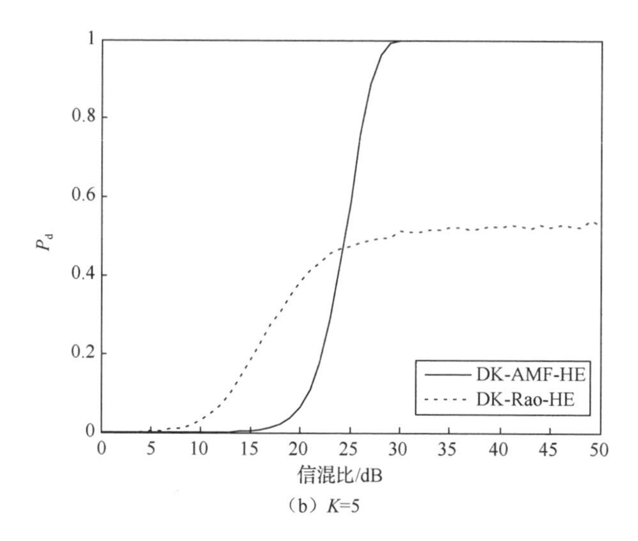

（b）K=5

图 8.6　均匀环境下双知识基 STAD 检测器的检测概率曲线

在 $P_d = 0.9$ 处，SS-IGLRT-HE、SS-Wald-HE、Per-GLRT-HE、SS-AMF-HE、Per-Wald-HE 和 Per-AMF-HE 相对于 DK-AMF-HE 分别具有约 2.6dB、3.2dB、6.8dB、7.7dB、8.2dB 和 8.2dB 的信混比损失。至于 Per-Rao-HE 和 SS-Rao-HE，它们的 P_d 在高信混比时分别未超过 0.8 和 0.2。

由图 8.6（b）可以看出，当辅助数据减少至 $K < MN/2$ 时，DK-AMF-HE 仍然可以完成目标检测任务，而斜对称检测器以及谱对称检测器已无法正常工作，所以未在图中给出。对于 DK-Rao-HE，其 P_d 始终未超过 0.6。

接着考虑 $\mu = 5$ 的部分均匀环境，除了 DK2S-GLRT-PHE、DK-Rao-PHE 外，还考虑了前述部分均匀环境的斜对称检测器和谱对称检测器，它们的检测概率曲线如图 8.7 所示。

由图 8.7（a）可以看出，在部分均匀环境下，当辅助数据严重不足时，双知识基 STAD 检测器的性能明显优于斜对称检测器和谱对称检测器。具体来说，DK-Rao-PHE 的性能最优；在 $P_d = 0.9$ 处，DK2S-GLRT-PHE、SS-Rao-PHE、SS-GLRT2-PHE、SS-GLRT1-PHE、Per-GLRT-PHE、Per-AMF-PHE 和 Per-Wald-PHE 相对于 DK-Rao-PHE 分别具有约 0.6dB、3dB、4.4dB、6.4dB、7.8dB、8.2dB 和 8.8dB 的信混比损失；Per-Rao-PHE 的性能最差，其 P_d 始终未超过 0.9。

图 8.7（b）的曲线表明，当辅助数据减少至 $K < MN/2$ 时，双知识基检测器仍然可以完成目标检测任务，而斜对称检测器以及谱对称检测器已无法正常工作，所示未在图中给出。具体来说，DK-Rao-PHE 的性能最优，与之相比，在 $P_d = 0.9$ 处，DK2S-GLRT-PHE 具有 5.7dB 的信混比损失。

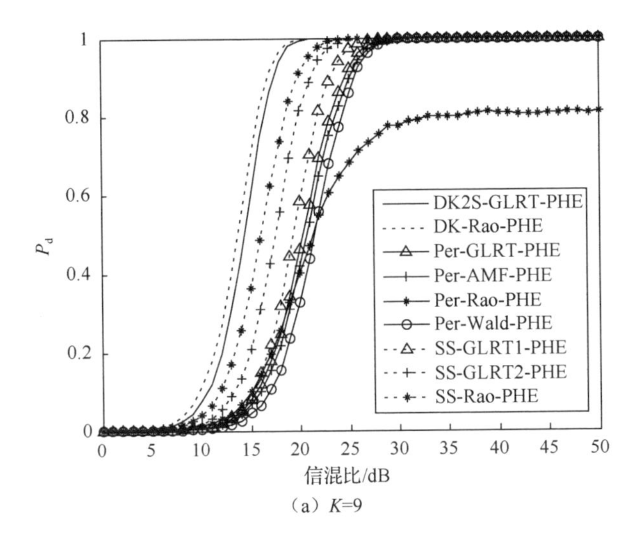

（a）K=9

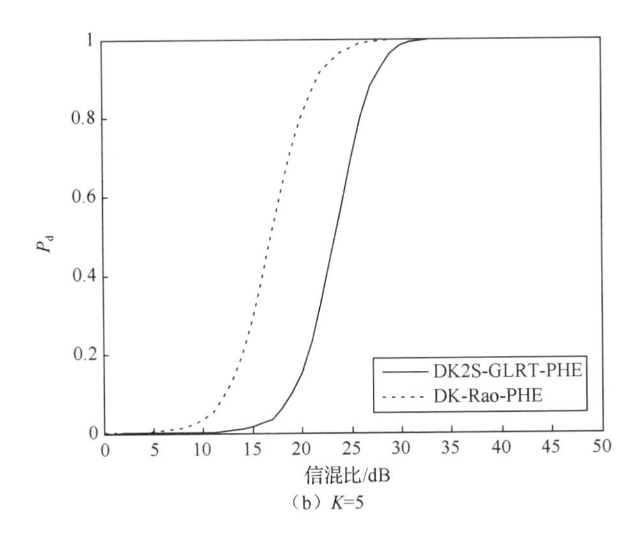

（b）K=5

图 8.7　部分均匀环境下双知识基 STAD 检测器的检测概率曲线

8.4　贝叶斯 STAD 检测器

如 1.4 节所述，将混响空时协方差矩阵视为随机变量，并基于贝叶斯框架设计 STAD 检测器，可以有效降低对辅助数据的需求量。本节利用一步 GLRT 和两步 GLRT 准则设计贝叶斯 STAD 检测器。

8.4.1 问题建模

对于假设检验问题（7.1），将 $\boldsymbol{R}$ 建模为一个未知的随机参数，并为其选取一个合理的先验概率分布，就可以利用贝叶斯框架来设计 STAD 检测器[17-18]。这里仅考虑均匀环境，即 $\mu=1$，$\boldsymbol{\gamma}$ 和 $\boldsymbol{\Gamma}$ 的联合条件概率密度函数由式（7.5）给出。

首先关注 $\boldsymbol{R}$ 的先验分布选取问题，选取原则是既要与应用环境的物理模型相结合，又要保证其结果易于分析和处理[19]。另外，对于服从复高斯分布的数据，逆复 Wishart 分布是其协方差矩阵的共轭先验，即如果该矩阵的先验分布服从逆复 Wishart 分布，则其后验分布同样满足逆复 Wishart 分布[20]。结合以上两点，宜选取逆复 Wishart 分布作为 $\boldsymbol{R}$ 的先验概率分布，记作 $\boldsymbol{R}\sim\mathcal{W}^{-1}\left(L,L\boldsymbol{R}_0\right)$，其中 L 为分布的自由度参数，代表先验信息的可靠度，L 越大说明先验信息越准确，$\boldsymbol{R}_0$ 为均值矩阵，一般包含了从环境中获取的先验信息，可通过实测数据或物理推导等途径获取。当 $\boldsymbol{R}$ 是正定矩阵时，其概率密度函数可表示为

$$f_{\boldsymbol{R}}\left(\boldsymbol{R}\right)=\frac{\left[\det\left(\boldsymbol{R}^{-1}\right)\right]^{L+MN}}{I\left(MN,L\right)\left[\det\left(\dfrac{1}{L}\boldsymbol{R}_0^{-1}\right)\right]^{L}}\exp\left[-\operatorname{tr}\left(\boldsymbol{R}^{-1}L\boldsymbol{R}_0\right)\right] \tag{8.131}$$

式中，

$$I\left(MN,L\right)=\pi^{MN(MN-1)/2}\prod_{n=1}^{MN}\Gamma\left(L-n+1\right) \tag{8.132}$$

其中，$\Gamma(\cdot)$ 表示伽马函数。

8.4.2 检测器设计

1. 一步 GLRT

贝叶斯框架下的一步 GLRT 准则可写为

$$\max_{\alpha}\frac{\int f\left(\boldsymbol{\gamma},\boldsymbol{\Gamma};\alpha,1,\boldsymbol{R},H_1\right)f_{\boldsymbol{R}}\left(\boldsymbol{R}\right)\mathrm{d}\boldsymbol{R}}{\int f\left(\boldsymbol{\gamma},\boldsymbol{\Gamma};0,1,\boldsymbol{R},H_0\right)f_{\boldsymbol{R}}\left(\boldsymbol{R}\right)\mathrm{d}\boldsymbol{R}}\underset{H_0}{\overset{H_1}{\gtrless}}\eta_t \tag{8.133}$$

式中，积分区间是所有正定厄米矩阵组成的集合。设 $\boldsymbol{A}\in\mathbb{C}^{m\times m}$，若 $\boldsymbol{A}=\boldsymbol{A}^{\mathrm{H}}$，对任意 $\boldsymbol{0}\neq\boldsymbol{x}\in\mathbb{C}^{m\times m}$，都有 $\boldsymbol{x}^{\mathrm{H}}\boldsymbol{A}\boldsymbol{x}>0$，则称 $\boldsymbol{A}$ 为正定厄米矩阵。

将式（8.131）和式（7.5）代入式（8.133），可得

$$\max_{\alpha} \frac{\int \left[\det\left(\boldsymbol{R}^{-1}\right)\right]^{K+L+MN+1} \exp\left\{-\mathrm{tr}\left[\left(\boldsymbol{T}_1 + L\boldsymbol{R}_0\right)\boldsymbol{R}^{-1}\right]\right\} \mathrm{d}\boldsymbol{R}}{\int \left[\det\left(\boldsymbol{R}^{-1}\right)\right]^{K+L+MN+1} \exp\left\{-\mathrm{tr}\left[\left(\boldsymbol{T}_0 + L\boldsymbol{R}_0\right)\boldsymbol{R}^{-1}\right]\right\} \mathrm{d}\boldsymbol{R}} \tag{8.134}$$

式（8.134）可简化为

$$\max_{\alpha} \frac{\left[\det\left(\boldsymbol{T}_0 + L\boldsymbol{R}_0\right)\right]^{K+L+1}}{\left[\det\left(\boldsymbol{T}_1 + L\boldsymbol{R}_0\right)\right]^{K+L+1}} \tag{8.135}$$

利用行列式性质，式（8.135）可进一步写为

$$\frac{1 + \boldsymbol{\gamma}^{\mathrm{H}}\left(L\boldsymbol{R}_0 + \boldsymbol{S}\right)^{-1}\boldsymbol{\gamma}}{1 + \min\limits_{\alpha}\left(\boldsymbol{\gamma} - \alpha\boldsymbol{v}_t\right)^{\mathrm{H}}\left(L\boldsymbol{R}_0 + \boldsymbol{S}\right)^{-1}\left(\boldsymbol{\gamma} - \alpha\boldsymbol{v}_t\right)} \tag{8.136}$$

对式（8.136）的分母进行优化，并整理可得

$$\frac{\left|\boldsymbol{\gamma}^{\mathrm{H}}\left(L\boldsymbol{R}_0 + \boldsymbol{S}\right)^{-1}\boldsymbol{v}_t\right|^2}{\left[1 + \boldsymbol{\gamma}^{\mathrm{H}}\left(L\boldsymbol{R}_0 + \boldsymbol{S}\right)^{-1}\boldsymbol{\gamma}\right]\boldsymbol{v}_t^{\mathrm{H}}\left(L\boldsymbol{R}_0 + \boldsymbol{S}\right)^{-1}\boldsymbol{v}_t} \underset{H_0}{\overset{H_1}{\gtrless}} \eta_t \tag{8.137}$$

将式（8.137）所对应的检测器称为贝叶斯一步 GLRT（Bayesian 1-step GLRT, B1S-GLRT）检测器。

比较式（8.137）与式（7.25）可以发现，B1S-GLRT 与经典 GLRT 具有相同的结构，不同之处是 B1S-GLRT 采用$L\boldsymbol{R}_0 + \boldsymbol{S}$ 替代了 GLRT 中的$\boldsymbol{S}$。此外，若 $\boldsymbol{R}_0$ 恰好取为单位阵，则 B1S-GLRT 退化为对角加载 GLRT 检测器，该检测器可以改善协方差矩阵估计不准时的检测性能[21]。

2. 两步 GLRT

基于主数据的 GLRT 准则可以表示为

$$\frac{\max\limits_{\alpha} f\left(\boldsymbol{\gamma};\alpha,\boldsymbol{R},H_1\right)}{f\left(\boldsymbol{\gamma};0,\boldsymbol{R},H_0\right)} \underset{H_0}{\overset{H_1}{\gtrless}} \eta_t \tag{8.138}$$

式中，

$$f\left(\boldsymbol{\gamma};i\alpha,\boldsymbol{R},H_i\right) = \frac{\exp\left\{-\mathrm{tr}[\left(\boldsymbol{\gamma} - i\alpha\boldsymbol{v}_t\right)\left(\boldsymbol{\gamma} - i\alpha\boldsymbol{v}_t\right)^{\mathrm{H}}\boldsymbol{R}^{-1}]\right\}}{\pi^{MN}\det\left(\boldsymbol{R}\right)}, \quad i = 0,1 \tag{8.139}$$

对 $f\left(\boldsymbol{\gamma};\alpha,\boldsymbol{R},H_1\right)$ 求取关于 α 的偏导，并将结果置零，有

$$\hat{\alpha} = \frac{\boldsymbol{v}_t^{\mathrm{H}}\boldsymbol{R}^{-1}\boldsymbol{\gamma}}{\boldsymbol{v}_t^{\mathrm{H}}\boldsymbol{R}^{-1}\boldsymbol{v}_t} \tag{8.140}$$

基于辅助数据求解 $\boldsymbol{R}$ 的 MAP 估计，可表示为

$$\hat{\boldsymbol{R}} = \arg\max_{\boldsymbol{R}} \left[f\left(\boldsymbol{\Gamma};\boldsymbol{R}\right) f_{\boldsymbol{R}}\left(\boldsymbol{R}\right) \right] \tag{8.141}$$

式中，

$$f\left(\boldsymbol{\Gamma};\boldsymbol{R}\right) = \frac{\exp\left[-\mathrm{tr}\left(\boldsymbol{R}^{-1}\boldsymbol{S}\right)\right]}{\left[\pi^{MN}\det\left(\boldsymbol{R}\right)\right]^{K}} \tag{8.142}$$

将式（8.141）等号右侧表达式取对数有

$$\hat{\boldsymbol{R}} = \arg\max_{\boldsymbol{R}} \left\{ \left(K+L+MN\right)\ln\left[\det\left(\boldsymbol{R}^{-1}\right)\right] - \mathrm{tr}\left[\left(\boldsymbol{S}+L\boldsymbol{R}_0\right)\boldsymbol{R}^{-1}\right] \right\} \tag{8.143}$$

根据均值不等式[22]以及以下不等式：

$$p\ln\left(x\right) - MNx^{\frac{1}{MN}} \leqslant p\left[MN\ln\left(p\right) - MN\right] \tag{8.144}$$

式中，$p = K+L+MN$；$x>0$。对式（8.143）进行变换有

$$\begin{aligned}
&\left(K+L+MN\right)\ln\left[\det\left(\boldsymbol{R}^{-1}\right)\right] - \mathrm{tr}\left[\left(\boldsymbol{S}+L\boldsymbol{R}_0\right)\boldsymbol{R}^{-1}\right] \\
\leqslant &\left(K+L+MN\right)\ln\left\{\det\left[\left(\boldsymbol{S}+L\boldsymbol{R}_0\right)\boldsymbol{R}^{-1}\right]\right\} \\
&-MN\left\{\det\left[\left(\boldsymbol{S}+L\boldsymbol{R}_0\right)\boldsymbol{R}^{-1}\right]\right\}^{1/MN} \\
&-\left(K+L+MN\right)\ln\left[\det\left(\boldsymbol{S}+L\boldsymbol{R}_0\right)\right] \\
\leqslant &\left(K+L+MN\right)\left\{MN\ln\left(K+L+MN\right) - MN - \ln\left[\det\left(\boldsymbol{S}+L\boldsymbol{R}_0\right)\right]\right\}
\end{aligned} \tag{8.145}$$

注意到，当且仅当 $\boldsymbol{R} = \dfrac{\boldsymbol{S}+L\boldsymbol{R}_0}{K+L+MN}$ 时，式（8.145）取等号。因此可得 $\boldsymbol{R}$ 的 MAP 估计为

$$\hat{\boldsymbol{R}} = \frac{1}{K+L+MN}\left(\boldsymbol{S}+L\boldsymbol{R}_0\right) \tag{8.146}$$

将式（8.139）和式（8.140）代入式（8.138），并用式（8.146）所示的 $\hat{\boldsymbol{R}}$ 替代 $\boldsymbol{R}$，整理可得

$$\frac{\left|\boldsymbol{\gamma}^{\mathrm{H}}\left(\boldsymbol{S}+L\boldsymbol{R}_0\right)^{-1}\boldsymbol{v}_t\right|^2}{\boldsymbol{v}_t^{\mathrm{H}}\left(\boldsymbol{S}+L\boldsymbol{R}_0\right)^{-1}\boldsymbol{v}_t} \underset{H_0}{\overset{H_1}{\gtrless}} \eta_t \tag{8.147}$$

将式（8.147）所对应的检测器称为贝叶斯两步 GLRT（Bayesian 2-step GLRT, B2S-GLRT）检测器。

比较式（8.147）与式（7.31）可以发现，B2S-GLRT 和经典的 AMF 也具有相同结构，不同之处是 B2S-GLRT 采用 $\boldsymbol{S}+L\boldsymbol{R}_0$ 替代了 AMF 中的 $\boldsymbol{S}$。

8.4.3 性能分析

本小节通过仿真实验分析贝叶斯 STAD 检测器的性能。参数设置如下：$N=6$，$M=2$，$P_{\text{fa}}=10^{-4}$，η_t 和 P_{d} 分别由 $100/P_{\text{fa}}$ 和 10^4 次仿真试验获得，$\boldsymbol{R}\sim\mathcal{W}^{-1}\left(L,L\boldsymbol{R}_0\right)$，$L=15$，$\boldsymbol{R}_0\left(i_1,i_2\right)=\sigma_n^2\rho_n^{|i_1-i_2|},i_1,i_2=1,2,\cdots,MN$，$\rho_n=0.96$；目标方位角和俯仰角分别为$30°$和$0°$。

首先研究辅助数据长度对于检测器性能的影响，设置$K\in\{9,13,24,96\}$。除了 B1S-GLRT 和 B2S-GLRT 外，还增加了与 GLRT、AMF、Rao 的对比分析，检测概率曲线如图 8.8 所示。

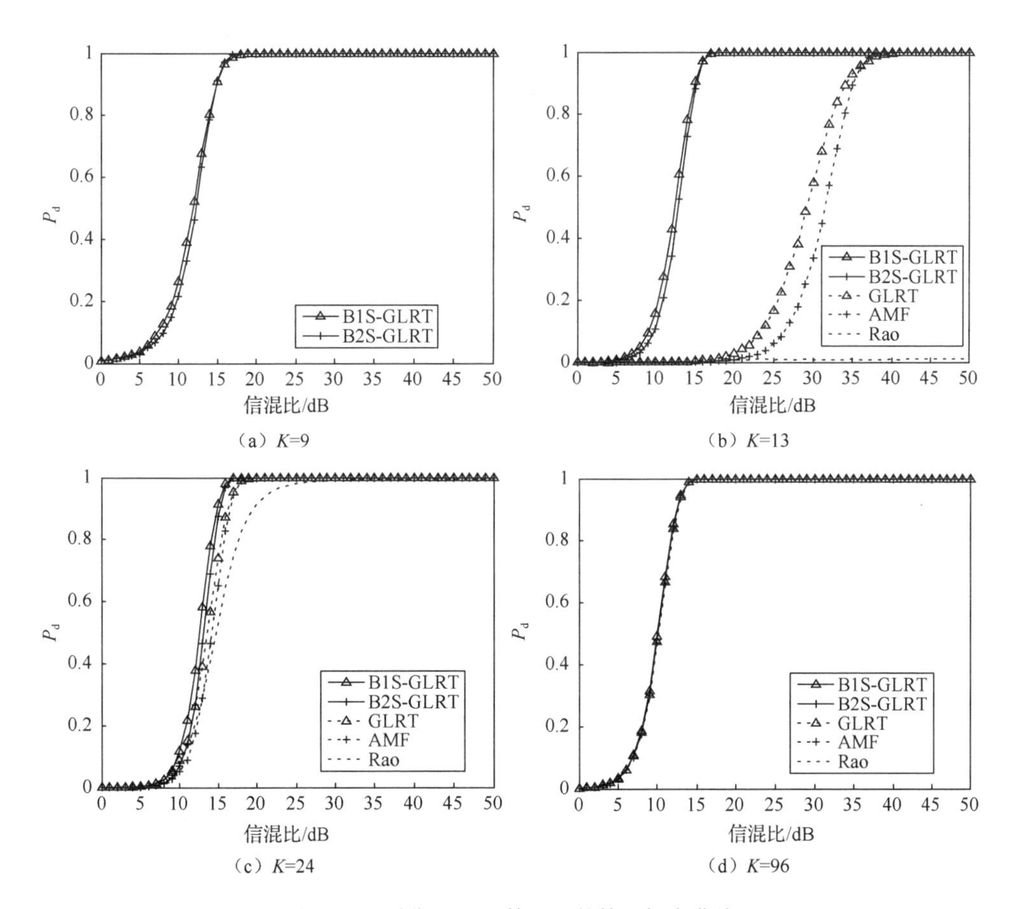

（a）K=9　（b）K=13

（c）K=24　（d）K=96

图 8.8　贝叶斯 STAD 检测器的检测概率曲线

由图 8.8（a）可以看出，当辅助数据严重不足时，贝叶斯检测器可以完成检测任务，且 B1S-GLRT 和 B2S-GLRT 的性能相当，经典 STAD 检测器则无法正常工作，所以未在图中给出。图 8.8（b）的结果表明，当辅助数据不是特别充足时，贝叶斯检测器的检测性能明显优于经典检测器，具体来说，B1S-GLRT 和 B2S-GLRT 的性能相当，与它们相比，在 $P_{\mathrm{d}}=0.9$ 处，GLRT 和 AMF 分别具有约 18.9dB 和 19.9dB 的信混比损失。此外，Rao 检测器的 P_{d} 基本接近于零。

图 8.8（c）和（d）的结果表明，当 K 值增加时贝叶斯检测器相较于经典检测器的优势在减小，尤其是当 $K=96$ 时，两类检测器的性能曲线几乎重叠，这是因为辅助数据充足时，两类方法均可获得较为准确的 $\hat{\boldsymbol{R}}$。

进一步研究 L 值对于贝叶斯检测器性能的影响，设置 $K=13$、$L\in\{12,15,60,120\}$。只考虑 B1S-GLRT 和 B2S-GLRT，它们的检测概率曲线如图 8.9 所示。由该图可以看到，随着 L 值的增大，两种贝叶斯检测器的检测性能均提升，这是因为 L 值决定了 $\boldsymbol{R}_0$ 和 $\boldsymbol{S}$ 在 $\hat{\boldsymbol{R}}$ 中所占的比例。具体来说，当 L 较小时，$\boldsymbol{S}$ 所占比例较大，反之则 $\boldsymbol{R}_0$ 所占比例较大。相应地，L 取值越大，先验信息的置信度越强，对协方差矩阵的估计越准确。当然，以上结论是建立在 $\boldsymbol{R}_0$ 与真实值比较吻合的前提下。

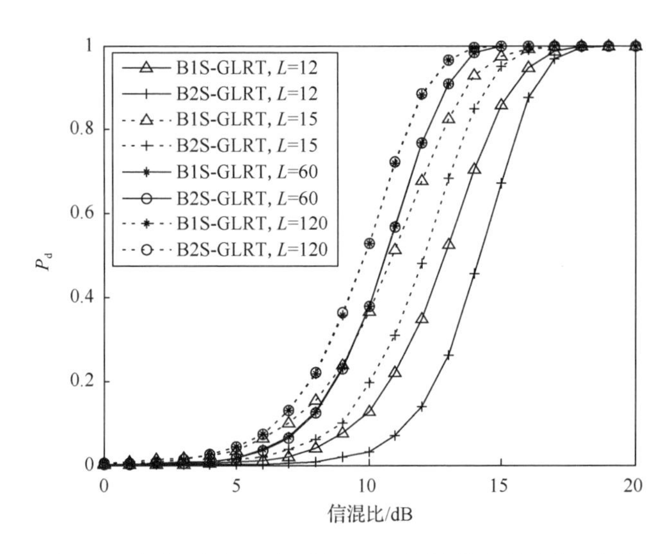

图 8.9　不同 L 取值下贝叶斯 STAD 检测器的检测概率曲线

最后我们来看 $\boldsymbol{R}_0$ 与真实值失配会对贝叶斯检测器的性能造成什么影响。设置 $K=13$、$L=15$，真实协方差矩阵的延迟相关系数记为 ρ_a，并设 $\rho_a=0.96$，而 $\rho_n\in\{0.6,0.9,0.96,0.99\}$。B1S-GLRT 和 B2S-GLRT 的检测概率曲线如图 8.10 所示。由该图可以看出，在失配情况下贝叶斯检测器的检测性能有所下降，且 ρ_n 与 ρ_a 的偏离程度越高，检测性能下降越明显。对于所考虑的仿真参数，在 $P_{\mathrm{d}}=0.9$ 处，失配所导致的信混比损失不到 1dB。

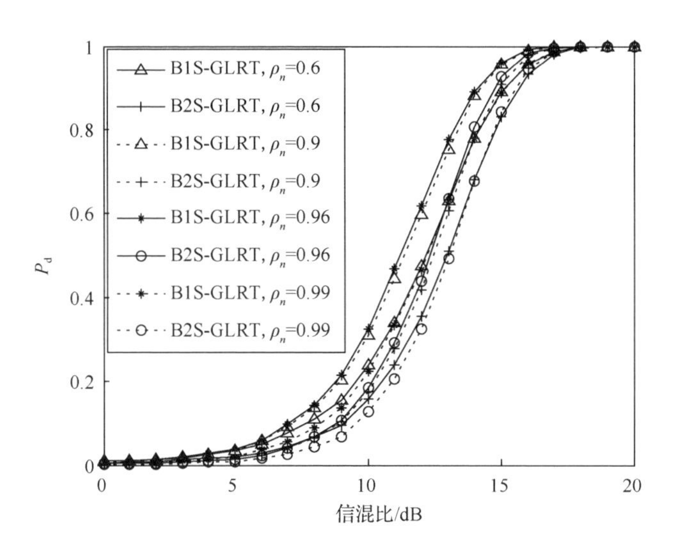

图 8.10　失配情况下贝叶斯 STAD 检测器的检测概率曲线

参 考 文 献

[1] Nitzberg R. Application of maximum likelihood estimation of persymmetric covariance matrices to adaptive processing[J]. IEEE Transactions on Aerospace and Electronic Systems, 1980, 16(1): 124-127.

[2] Hao C, Orlando D, Foglia G, et al. Persymmetric adaptive detection of distributed targets in partially-homogeneous environment[J]. Digital Signal Processing, 2014, 24: 42-51.

[3] Conte E, de Maio A, Ricci G. GLRT-based adaptive detection algorithms for range-spread targets[J]. IEEE Transactions on Signal Processing, 2001, 49(7): 1336-1348.

[4] Casillo M, de Maio A, Iommelli S, et al. A persymmetric GLRT for adaptive detection in partially-homogeneous environment[J]. IEEE Signal Processing Letters, 2007, 14(12): 1016-1019.

[5] Hao C, Orlando D, Ma X, et al. Persymmetric Rao and Wald tests for partially homogeneous environment[J]. IEEE Signal Processing Letters, 2012, 19(9): 587-590.

[6] Klemm R. Principles of space-time adaptive processing[M]. London: Institution of Engineering and Technology, 2006.

[7] Billingsley J B, Farina A, Gini F, et al. Statistical analyses of measured radar ground clutter data[J]. IEEE Transactions on Aerospace and Electronic Systems, 1999, 35(2): 579-593.

[8] Conte E, de Maio A, Farina A. Statistical tests for higher order analysis of radar clutter: their application to L-band measured data[J]. IEEE Transactions on Aerospace and Electronic Systems, 2005, 41(1): 205-218.

[9] de Maio A, Orlando D, Hao C, et al. Adaptive detection of point-like targets in spectrally symmetric interference[J]. IEEE Transactions on Signal Processing, 2016, 64(12): 3207-3220.

[10] Hao C, Orlando D, Liu J, et al. Advances in adaptive radar detection and range estimation[M]. Berlin: Springer Nature Singapore, 2022.

[11] Foglia G, Hao C, Farina A, et al. Adaptive detection of point-like targets in partially homogeneous clutter with symmetric spectrum[J]. IEEE Transactions on Aerospace and Electronic Systems, 2017, 53(4): 2110-2119.

[12] Hao C, Orlando D, Farina A, et al. Symmetric spectrum detection in the presence of partially homogeneous environment[C]//IEEE Radar Conference, 2016.

[13] Bandiera F, Orlando D, Ricci G. Advanced radar detection schemes under mismatched signal models[M]. San Rafael, CA: Morgan & Claypool Publishers, 2009.

[14] Childs L. A concrete introduction to higher algebra[M]. New York: Springer Science and Business Media, 2009.

[15] Cai L, Wang H. A persymmetric multiband GLR algorithm[J]. IEEE Transactions on Aerospace and Electronic Systems, 1992, 28(3): 806-816.

[16] Hao C, Orlando D, Foglia G, et al. Knowledge-based adaptive detection: joint exploitation of clutter and system symmetry properties[J]. IEEE Signal Processing Letters, 2016, 23(10): 1489-1493.

[17] de Maio A, Farina A, Foglia G. Knowledge-aided bayesian radar detectors & their application to live data[J]. IEEE Transactions on Aerospace and Electronic Systems, 2010, 46(1): 170-183.

[18] Haykin S, Steinhardt A. Adaptive radar detection and estimation: volume II[M]. New York: Wiley-Interscience, 1992.

[19] Himed B, Melvin W L. Analyzing space-time adaptive processors using measured data[C]//Conference Record of the Thirty-First Asilomar Conference on Signals, Systems and Computers, 1997, 1: 930-935.

[20] Svensson L, Lundberg M. On posterior distributions for signals in Gaussian noise with unknown covariance matrix[J]. IEEE Transactions on Signal Processing, 2005, 53(9): 3554-3571.

[21] Ayoub T R, Haimovich A M. Modified GLRT signal detection algorithm[J]. IEEE Transactions on Aerospace and Electronic Systems, 2000, 36(3): 810-818.

[22] Horn R A, Johnson C R. Matrix analysis[M]. Cambridge: Cambridge University Press, 1985.

索引

彩　图

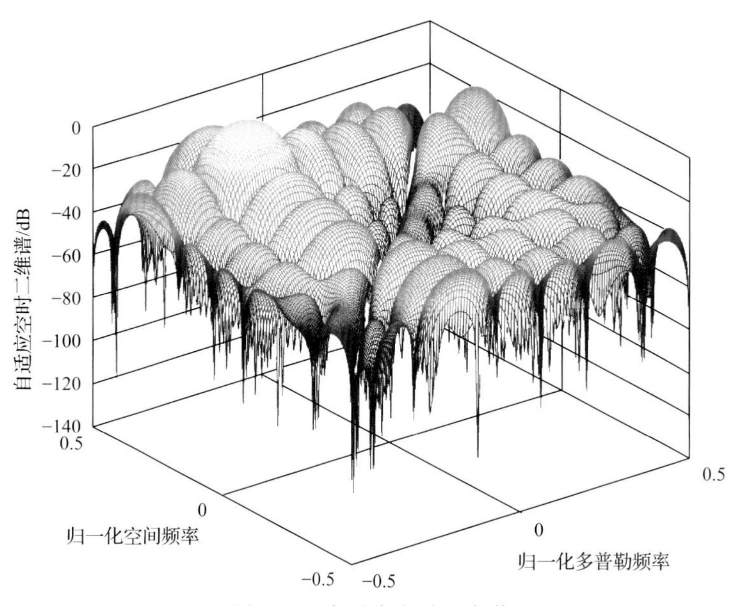

图 2.15　自适应空时二维谱

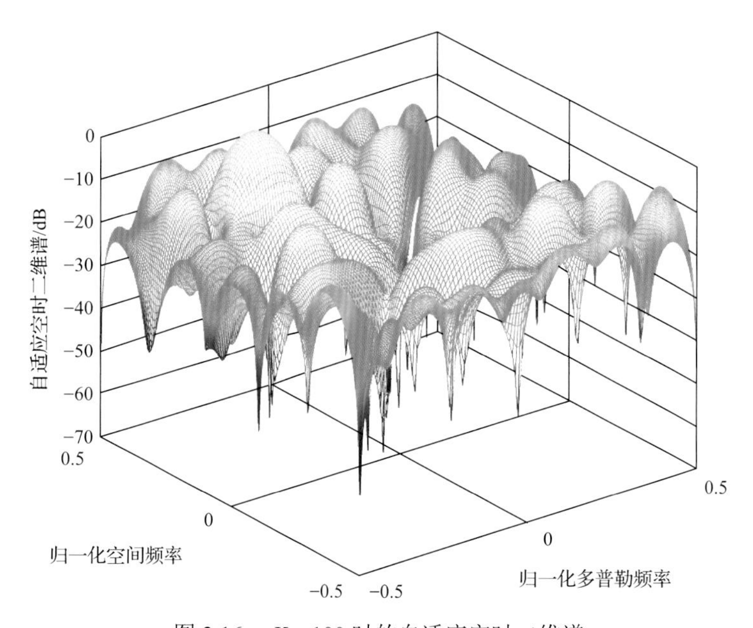

图 2.16　$K=100$ 时的自适应空时二维谱

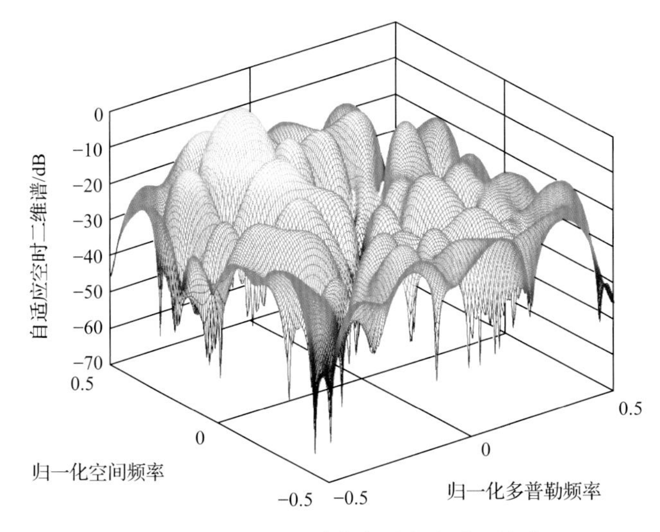

图 2.17　$K = 200$ 时的自适应空时二维谱

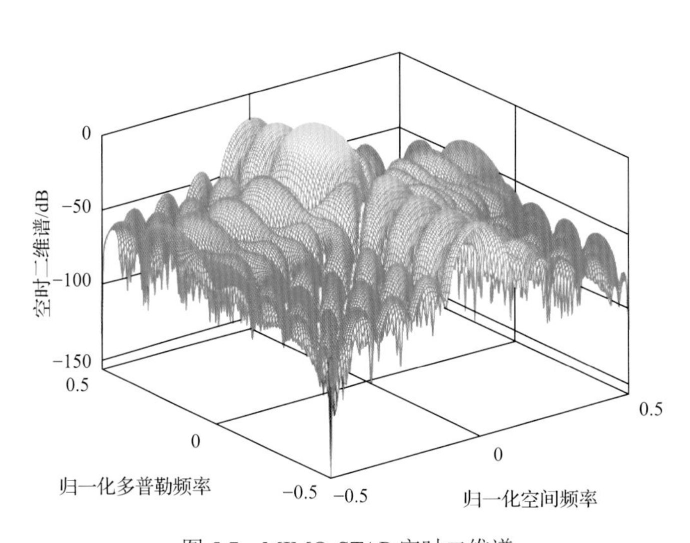

图 5.7　MIMO-STAP 空时二维谱

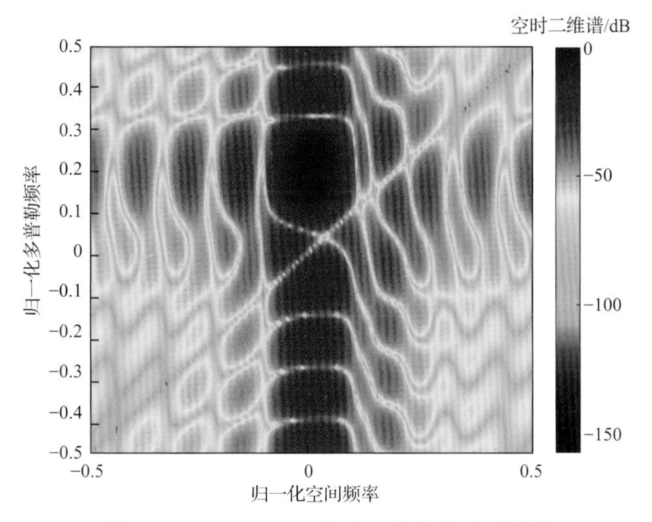

图 5.8　MIMO-STAP 空时二维谱的平面投影

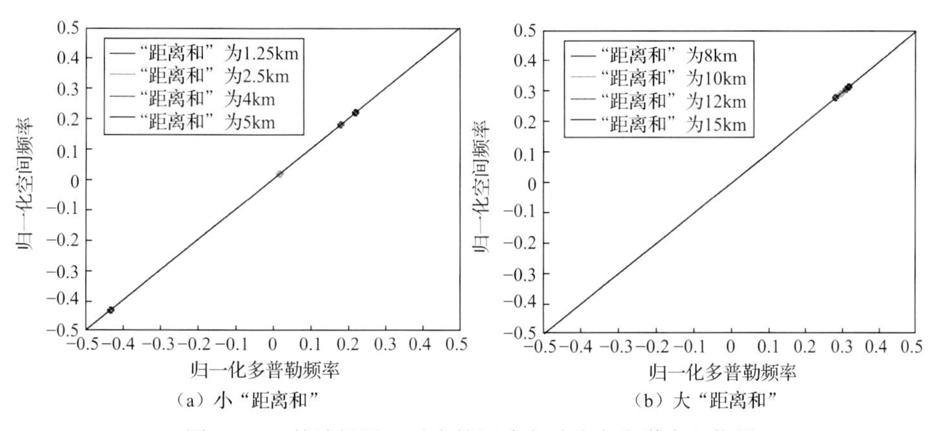

（a）小“距离和”　（b）大“距离和”

图 6.4　双基地场景 1 对应的混响空时分布和谱中心位置

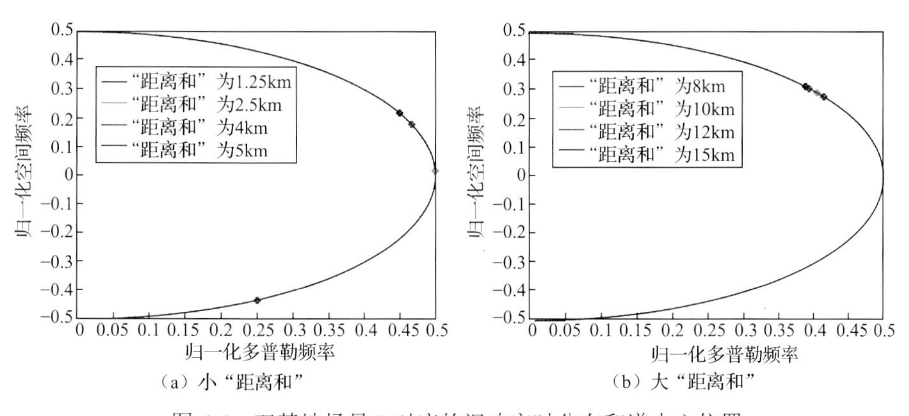

（a）小“距离和”　（b）大“距离和”

图 6.6　双基地场景 2 对应的混响空时分布和谱中心位置

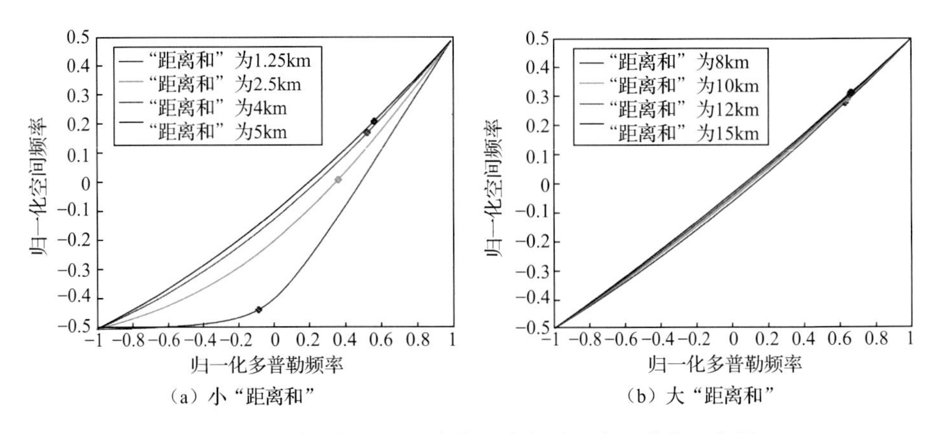

（a）小“距离和”　　（b）大“距离和”

图 6.8　双基地场景 3 对应的混响空时分布和谱中心位置

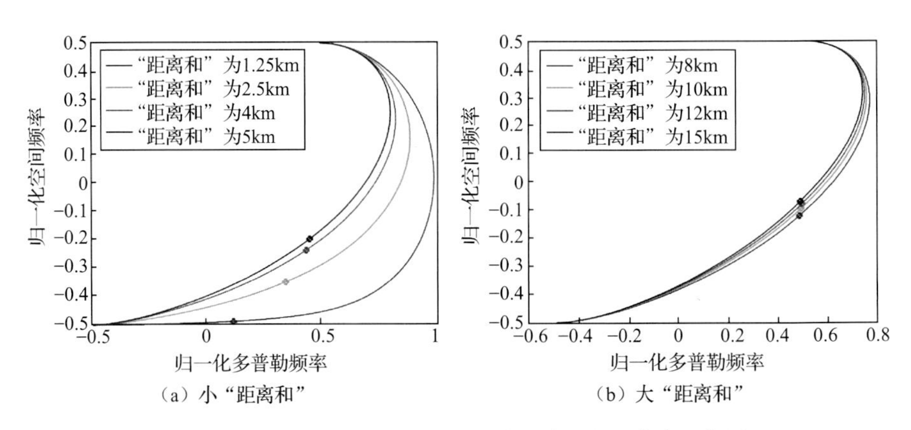

（a）小“距离和”　　（b）大“距离和”

图 6.10　双基地场景 4 对应的混响空时分布和谱中心位置

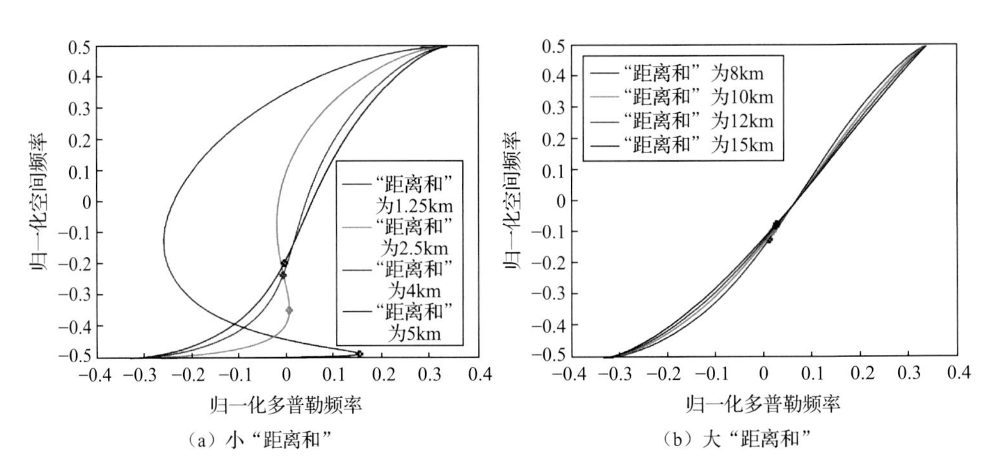

（a）小“距离和”　　（b）大“距离和”

图 6.12　双基地场景 5 对应的混响空时分布和谱中心位置